金属材料
宏细观损伤演化行为

Macroscopic and Mesoscopic Damage
Evolution Behavior
of Metallic Materials

李磊　张丽　编著

化学工业出版社
·北京·

内容简介

本书以T2纯铜、H62铜合金、Cu-Ni19合金、SLM Inconel 718合金、SLM TC4合金为研究对象，对其在拉伸与疲劳载荷影响下的实验技术和损伤计算方法进行了详细阐述。具体包括基于晶界的损伤演化行为、基于DIC的金属损伤演化行为、基于弹性模具的金属疲劳损伤演化，最后给出了合金弹塑性损伤本构模型。

本书对于从事金属材料损伤断裂模型设计的工程技术人员、高等院校相关专业的师生全面了解金属材料宏细观损伤演化行为具有较高的参考价值，对工程实践亦具有较好的指导作用。

图书在版编目（CIP）数据

金属材料宏细观损伤演化行为 / 李磊，张丽编著．北京：化学工业出版社，2025. 5. -- ISBN 978-7-122-47634-0

Ⅰ. TG14

中国国家版本馆CIP数据核字第2025DD8735号

责任编辑：韩霄翠　　装帧设计：王晓宇
责任校对：宋　玮

出版发行：化学工业出版社
（北京市东城区青年湖南街13号　邮政编码100011）
印　　装：涿州市般润文化传播有限公司
710mm×1000mm　1/16　印张11¼　彩插9　字数200千字
2025年6月北京第1版第1次印刷

购书咨询：010-64518888　　售后服务：010-64518899
网　　址：http://www.cip.com.cn
凡购买本书，如有缺损质量问题，本社销售中心负责调换。

定　　价：118.00元

前言

金属材料所组成的构件在一定的工作条件和期限内其内部或表面会不可避免地出现损伤，损伤的存在与扩展会导致材料的力学性能劣化。在一定外部因素（载荷、温度变化及腐蚀介质等）作用下，损伤会不断地扩展和合并，形成宏观裂纹，裂纹继续扩展最终会导致构件的断裂破坏。而材料的损伤断裂过程又依赖于内部微结构的演化。因此，研究材料损伤结构的起源与发展，对于准确理解金属材料损伤断裂过程，构造更加合理有效的损伤断裂模型具有十分重要的意义。

本书主要介绍了金属材料在宏观、细观及微观尺度下损伤演化行为的最新成果及研究进展。依章节顺序，对 T2 纯铜、H62 铜合金、SLM Inconel 718 合金以及 SLM TC4 合金在拉伸与疲劳载荷影响下的实验技术和损伤计算方法进行了详细阐述。为深入探索材料内外损伤的关系，采用了数字图像相关技术与纳米压痕技术等手段，对材料微观损伤演化机制进行了精细剖析。对表观损伤与材料内部相、弹性模量之间的关系进行了深入研究，旨在揭示材料表观损伤与内部损伤之间的内在联系。针对不同金属在损伤过程中的微观结构及表观应变场的演化行为进行了研究，并对其微观结构和表观应变场进行了详细的统计分析。采用形状因子、应变因子分别作为内部和外部损伤变量定量描述材料损伤演化规律，探讨不同合金的表细观损伤演化行为。

本书对于从事金属材料损伤断裂模型设计的工程技术人员、高等院校相关专业的师生全面了解金属材料宏细观损伤演化行为的总体方法学具有较高的参考价值，对工程实践亦具有较好的指导作用。

编著者

2025 年 2 月

目录

第1章 概述

材料损伤是一个渐进的物理过程，损伤力学就是通过力学变量来研究材料在载荷作用下性能退化的机理。研究者在研究工程材料过程中发现，具有不同物理结构的材料均表现出弹性性能、屈服现象及不可恢复的塑性应变，这就意味着这些材料可以用相似的能量机理来解释其共同的细观性能，可以将材料模型化，无需考虑材料物理微结构的复杂性。

1.1 损伤的物理本质

所有的材料都是由原子组成的，这些原子由相互作用的键连接在一起。当结合键破坏时，材料便开始了损伤过程。例如金属以晶格或颗粒排列，原子的排列都是有规律的。如果施加外力，会导致键的位移，进而引起位错运动，这种位错运动会进一步导致塑性变形，从而造成损伤。金属材料的损伤机理包括晶界开裂以及夹杂与基体的分离，这些损伤都将产生塑性微应变。另一个重要的性质是，损伤总是比应变更局部化。尽管原子间的距离变化或由于滑移引起的原子运动所产生的应变发生在整个体积，但损伤却限于局部。

当材料的损伤与大于某一临界值的塑性变形同时发生时，材料发生延性损伤，由于塑性变形过程不稳定使得材料内部这些微孔洞长大和合并的趋势进一步增加，损伤的局部化程度与塑性应变的局部化程度随着塑性变形进一步加强。

1.2 损伤的力学表示

（1）一维损伤变量

在细观尺度下，任何平面上的微孔洞的形状都可以近似为所有缺陷与该平面的横截面面积，该截面面积定义为 RVE。为了得到一个无量纲量，这个截面面积用典型体元来度量，这个尺度在定义连续介质力学中的连续变量时是非常重要的。在一点处，它必须能够代表细观体积单元上的微缺陷的失效效应。由此，损伤值 D 被定义为：

$$D=\frac{\delta S_{\mathrm{D}}}{\delta S} \tag{1-1}$$

式中 δS_{D}——位于 δS 上微孔洞的有效面积；

δS——RVE 平面的截面积。

损伤值 D 的取值范围为 0～1：

$$0\leqslant D\leqslant 1 \tag{1-2}$$

当损伤值 D 为 0 时，材料无损伤；当损伤值 D 为 1 时，材料发生断裂。

（2）有效应力概念

Rabotnov 引入有效应力的概念，认为材料在产生了损伤之后，内部出现微孔洞等缺陷，导致材料的有效承载面积减小，因而实际应力有所增大。它与实际承载的表面有关，假设微孔洞表面上没有微力作用，有效应力表示为：

$$\widetilde{\sigma}=\frac{P}{S-S_{\mathrm{D}}} \tag{1-3}$$

式中 P——材料单轴拉伸载荷；

S——材料横截面面积；

S_{D}——位于 S 上微孔洞的有效面积；

$\widetilde{\sigma}$——材料的有效应力。

有效应力的提出对损伤力学意义重大，它可以将无损材料的本构方程直接用来描述有损材料的力学行为，使材料的损伤演变分析更为精确。

（3）应变等价原理

在受损材料中，通过测量材料的有效面积来表征材料的损伤是非常困难的。为了能测定损伤，Lemaite 提出了应变等价原理。这一原理认为，名义应力 σ 作用在受损材料上引起的应变与有效应力 $\widetilde{\sigma}$ 作用在无损材料上的应变等价。根据这一原理，受损材料的本构关系可以通过无损材料中的名义应力得到

$$\varepsilon=\frac{\sigma}{\widetilde{E}}=\frac{\widetilde{\sigma}}{E} \tag{1-4}$$

式中 $\widetilde{E}$——受损材料的有效弹性模量；

E——无损材料的弹性模量。

（4）临界损伤值

细观尺度的断裂就是微裂纹萌生，在多数情况下材料的断裂是由于不稳定过程在剩余抵抗载面上引起原子突然分离导致的。微裂纹产生之前，材料就已

经出现了损伤，微裂纹的产生是由于微应力的累积伴随着微应变的不协调或由于金属中位错的累积引起的。当裂纹萌生时，损伤达到一定临界值 D_c，材料发生失效，临界损伤值 D_c 反映了材料抵抗损伤破坏的能力。损伤失效准则为：

$$D=D_c \tag{1-5}$$

1.3 损伤的测量方法

损伤的测量方法主要有直接测量法、弹性模量测量法、微硬度测量法及其他测量法等。

（1）直接测量法

测量时在细观尺度下计算 RVE 平面上的总裂纹面积，通过公式(1-1) 计算得到损伤值 D。如果在 RVE 面上的微裂纹不完全均匀分布，且在任何截面都不可能得到一个完整的裂纹，那么损伤只能根据观测平面上微裂纹截面与观测平面的交线来计算，计算表达式为：

$$D=\frac{a^2}{d^2} \tag{1-6}$$

式中 a——晶格包含的裂纹的外形尺寸；

d——晶格的单元边长。

（2）弹性模量测量法

这种方法是一种非直接测量方法，要求加工试件截面上的损伤是均匀的。由式(1-1) 和式(1-4) 可得：

$$D=1-\frac{\widetilde{E}}{E} \tag{1-7}$$

通过测量弹性模量就能得到材料的损伤值，这一测量技术可以用于任何类型的材料损伤，但这种方法假设材料测量截面上的损伤是均匀的，如果损伤局部化严重，例如金属材料的高周疲劳，就需要采用其他的方法进行测量。

（3）微硬度测量法

该方法也是一种非直接测量方法，由于微硬度测量是非常小的压痕过程，所以该方法可以看成是非损坏性的。其损伤值计算公式为：

$$D=1-\frac{H}{H_D} \tag{1-8}$$

式中 H——材料损伤部位的实际微硬度；

H_D——材料无损部位的微硬度。

第2章

显微组织与力学性能

2.1 T2纯铜微观组织和力学性能

2.1.1 微观组织

表2-1为T2纯铜退火前后平均晶粒度大小。可以看出，纯铜经过退火调控后晶粒度发生改变。随着退火温度的升高，T2纯铜的晶粒度开始增加。退火温度低于500℃时，材料的晶粒度随温度升高而显著增大，晶粒度由初始状态的7.1μm增大到39.8μm，增幅为32.7μm。退火温度在500～600℃的温度段，材料的晶粒度增加程度较小，晶粒度由39.8μm增加到42.4μm，增幅只有2.4μm。此温度段，T2纯铜再结晶已经完成，晶粒形状圆整趋于等轴化。图2-1为不同晶粒度T2纯铜的微观组织图像。由图2-1可知，随着退火温度的升高，纯铜内部细小晶粒形成并开始增多，轧制结构出现减少的现象。此阶段发生不完全再结晶，形成的晶粒大小不均匀，轧制结构与圆整晶粒并存［图2-1(a)和(b)］。退火温度对圆整晶粒及轧制结构分布影响较大，温度升高，轧制结构减少且圆整晶粒增多，内部晶界重合及断开部分减少，晶界开始清晰化。当退火温度达到500℃时，如图2-1(c)所示，晶粒趋于圆整，发生完全再结晶，轧制结构已经完全消失。退火温度达到600℃时，如图2-1(d)所示，晶粒的均匀性得到改善，晶粒继续长大，晶粒长大的过程中在晶界角处形成了退火孪晶，孪晶晶界较浅，原有晶界非常清晰。结果表明，升高退火温度有利于消除轧制结构，使晶粒圆整趋于等轴化，晶界重合和断开数量减少，可以提高后续晶界统计计算的准确性。

表2-1 T2纯铜退火前后平均晶粒度

退火处理	初始态	300℃	500℃	600℃
平均晶粒度/μm	7.1	22.3	39.8	42.4

(a)　(b)　(c)　(d)

图 2-1　不同晶粒度 T2 纯铜微观组织形貌

(a) 7.1μm；(b) 22.3μm；(c) 39.8μm；(d) 42.4μm

2.1.2　力学性能

（1）拉伸性能

图 2-2 为不同晶粒度 T2 纯铜试样的单向拉伸应力-应变曲线。晶粒度较小的纯铜材料需要更大的应力才会发生屈服。当晶粒度达到 39.8μm 时，材料的抗拉强度和屈服强度均明显下降。随着晶粒度的继续增大，拉伸应力和屈服应力继续减小，但减小趋势变缓。

表 2-2 为不同晶粒度纯铜的抗拉强度、屈服强度及延伸率。由表 2-2 可以看出，初始试样的延伸率最小，仅为 21.1%；其抗拉强度和屈服强度分别为 259.31MPa 和 195.65MPa。随着晶粒度的增大，材料的抗拉强度和屈服强度逐渐下降，而其延伸率上升。材料的晶粒度与其力学性能密切相关，力学性能随材料的晶粒度的增大呈规律性变化。晶粒度较小时，由于晶粒细小，位错滑

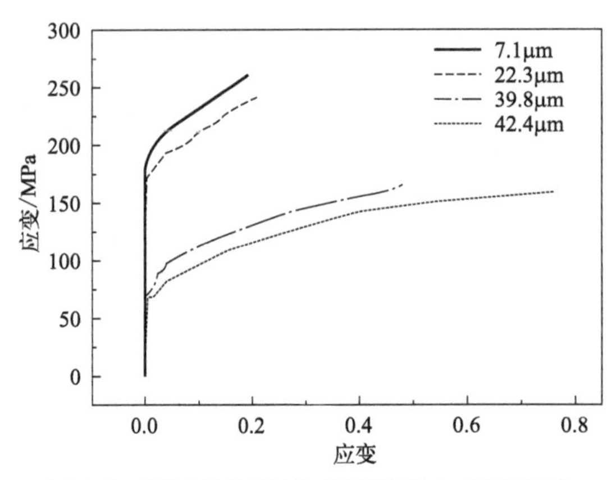

图 2-2 不同晶粒度 T2 纯铜的应力-应变曲线

移遇到的阻力较大，塑性变形的抵抗力越高，使得材料的强度较高，塑性变形较小。随着晶粒度增大，材料发生了不完全再结晶，位错密度降低，位错的运动阻力减小，材料的强度开始明显下降，塑性变形能力提高。当材料的微观组织再结晶完成后，随着晶粒度的继续增大，材料的抗拉强度和屈服强度均开始缓慢降低，塑性变形能力继续升高。

表 2-2 不同晶粒度 T2 纯铜的力学性能

晶粒度/μm	抗拉强度/MPa	屈服强度/MPa	延伸率/%
7.1	259.31	195.65	21.1
22.3	241.69	172.11	22.5
39.8	164.42	70.92	48.2
42.4	159.35	67.57	77.1

（2）显微硬度

硬度是判断材料抵抗塑性变形的重要指标。图 2-3 是不同晶粒度纯铜的显微硬度。由图 2-3 可知，当晶粒度由 7.1μm 增大到 42.4μm 时，纯铜的显微硬度（HV）平均值从 98 下降到 81。随着晶粒度的增大，材料的显微硬度逐渐减小。图 2-4 显示为 T2 纯铜的显微硬度随塑性变形变化曲线。可以看出，塑性变形和晶粒度均对显微硬度产生影响。不同晶粒度纯铜的显微硬度演化规律类似，塑性变形早期阶段增加程度明显，后期开始趋于平缓。晶粒度越小，纯铜在塑性变形初期的显微硬度上升速度越快。这是由于变形初期，材料发生加工硬化现象，位错滑移的阻力增大，位错滑移速度低于加载载荷增大速度，同时内部晶粒间滑移相互牵制，使得试样的显微硬度明显上升。晶粒度增大到 39.8μm 后，T2 纯铜试样显微硬度在塑性变形初期增大程度变缓。塑性变形后期，不同晶粒度纯铜的显微硬度均趋于平缓。这是由于晶粒被拉长，滑移带随着变形量的增加而变得更加密集，使得硬度变化趋势减小。

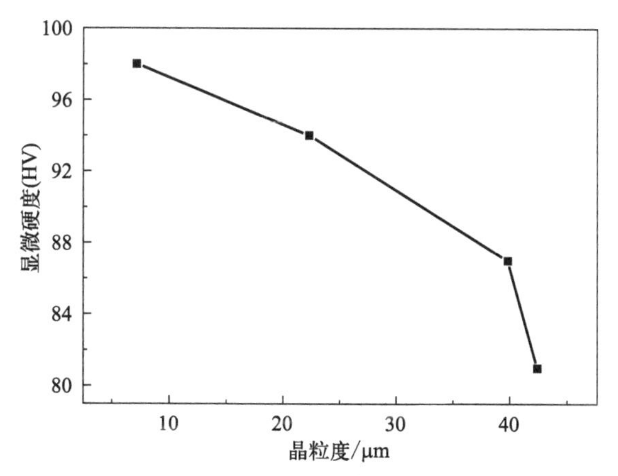

图 2-3　不同晶粒度纯铜的显微硬度

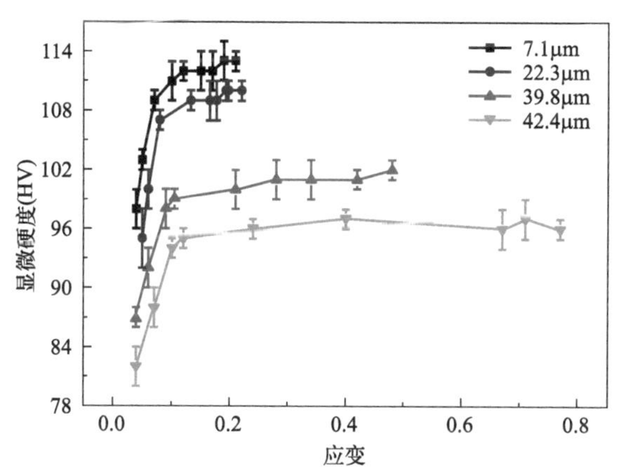

图 2-4　不同晶粒度 T2 纯铜的显微硬度曲线

2.2　H62 铜合金微观组织和力学性能

2.2.1　微观组织

图 2-5 为退火前后 H62 铜合金微观组织图。可以看出，初始铜合金试样晶粒细小，内部由 α＋β 相组成。轧制结构仍然存在，晶粒大小不均匀，如

图 2-5(a) 所示。随着退火温度的升高，组织内部的白色 α 相发生不完全再结晶，晶粒开始趋于圆整，轧制结构开始减少，如图 2-5(b) 所示。当退火温度达到 500℃时，晶粒趋于等轴化，轧制结构基本消失，晶粒尺度明显增大且趋于圆整，大晶粒周围有很多小晶粒，晶粒的均匀性较差，如图 2-5(c) 所示。温度继续升高，晶粒尺度继续增大，再结晶已经完成，晶粒的均匀性明显改善，如图 2-5(d) 所示。

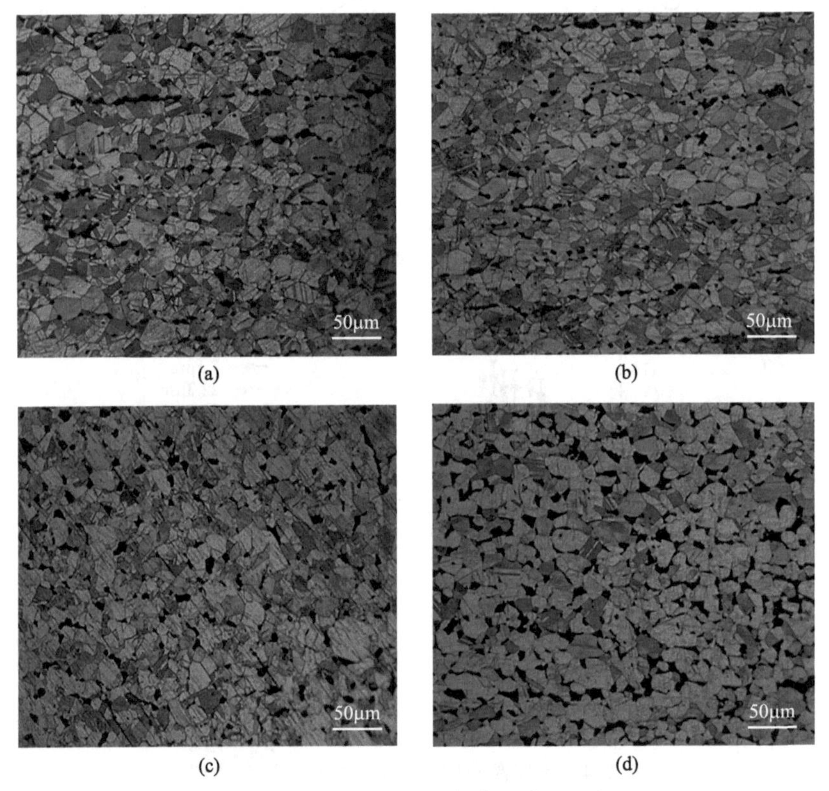

图 2-5 退火前后 H62 铜合金微观组织

(a) 未退火；(b) 300℃退火；(c) 500℃退火；(d) 600℃退火

表 2-3 为不同退火温度下 H62 铜合金的平均晶粒度。由表 2-3 可见，随着退火温度的升高，H62 铜合金的晶粒度逐渐增大。500℃退火后，对多视场区域的金相进行统计，得到 H62 铜合金试样的晶粒度为 35.6μm，较初始试样增大了 30.5μm，晶粒尺度呈现明显增大的趋势。退火温度继续升高，晶粒度由 35.6μm 增大到 40.7μm，增大程度开始变缓。这是由于 H62 铜合金 500℃退火后，白色 α 相发生完全再结晶，轧制结构基本消失，位错密度减小，位错滑

移的阻力减小，致使晶粒长大速度加快。相同退火温度下，与 T2 纯铜相比，由于 H62 铜合金存在 α+β 双相组织和两相间相对较弱的晶界结合位置，位错滑移被限制在局部区域，使得其晶粒度要小于 T2 纯铜的晶粒度（表 2-3）。

表 2-3 不同退火温度下 H62 铜合金的晶粒度

退火温度/℃	初始态	300	500	600
平均晶粒度/μm	5.1	7.3	35.6	40.7

2.2.2 力学性能

（1）拉伸性能

图 2-6 显示的是不同晶粒度 H62 铜合金的应力-应变曲线。铜合金的应力-应变曲线与纯铜的曲线相似，随着晶粒度的增大，其抗拉强度和屈服强度均下降，塑性性能提高。表 2-4 为不同晶粒度 H62 铜合金力学性能。可以看出，材料的力学性能随晶粒度呈规律性变化。当晶粒度达到 35.6μm 时，材料的抗拉强度和屈服强度分别为 193.24MPa 和 104.13MPa，下降程度显著，与应力-应变曲线相对应。当晶粒度继续增大时，试样的屈服强度和抗拉强度下降的趋势变缓，而材料的塑性能力显著提高。由于 500℃退火后 H62 铜合金再结晶已经完成，位错密度减小，位错滑移的阻力减小，β 相部分溶解于 α 相中，使得材料的塑性变形显著增强，强度继续下降。600℃退火后，H62 铜合金试样晶粒尺度继续增加，由于内部大小不一的等轴晶逐渐趋于均匀，使得晶粒度增加程度下降。

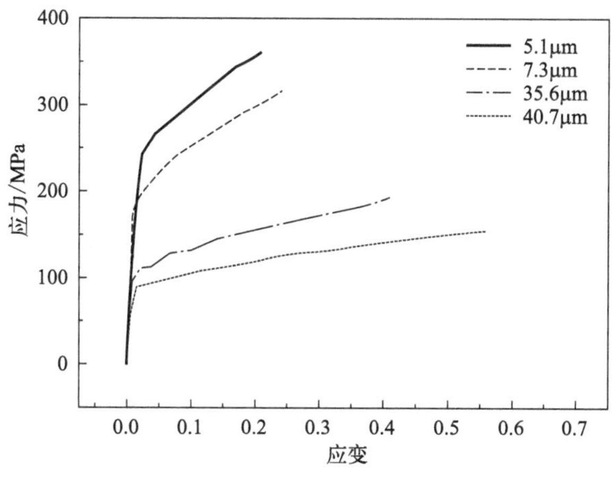

图 2-6 不同晶粒度 H62 铜合金的应力-应变曲线

表 2-4 不同晶粒度 H62 铜合金力学性能数值

晶粒度/μm	抗拉强度 σ_b/MPa	屈服强度 σ_s/MPa	延伸率 δ/%
5.1	361.67	246.68	20.4
7.3	314.54	197.76	24.2
35.6	193.24	104.13	41.3
40.7	155.13	89.82	56.0

表 2-5 为不同晶粒度 T2 纯铜和 62 铜合金力学性能对比。由表 2-5 可知，材料合金化后抗拉强度和屈服强度均出现增大现象，最大拉伸应力和最大屈服应力分别为 361.67MPa 和 246.68MPa。大尺度晶粒度材料合金化后延伸率下降明显。由于 H62 铜合金存在 β 相，而 β 相相对较硬较脆，在塑性变形过程中不易变形，使得 α 相的变形局限在局部区域，塑性变形能力下降。另外，由于铜合金在塑性变形过程中孪晶数量增多，其阻碍位错的运动，因此合金化后的材料强度出现下降趋势。

表 2-5 不同晶粒度 T2 纯铜和 62 铜合金力学性能对比

材料类型	晶粒度/μm	抗拉强度 σ_b/MPa	屈服强度 σ_s/MPa	延伸率 δ/%
T2 纯铜	7.1	259.31	195.65	21.1
	39.8	164.42	70.92	48.2
H62 铜合金	5.1	361.67	246.68	20.4
	35.6	193.24	104.13	41.3

(2) 显微硬度

图 2-7 是不同晶粒度铜合金的显微硬度。由图 2-7 可知，当晶粒度由 5.1μm 增大到 40.7μm 时，铜合金的显微硬度（HV）平均值从 181 下降到 92。随着晶粒度的增大，材料的显微硬度逐渐减小。

图 2-8 显示为不同晶粒度 H62 铜合金试样随塑性应变变化的显微硬度曲线。可以看出，晶粒度和塑性变形都对 H62 铜合金的显微硬度有明显影响。晶粒度越大，H62 铜合金试样的平均显微硬度越小。H62 铜合金随着塑性变形的增加，其显微硬度呈现两阶段分布特征。在塑性变形初期，材料显微硬度上升较快，该阶段为快速增加阶段；塑性变形后期，显微硬度趋于平缓，该阶段为稳定阶段。当晶粒度较小时，试样显微硬度在快速增加阶段上升较大，显微硬度值（HV）增幅可以达到 20～30；随着晶粒度的增加，试样的显微硬度在快速增加

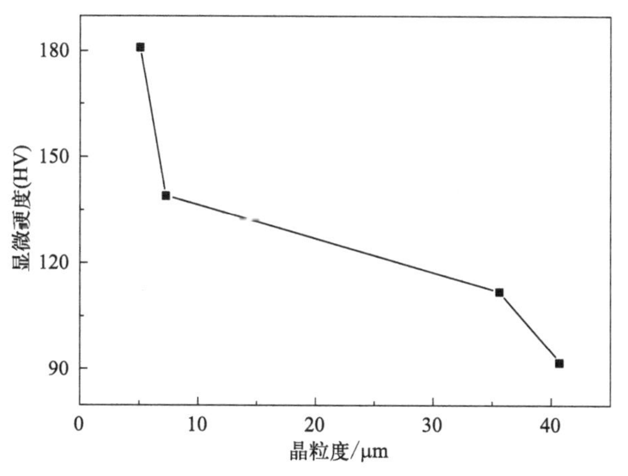

图 2-7　不同晶粒度 H62 铜合金显微硬度

阶段上升缓慢，显微硬度值（HV）增幅在 10 左右。这是由于晶粒度较小时，发生滑移的晶粒不多，第二相 β 相对晶粒滑移阻力较大，随着塑性变形的增加，材料出现加工硬化现象，导致其显微硬度上升程度显著。当晶粒度增大时，由于 β 相部分溶于 α 相中，对晶粒滑移干扰减小，使得显微硬度上升缓慢。

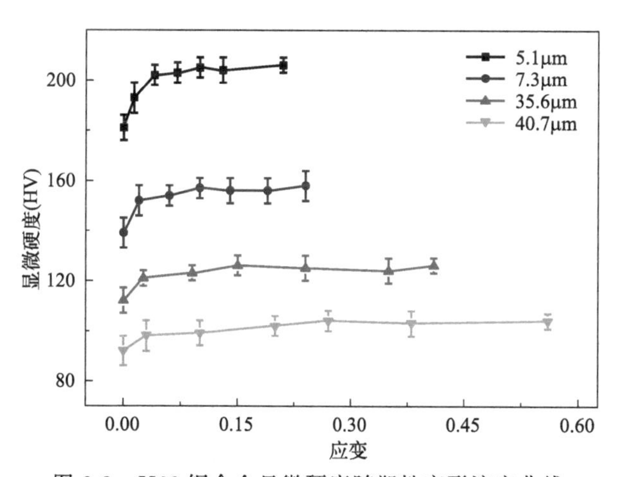

图 2-8　H62 铜合金显微硬度随塑性变形演变曲线

图 2-9 为不同晶粒度 H62 铜合金和 T2 纯铜显微硬度对比。由图 2-9 可知，铜合金和纯铜的显微硬度均随着晶粒度的增大而下降，合金化使得材料的显微硬度显著下降。这是因为 H62 铜合金由于锌元素的加入，其组织内部形成了铜锌固溶体 β 相，而 β 相的硬度较高，使得 H62 铜合金的显微硬度下降趋势相对于 T2 纯铜的显微硬度要显著。

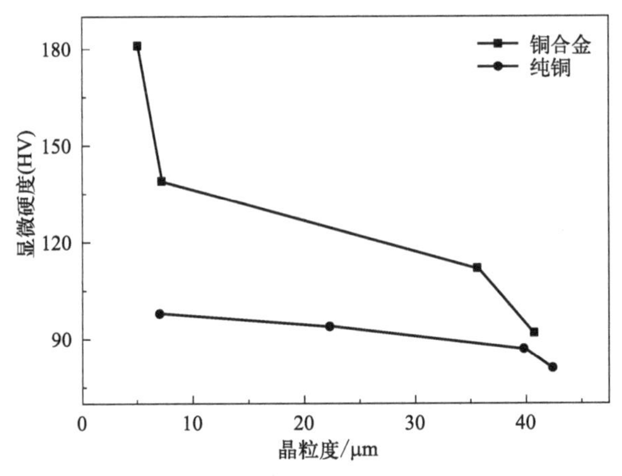

图 2-9　H62 铜合金和 T2 纯铜的显微硬度对比曲线

2.3　SLM Inconel 718 合金微观组织和力学性能

2.3.1　沉积态 SLM Inconel 718 合金的微观组织

图 2-10 为沉积态 SLM Inconel 718 合金的微观组织图，从图 2-10 中可以清晰观测到长条形状的扫描路径痕迹。由于 SLM 成形 Inconel 718 合金时，采用条带式扫描，相邻扫描路径之间会经历二次扫描，使得该区域中原本已经凝固的 Inconel 718 合金在二次扫描的作用下被重新熔化，并以不同的速率重新冷却，从而形成了明显的扫描路径。扫描路径之间的夹角大致为 67°，这是由

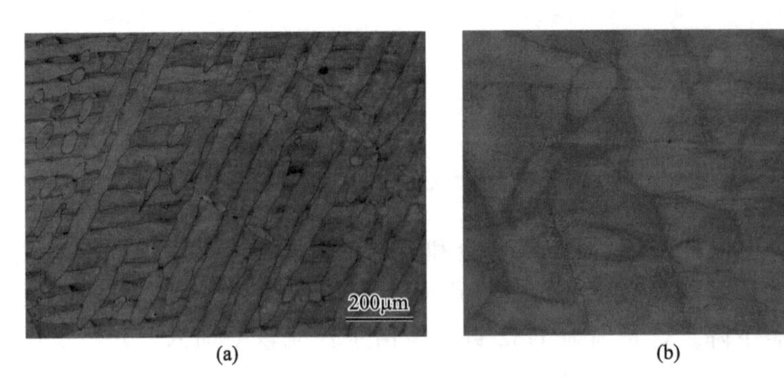

图 2-10　沉积态 SLM Inconel 718 合金光学显微图像

(a) 低倍图；(b) 高倍图

于在激光选区熔化时，选取的层间转角为 67°，这种角度选取方式可保证在加工 1800 多层后扫描方向才会完全重复。层与层之间的扫描方向不同，彼此之间交叉重叠的扫描路径有助于提高层与层之间的黏结强度。扫描路径的宽度约为 100μm，这与 SLM 成形时所设定的扫描间距也基本相同。整体的扫描路径边界平直清晰，相邻轨道之间结合紧密，仅在扫描路径边界处出现一些细小的孔洞。同时在高倍光学显微图中，可以观测到若干不连续的扫描路径，这是由于一个晶粒内部具有相同的晶向部分淡化了相应的熔合线，使得截面穿越部分扫描路径导致相邻扫描路径的形貌被不连续地显现出来。

图 2-11 为沉积态 SLM Inconel 718 合金的 SEM 图像，图中可以观察到粗细两种枝晶生长形态，分别为长条状的细枝晶和蜂窝状的粗枝晶，它们分别对应的是高密度枝晶的长条状纵截面和等轴状截面。其中枝晶的方向并不是完全相同的，同一截面当中，出现了不同方向的枝晶。这是因为在 SLM 成形过程中，微观区域被高能激光加热，在短时间内快速熔化，但在相邻扫描路径的交界处会发生反复重熔，此时固液界面会存在很大的温度差，导致细小的柱状晶出现外延生长的特性，同时由于不同的散热方向，使得其外延生长的方向也有所不同。在枝晶间区域，以及相邻扫描路径的重叠区域分布着大量的不规则 Laves 相。这是因为 Inconel 718 合金中存在许多极易偏析的元

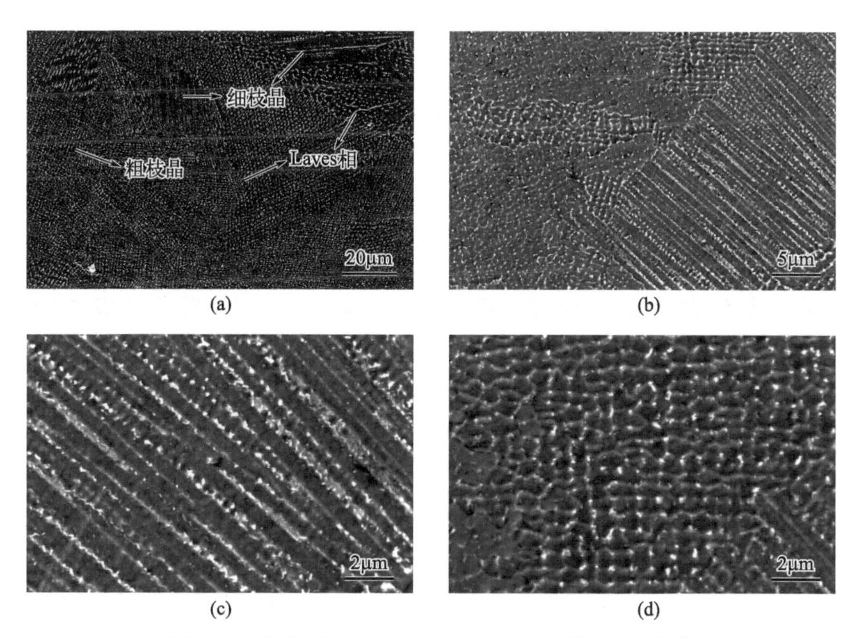

图 2-11 沉积态 SLM Inconel 718 合金的 SEM 图像

(a) 低倍 SEM 图像；(b) 高倍 SEM 图像；(c) 长条状结构；(d) 蜂窝状结构

素如 Nb、Mo，由于成形过程中的冷却速率过快，基体处于过饱和状态，当 Nb 元素的含量足够高时，枝晶之间会发生共晶反应生成 Laves 相。Laves 相是裂纹的重要发源地，会对 Inconel 718 合金的拉伸、疲劳和蠕变等力学性能产生不利影响。

图 2-12 为沉积态 SLM Inconel 718 合金的 XRD 测试结果，由图 2-12 中衍射峰标定结果看，沉积态中的组织主要为基体 γ 相。此外在图 2-12 中并未看见 δ 相、γ′相及 γ″相等强化相的存在，这是因为 SLM 成形过程中的冷却速率过高，冷却时间太短，在如此短的时间内 δ 相、γ′相及 γ″相来不及形核以及长大，由此推断沉积态 SLM Inconel 718 合金的强度较低。

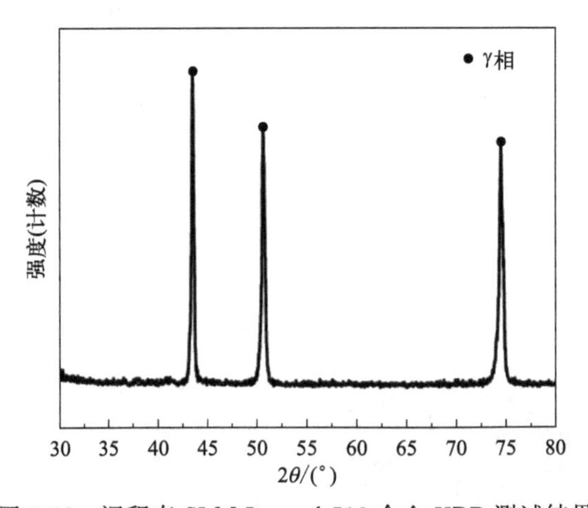

图 2-12 沉积态 SLM Inconel 718 合金 XRD 测试结果

采用 EBSD 对沉积态 SLM Inconel 718 合金进行分析（图 2-13，见文后彩插）。图 2-13(a) 为 SLM Inconel 718 合金的取向成像图，不同颜色代表着不同的方向，红色为<001>取向，蓝色代表<111>取向，绿色代表<101>取向。图中红色部分为未重熔区域，晶粒沿着<001>方向生长。在重熔区域，热流向周围已经凝固的金属中扩散，方向复杂多变，此时既有平行生长的柱状晶，也有大小不一的等轴晶，不同晶粒之间的取向差异较大，破坏了柱状晶在<001>方向上的优势取向，于是晶粒趋近于等轴状分布，即为柱状晶的截面。大部分晶粒的长宽差别较大，并且晶粒之间呈现出粗细晶粒交替分布的规律。这是由于 SLM 成形过程中的重熔区域，受到高能激光多次加热而发生重熔使得该部分的晶粒细化，这些细化的晶粒与路径中未重熔的部分，形成粗细晶区的交替分布。通过截线法测得其在 X 方向和 Y 方向上的平均晶粒尺寸分别为 9.1374μm 和 8.0125μm。

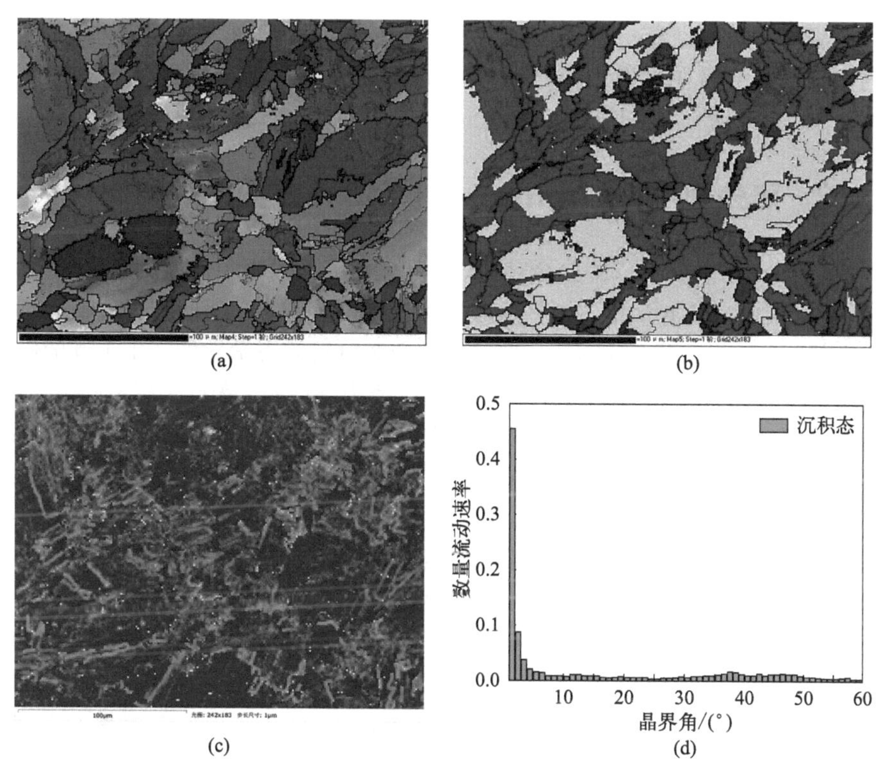

图 2-13 沉积态 SLM Inconel 718 合金的 EBSD 分析图

(a) 取向成像图；(b) 再结晶分布图；(c) 局域取向差角；(d) 晶界差角图

图 2-13(b) 为沉积态 SLM Inconel 718 合金的再结晶分布图，图中蓝色表示再结晶晶粒，黄色表示亚结构晶粒，红色表示变形晶粒。可以看出，沉积态 SLM Inconel 718 合金内部组织主要由变形晶粒和亚结构晶粒组成，仅存在少量的再结晶晶粒。经统计，合金内部再结晶晶粒、亚结构晶粒、变形晶粒所占体积分数分别为 8.2%、36.3%以及 55.5%。

图 2-13(c) 为沉积态 SLM Inconel 718 合金的局域取向差角（kernel average misorientation，KAM）图。KAM 图是由 24 个最近的相邻点组成的一个核心点，核心点与每个相邻点之间的取向差，表示其局域取向差。局域取向差可以用来表示材料内部的残余应力大小，取向差角越大的部位残余应力越集中，图中绿色的渐变区域为残余应力集中区域。对比图 2-13(b) 可以看出，SLM Inconel 718 合金内部的残余应力较大，残余应力主要集中在变形晶粒的内部以及相邻晶粒的交界处。由于 SLM 成形过程中，高能激光迅速地熔化粉末，凝固相发生热膨胀和冷收缩。大多数先沉积的材料在后续的成形过程中会不断经历重

熔和再凝固的循环过程，随着层层沉积的不断累加，压应力就会不断在成形材料内部累积，从而在材料内部产生较大的残余应力。对其晶界差角进行统计，如图 2-13(d) 所示，沉积态 SLM Inconel 718 合金内部晶界主要为小角度晶界。

2.3.2 热处理后 SLM Inconel 718 合金的微观组织

沉积态 SLM Inconel 718 合金存在如下问题：成形过程中发生反复重熔会析出大量不稳定的脆性 Laves 相、成形过程中冷却速率过快抑制了强化相的析出、成形合金内部存在较大的残余应力。这些问题都会对材料的力学性能产生不利的影响，需要通过热处理来优化其微观组织，从而改善其力学性能，因此采用不同热处理工艺对 SLM Inconel 718 合金进行优化。其中，AT1 工艺为 720℃保温 8h，后炉冷至 620℃保温 8h，之后空冷至室温。AT2 工艺为 980℃固溶 1.5h，后空冷至 720℃保温 8h，之后炉冷至 620℃保温 8h，最后空冷至室温。AT3 工艺为 1080℃均匀化 1.5h，后空冷至 720℃保温 8h，之后炉冷至 620℃保温 8h，最后空冷至室温。

图 2-14 显示了经 3 种不同热处理工艺处理后 SLM Inconel 718 合金的微观组织图。图 2-14(a) 和 (b) 是 AT1 工艺处理后 SLM Inconel 718 合金的微观组织图，对比图 2-11 可以看出，AT1 处理态与沉积态的组织图很相似，同样有着较为明显的扫描路径，但与沉积态相比，AT1 处理态的扫描路径边界痕

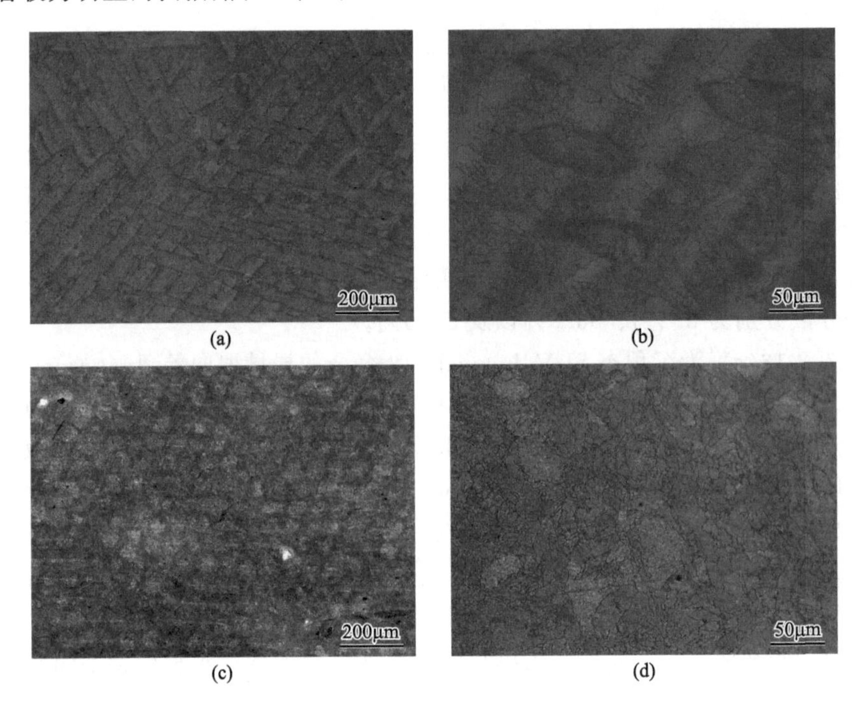

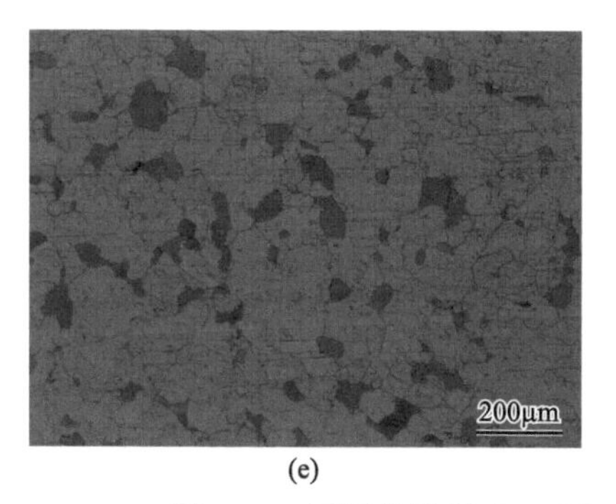

(e)

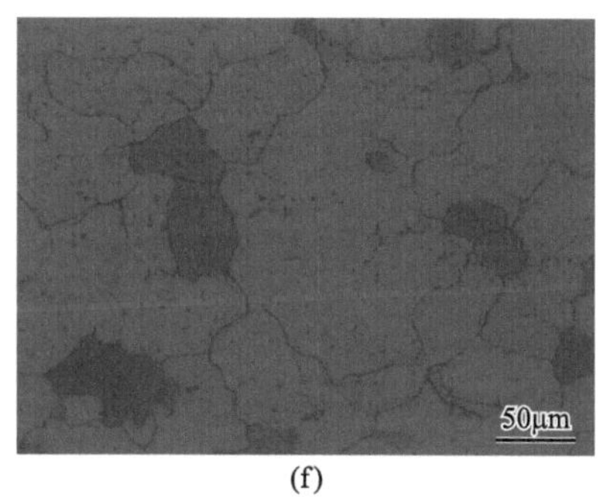

(f)

图 2-14 不同热处理态 SLM Inconel 718 合金光学显微图像

(a) 和 (b) AT1；(c) 和 (d) AT2；(e) 和 (f) AT3

迹变得模糊，说明此时 SLM Inconel 718 合金的道间结构开始融合，但并不明显。同时在高倍图像下可以看到明显的晶界，说明与沉积态相比，其内柱状晶与树枝晶开始向块状晶转变。

图 2-14(c) 和 (d) 是 AT2 处理态 SLM Inconel 718 合金的微观组织图，从图中可以看出，此时的 SLM Inconel 718 合金中已经观察不到扫描路径，合金上呈现出一种网格状态。在高倍图像下可以看出此时的 SLM Inconel 718 合金组织结构相对粗大，晶粒呈现出均匀的等轴晶形态，同时也存在柱状晶和树枝晶组织。

图 2-14(e) 和 (f) 是 AT3 处理态 SLM Inconel 718 合金的微观组织图，从图中可以看出，此时的 SLM Inconel 718 合金中原有的扫描路径痕迹已经完全消失，其内部柱状晶与枝晶结构完全消失，转化为均匀的等轴块状晶体，晶粒粗化晶界明显且平直。

图 2-15 为不同热处理工艺处理后 SLM Inconel 718 合金的 SEM 图。图 2-15 (a) 和 (b) 是 AT1 处理态 SLM Inconel 718 合金的 SEM 图，对比图 2-11 可以看出 AT1 处理态与沉积态的组织相似，其内部组织同样为柱状晶和树枝晶结构。不同的是经过 AT1 处理后，其内部道间结构消失，晶界变得明显，部分偏析相

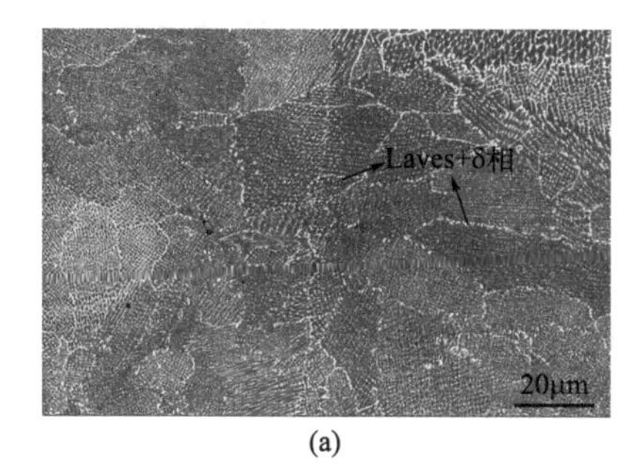

(a)

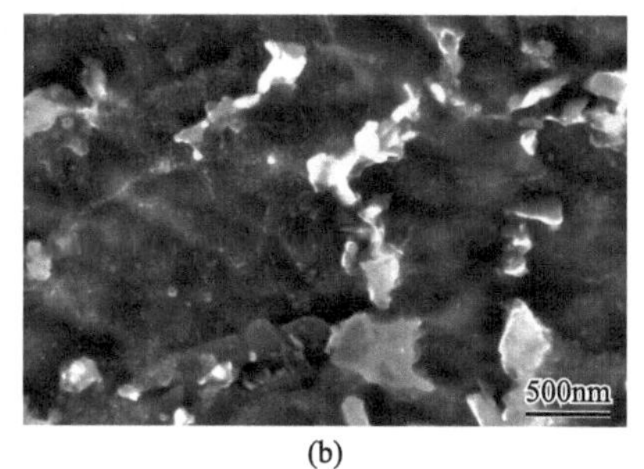

(b)

图 2-15

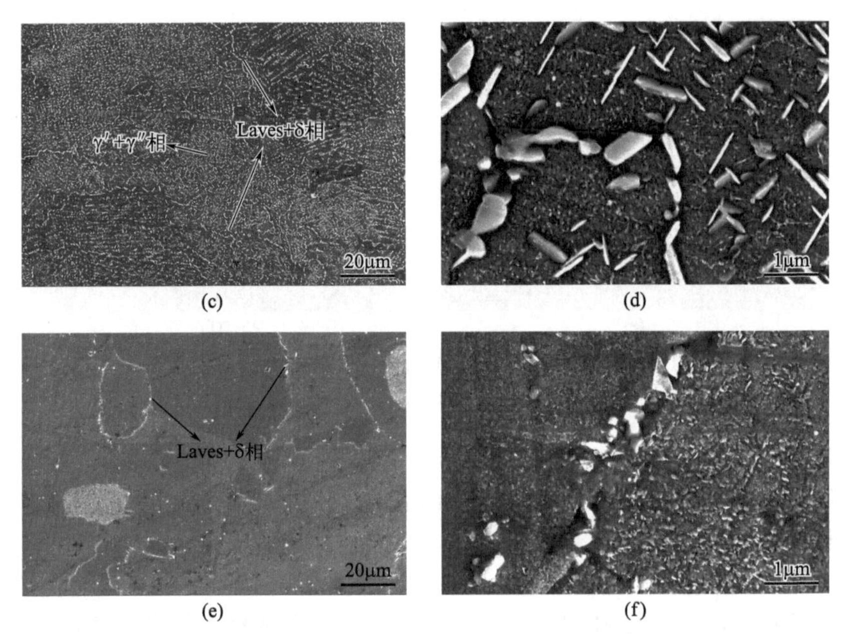

(c) (d) (e) (f)

图 2-15 不同热处理态 SLM Inconel 718 合金扫描电子显微图像

(a) 和 (b) AT1；(c) 和 (d) AT2；(e) 和 (f) AT3

消失，在枝晶间析出少量的棒状 δ 相，同时在基体内部可以观测到极其细小的 γ′相和 γ″相析出物。γ′相和 γ″相具有较高的组织稳定性，故经过 AT1 工艺处理后，SLM Inconel 718 合金应该具有较高的强度以及硬度，但是 AT1 工艺并未很好地改善 SLM Inconel 718 合金中的偏析问题，尽管有 γ′相和 γ″相的析出，同时也使 δ 相从枝晶间析出，大幅降低了 SLM Inconel 718 合金的力学性能。

图 2-15(c) 和 (d) 是经过 AT2 处理态 SLM Inconel 718 合金的 SEM 图，可以看出经过 AT2 处理后，SLM Inconel 718 合金的组织发生了较大变化，偏析得到极大的改善，内部组织同样由枝晶结构组成。与沉积态相比 AT2 处理态 SLM Inconel 718 合金内的 Laves 相有所减少，δ 相在 900℃时析出速度最快，因此在 980℃的固溶过程中，Laves 相溶解并释放出大量的 Nb 元素，Nb 元素扩散在晶界和晶内析出，形成棒状和针状两种不同形状的 δ 相。这些 δ 相在晶界处起到了位错钉扎作用，进而产生弥散强化的效果。由于 δ 相的抗腐蚀能力较弱，因此 AT2 处理下的晶界轮廓清晰。同时固溶所释放出的 Nb 元素，为后期的时效过程中强化相的析出提供了有利的条件，在晶体内部清晰可见地分布着大量的 γ′相和 γ″相。

图 2-15(e) 和 (f) 为经过 AT3 处理态 SLM Inconel 718 合金的 SEM 图，可以看出经过 AT3 处理后，SLM Inconel 718 合金内部的枝晶结构已经完全消失，转变为均匀的块状结构，此时 SLM Inconel 718 合金内部的晶粒粗大，晶

界明显且平直。1080℃的均匀化温度完全高于 δ 相的溶解温度，且此时晶粒的长大也不受抑制，但由于从 1080℃均匀化阶段降温至双时效处理阶段的过程中由于冷却速率较慢，因此在晶界处仍会有少量的 δ 相析出。1080℃的均匀化温度使得 Laves 相溶解的同时也释放了大量的 Nb 元素，使其更加均匀地溶解于基体之中，从而在时效阶段可以析出强化相 γ′相和 γ″相，对比 AT1 处理态可以看出，AT3 处理态晶内的 γ′相和 γ″相更加明显，且含量更多。综上在进行双时效处理前，对 SLM Inconel 718 合金进行固溶处理或者是均匀化处理是完全必要的。

图 2-16 为不同热处理态 SLM Inconel 718 合金 XRD 测试结果。由于 γ′相和 γ″相的主要衍射峰与基体 γ 相的衍射峰十分接近，所有它们的峰会重叠在一起，因此三种热处理态的衍射峰与图 2-12 沉积态的衍射峰是接近的。在 AT2 处理态中观测到明显的 δ 相衍射峰，尽管在扫描电镜下观察到 AT1 态与 AT3 态中也有少量的 δ 相，但因 XRD 分析具有一定的局限性，无法探测出少于 5%含量的相。

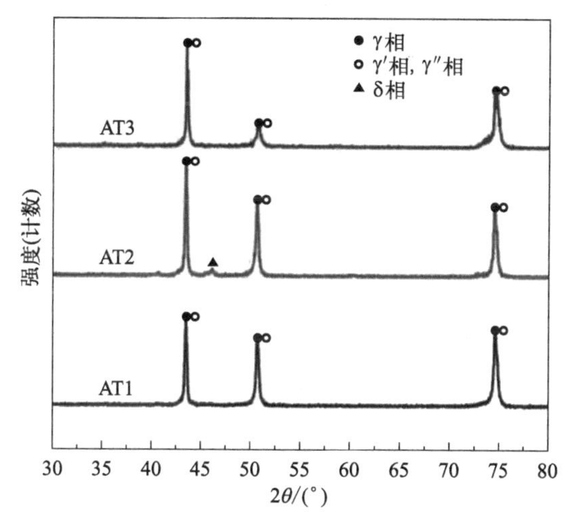

图 2-16 不同热处理态 SLM Inconel 718 合金 XRD 测试结果

图 2-17（见文后彩插）为不同热处理态 SLM Inconel 718 合金的 EBSD 取向成像图。对比图 2-13(a) 和图 2-17(a) 可以看出经过 AT1 处理后，其组织与沉积态相似，并无明显变化。由图 2-17(b) 可以看出经过 AT2 处理后，SLM Inconel 718 合金展现出了类似于“棋盘”的结构形貌，此时的晶粒分布较 AT1 态相比，更加均匀，图中的少量细颗粒意味着相邻的几个细颗粒溶解成更大的颗粒，但晶粒取向规律未发生明显变化。由图 2-17(c) 可以看出经过

AT3 处理后，SLM Inconel 718 合金内组织发生明显变化，合金内部晶粒粗化，晶界平直，并且从图中看到许多退火孪晶，材料中出现大量高角度取向的孪晶晶界，说明材料内部晶粒之间的取向差有所提高。

图 2-17　不同热处理态 SLM Inconel 718 合金的取向成像图

(a) AT1；(b) AT2；(c) AT3

图 2-18（见文后彩插）为不同热处理态 SLM Inconel 718 合金的再结晶分布图。由图 2-13(a)、图 2-18(a) 和图 2-18(b) 可以看出，沉积态 SLM Inconel 718 合金、AT1 处理态 SLM Inconel 718 合金和 AT2 处理态 SLM Inconel 718 合金的内部晶粒组织构成基本相同，以亚结构晶粒为主，含有少量变形晶粒和再结晶晶粒。由图 2-18(c) 可以看出 AT3 处理态 SLM Inconel 718 合金内部以再结晶晶粒为主，同时含有大量亚结构，变形晶粒几乎消失。这是因为在 1080℃ 的均匀化温度下柱状晶内部无畸变的晶核长大并形成亚晶或再结晶晶粒，相近的亚晶界通过滑移的方式转移到邻近的晶界或亚晶界上，通过扩散等方式使两个或多个亚晶合并成为一个再结晶晶粒，晶粒随之长大，尺寸增长，此时组织变得均匀，晶界也变得平直。AT1 处理态 SLM Inconel 718 合金内部的再结晶、亚结构

晶粒和变形晶粒的体积分数分别为 6.5%、81.9%和 11.6%；AT2 处理态 SLM Inconel 718 合金内部的再结晶、亚结构晶粒和变形晶粒的体积分数分别为 7.3%、82.9%和 9.7%；AT3 处理态 SLM Inconel 718 合金内部的再结晶、亚结构晶粒和变形晶粒的体积分数分别为 71.2%、28.5%和 0.2%。

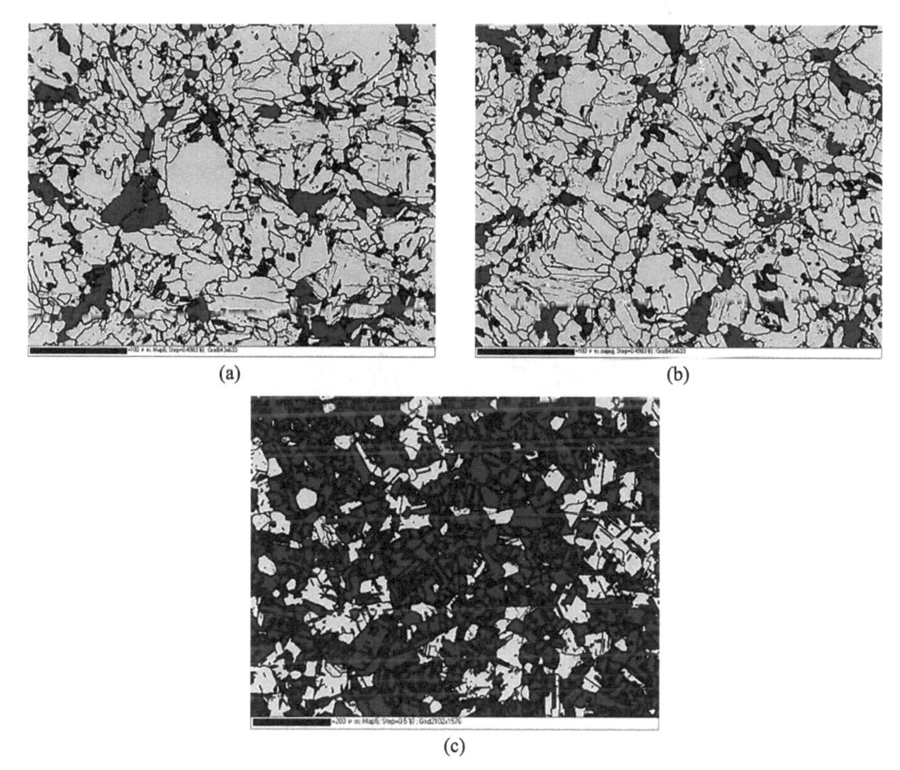

图 2-18　不同热处理态 SLM Inconel 718 合金的再结晶分布图

(a) AT1；(b) AT2；(c) AT3

图 2-19（见文后彩插）为不同热处理态 SLM Inconel 718 合金的局域取向差角图。可以看出经过热处理后，SLM Inconel 718 合金内部的残余应力有着不同程度的改善，不同热处理态 SLM Inconel 718 合金的残余应力分布状态与沉积态一致，残余应力集中在变形晶粒的内部与周围。AT1 处理态和 AT2 处理态 SLM Inconel 718 合金的残余应力虽有改善，但仍有着较为明显的残余应力存在，这可能因为 AT1 和 AT2 这两种处理工艺对 SLM Inconel 718 合金的组织改变效果不强有关。经过 AT3 处理后，SLM Inconel 718 合金的组织结构完全改变，再结晶过程基本完成，合金内部变形均匀，具有高局域取向差的变形晶粒几乎消失，内部几乎没有残余应力存在。

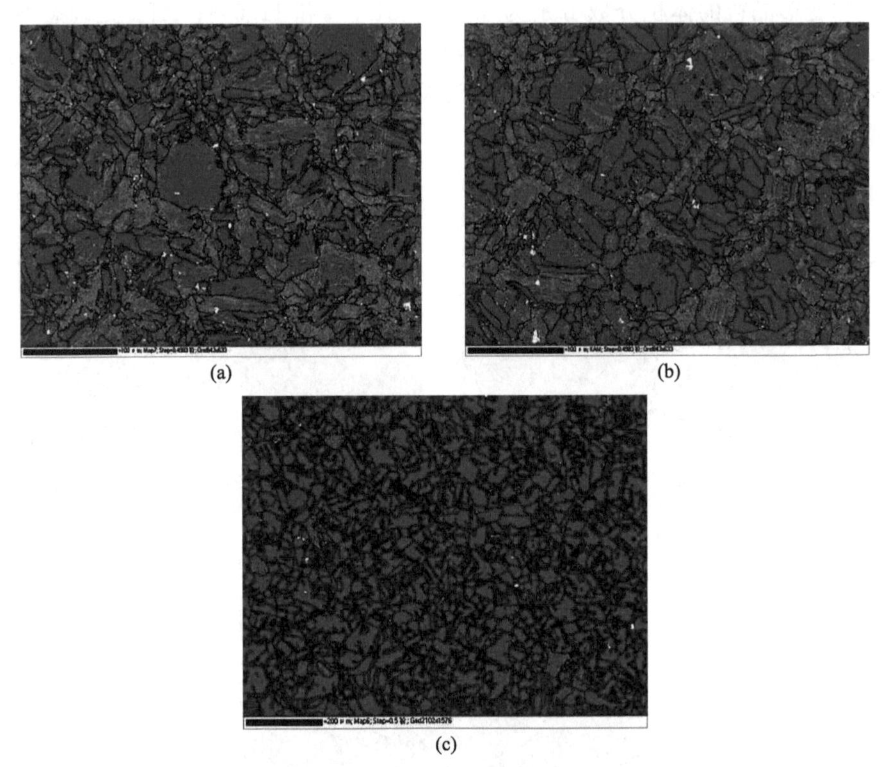

图 2-19　不同热处理态 SLM Inconel 718 合金的局域取向差分布图

(a) AT1；(b) AT2；(c) AT3

图 2-20 为 SLM Inconel 718 合金的晶粒尺寸图，利用截线法对 SLM Inconel 718 合金晶粒的长（X 方向）宽（Y 方向）进行统计，由图中可知，随着热处理温度的增加（沉积态→AT1→AT2→AT3）SLM Inconel 718 合金的晶粒尺寸不断增大。沉积态 SLM Inconel 718 合金 X 和 Y 方向上的平均晶粒尺寸为 9.1374μm 和 8.0125μm；AT1 处理后 SLM Inconel 718 合金 X 和 Y 方向上的平均晶粒尺寸为 9.4112μm 和 8.2573μm；AT2 处理后 SLM Inconel 718 合金 X 和 Y 方向上的平均晶粒尺寸为 9.9667μm 和 9.1309μm；AT3 处理后 SLM Inconel 718 合金 X 和 Y 方向上的平均晶粒尺寸为 10.723μm 和 10.184μm。

图 2-21 为 SLM Inconel 718 合金的晶界差角图，由图中可以看出，沉积态、AT1 处理态和 AT2 处理态 SLM Inconel 718 合金的内部主要是由小角度晶界组成，但随着热处理温度的增加其小角度晶界含量逐渐降低。AT3 处理态 SLM Inconel 718 合金内部形成大量<111>60°退火孪晶，其内部晶界主要由大角度晶界组成，小角度晶界减少。

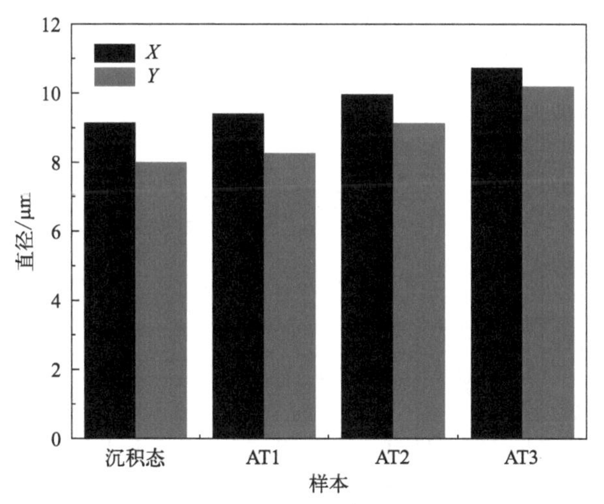

图 2-20　SLM Inconel 718 合金的晶粒尺寸图

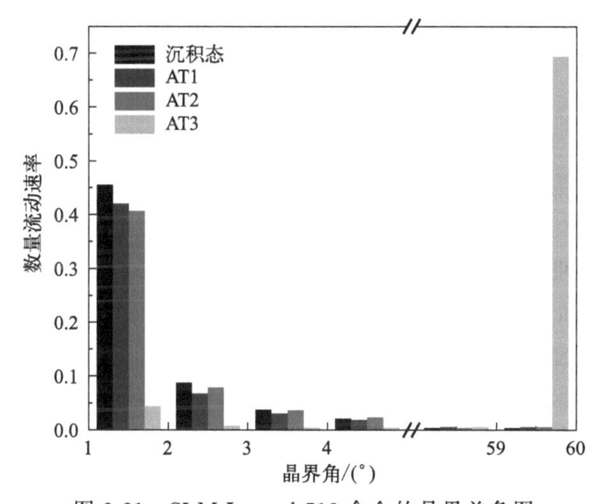

图 2-21　SLM Inconel 718 合金的晶界差角图

2.3.3　SLM Inconel 718 合金的力学性能

2.3.3.1　硬度分析

通过 OM、SEM 和 EBSD 分析发现，不同热处理后的 SLM Inconel 718 合金的微观组织有着明显的变化。因此，有必要通过分析 SLM Inconel 718 合金的硬度分布来反应组织变化和热处理工艺之间的关系。SLM Inconel 718 合金经不同热处理后的硬度分布如图 2-22 所示。

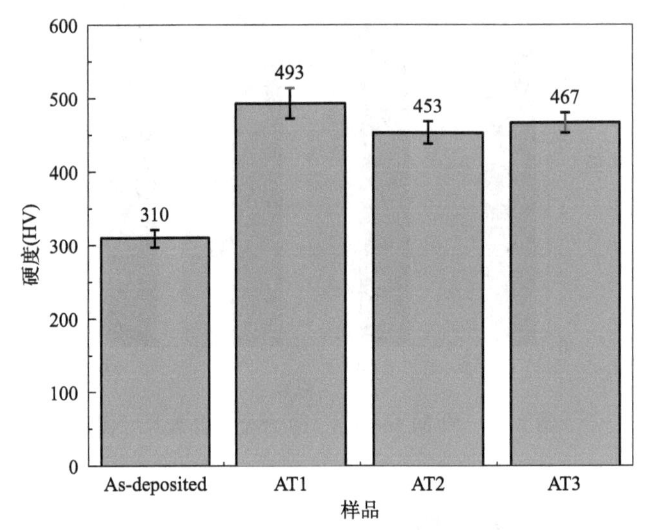

图 2-22　SLM Inconel 718 合金显微硬度图

沉积态 SLM Inconel 718 合金的显微硬度（HV）值较低，因为沉积态合金主要组成成分为基体 γ 相和 Laves 相，除此之外并无其他强化相，所以硬度较低约为 310。经 AT1 工艺处理后，其显微硬度较沉积态合金有很大的提升，其显微硬度（HV）值约为 493，较沉积态提升了 59%。这是因为经 AT1 工艺处理后，大量的 γ′相和 γ″相析出从而提高了合金的硬度。γ′相和 γ″相析出主要通过吸收 Nb 元素形成，虽然 AT1 处理态 SLM Inconel 718 合金中有大量 Laves 相的存在消耗了大量的 Nb 元素，但是仍有少量的 Nb 元素溶于基体中可用于形成强化相使得硬度明显提升。经 AT2 工艺处理后，SLM Inconel 718 合金的显微硬度（HV）值约为 453，其显微硬度较沉积态同样有着较大的提升，提升了 46.1%，但是低于 AT1 处理态。这是因为固溶阶段可以溶解 Laves 相释放 Nb 元素用于形成强化相 γ′相和 γ″相，但是 δ 相的析出会消耗大量的 Nb 元素，并且固溶处理能够释放 SLM Inconel 718 合金中的残余应力，同时偏析硬化相溶解，使得 AT2 工艺处理后 SLM Inconel 718 合金的显微硬度虽较沉积态略有提升但是低于 AT1 处理态。当采用 AT3 工艺时，SLM Inconel 718 合金的显微硬度（HV）值约为 467，较沉积态提升了 50.6%，其硬度略高于 AT2 处理态。这是因为均匀化热处理的温度更高，合金元素可以更好地融入基体中，产生晶格畸变，从而提高合金的硬度。

2.3.3.2 拉伸性能分析

分别对沉积态和三种热处理态试样进行了室温拉伸试验，并结合拉伸后试样断口形貌，综合分析 SLM Inconel 718 合金在热处理前后的拉伸力学性能变化情况和断裂方式，以下为详细分析结果。

图 2-23 所示为 SLM Inconel 718 合金的拉伸性能测试结果，并将其结果记录于表 2-6 中。可以看出，经过热处理后 SLM Inconel 718 合金的屈服强度和抗拉强度均有较大的提升，但是断裂延伸率略有下降。沉积态 SLM Inconel 718 合金屈服强度约为 762MPa，抗拉强度约为 1003MPa，其断裂延伸率约为 21.7%，表现出了较好的塑性。经 AT1 工艺处理后，SLM Inconel 718 合金的强度明显提高，其屈服强度约为 1130MPa，抗拉强度约为 1400MPa，分别较沉积态提升了 48.3% 和 39.6%，塑性有较大的降低，断裂延伸率约为 13.6%，较沉积态降低了 37.3%。经 AT2 工艺处理后的 SLM Inconel 718 合金的强度最高，其屈服强度约为 1200MPa，抗拉强度约为 1504MPa，分别较沉积态提升了 57.5%和 49.9%，但塑性最差，断裂延伸率约为 9.8%，较沉积态降低了 54.8%。经过 AT3 工艺处理后 SLM Inconel 718 合金有着较高强度的同时也有着较好的塑性，其屈服强度约为 970MPa，抗拉强度约为 1379MPa，分别较沉积态提升了 27.3%和 37.5%，断裂延伸率为 18.4%，较沉积态仅降低了 15.2%。

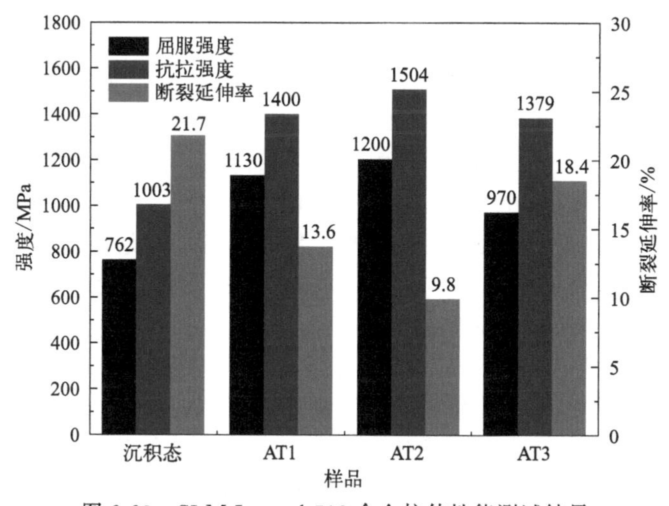

图 2-23　SLM Inconel 718 合金拉伸性能测试结果

表 2-6 SLM Inconel 718 合金的力学性能

样品	屈服强度/MPa	抗拉强度/MPa	断裂延伸率/%
沉积态	762±10	1003±8	21.7±2
AT1	1130±14	1400±12	13.6±1
AT2	1200±22	1504±20	9.8±0.7
AT3	970±7	1379±5	18.4±1.6

图 2-24 为 SLM Inconel 718 合金的应力-应变曲线图，经过热处理后 SLM Inconel 718 合金的强度均有提升，断裂延伸率均有下降。

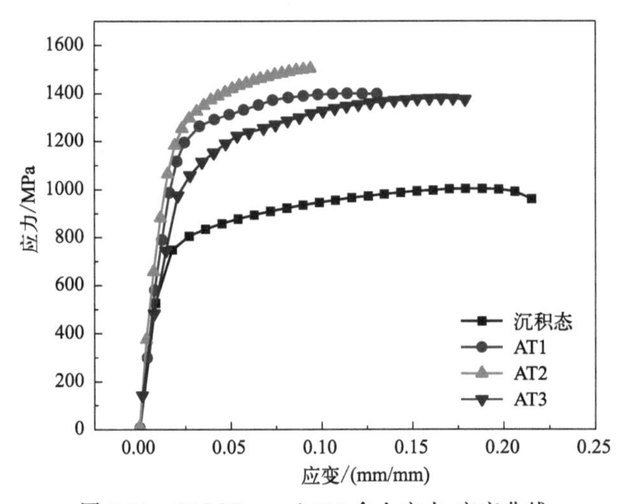

图 2-24 SLM Inconel 718 合金应力-应变曲线

Inconel 718 合金是一种析出强化型镍基高温合金，它的力学性能主要取决于它析出相的种类和数量。在 SLM 成形的过程中，由于反复的快速加热与冷却，导致 SLM Inconel 718 合金中无强化相析出，仅有偏析和 Laves 相，所以沉积态的 SLM Inconel 718 合金强度较低。经过 AT1 工艺理后，晶内有 γ' 相和 γ''相强化相析出，因此强度得到很大的提高，但是由于时效温度较低，SLM Inconel 718 合金中原本存在的 Laves 相并未溶解，同时偏析现象依旧存在，使其在拉伸过程容易发生应力集中而断裂，所以其塑性有所下降。经过 AT2 工艺处理后的 SLM Inconel 718 合金，在 980℃的固溶环境下同时在较短的固溶时间内，使得 Laves 相和 δ 相含量适当。Laves 相的溶解释放了更多的 Nb 元素，从而促进了 γ'相和 γ''相的析出。同时，结合适当的晶内和晶间的 δ 相分布，材料最终表现出最高的强度。经过 AT3 工艺处理后，SLM Inconel 718 合金发生了程度较大的再结晶现象，晶粒粗化明显，同时再结晶行为使其内部的残余压应力得到了很好的释放，因此其强度低于 AT2 处理态。但是由于均匀化过程中较高的温度，使合金内部的 δ 相和 Laves 相等脆性相大量溶解，使得 AT3 态 SLM Inconel 718 合金有着较好的塑性。

SLM Inconel 718 合金的拉伸断口形貌如图 2-25 所示，SLM Inconel 718 合金的断口形貌均由韧窝组成，只是韧窝的深浅和大小不同，断裂模式为韧性断裂。对于沉积态和 AT1 处理态的 SLM Inconel 718 合金，其韧窝呈现出与具有外延生长特性的大角度树枝晶一致的序列状分布，且韧窝小而浅。由于 SLM 成形过程中反复地快速加热冷却过程，使得合金中存在较大的残余应力和成分偏析，晶界处有着较大的缺陷，并且在拉伸过程中形成了较为明显的“台阶”。AT2 处理态和 AT3 处理态的 SLM Inconel 718 合金，由于发生了再结晶，存在着更加均匀分布的更大更深的韧窝结构，表明试样在拉伸过程中承受着较沉积态更高的载荷并表现出更大的抗拉强度和屈服强度。

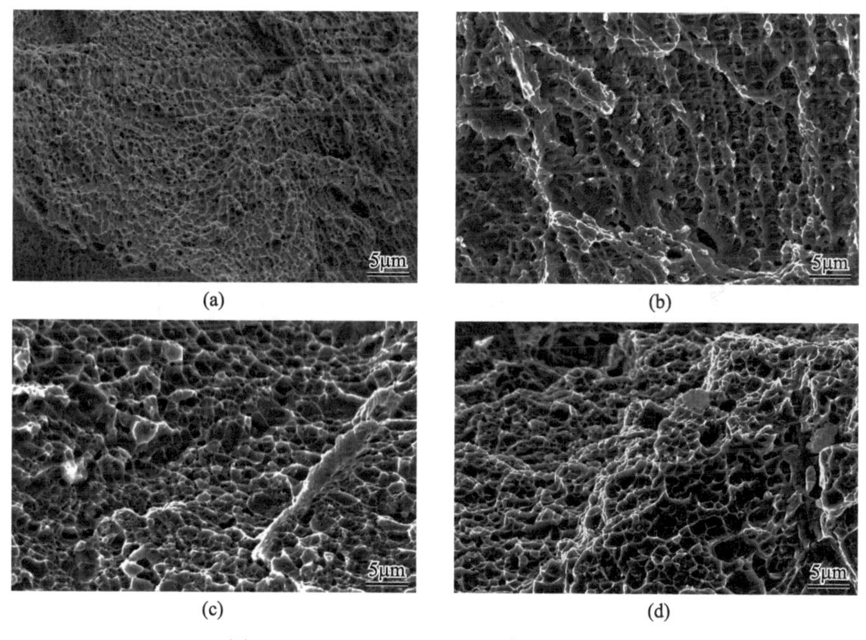

(a)　(b)　(c)　(d)

图 2-25　SLM Inconel 718 合金断口形貌

(a) 沉积态；(b) AT1；(c) AT2；(d) AT3

2.3.3.3　疲劳性能分析

通过以上分析，SLM Inconel 718 合金在拉伸性能方面的研究表明，经过热处理后的 SLM Inconel 718 合金的性能有着较大程度的提升，已经远超传统铸锻态 Inconel 718 合金。但 Inconel 718 合金在服役中的主要失效原因为疲劳断裂，为此本节对热处理前后的 SLM Inconel 718 合金进行了疲劳试验，研究其疲劳特性、观察断口形貌分析断裂机理，确定最优热处理方案。为 SLM Inconel 718 合金的后续热处理工艺进一步提供理论依据。

疲劳实验采用应力比为 $R=0.1$ 的拉-拉疲劳实验，疲劳 S-N 曲线如图 2-26（见文后彩插）所示。由 S-N 曲线可知疲劳寿命随应力幅增加而减小，除 AT3 处理态 SLM Inconel 718 合金的疲劳性能相较于沉积态有所下降，其余热处理工艺处理下 SLM Inconel 718 合金的疲劳寿命略有提高。对于应力控制的疲劳实验，应力幅与疲劳寿命的关系可以用 Basquin 公式来描述：

$$\sigma_a=\sigma_f(2N_f)^b \tag{2-1}$$

式中　σ_a——损伤材料的有效弹性模量；

σ_f——疲劳强度系数；

N_f——疲劳寿命；

b——疲劳强度指数。

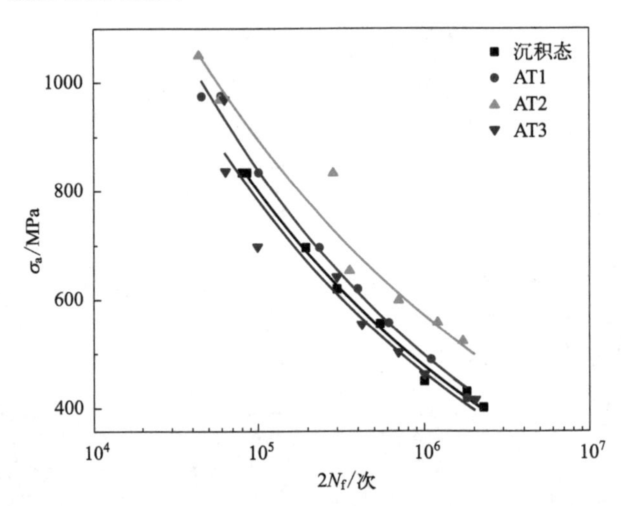

图 2-26　SLM Inconel 718 合金的疲劳寿命 S-N 曲线

采用 Origin 对数据进行拟合，可以得出沉积态 $\sigma_f=9722$，$b=-0.2248$；AT1 处理态 $\sigma_f=10359$，$b=-0.2241$；AT2 处理态 $\sigma_f=10738$，$b=-0.1954$；AT3 处理 $\sigma_f=7215$，$b=-0.2277$。拟合数据整合于表 2-7。

表 2-7　SLM Inconel 718 合金 Basquin 公式拟合参数值

样品	σ_f/MPa	b
沉积态	9722	−0.2248

续表

样品	σ_f/MPa	b
AT1	10359	−0.2241
AT2	10738	−0.1954
AT3	7215	−0.2277

材料的疲劳性能受到强度、晶粒尺寸和强化相等因素的影响。沉积态试样内部存在大量的不稳定脆性 Laves 相，且无强化相析出，受到外力作用时 Laves 相不易发生变形，从而和基体形成不协调裂纹，使其疲劳性能较差。AT1 处理态，因未经过固溶处理，合金中的 Laves 相并未溶解，但合金内部有 γ'相和 γ''相强化相析出，这使其疲劳性能优于沉积态，但是比 AT2 处理态差。AT2 处理态，试样经 980℃固溶处理后，发生了部分再结晶，有利于试样内部残余应力的释放，降低裂纹萌生的概率，同时合金中析出的大量强化相可以显著提高试样的疲劳性能。AT3 处理态，随着热处理温度的增高，均匀化热处理后，试样的强度降低，一般来说材料的强度影响着材料的疲劳性能。合金的疲劳性能还受晶粒尺寸的影响，晶粒尺寸越细小，阻碍位错运动的晶界就越多，使得变形更加均匀，越不容易产生应力集中，裂纹萌生的机会就越小，疲劳性能就越好。经过均匀化处理后，试样的晶粒尺寸粗大，会造成应力集中并加速裂纹的萌生，从而降低合金的疲劳性能。

图 2-27 为 SLM Inconel 718 合金在 650MPa 应力幅值下的疲劳断口形貌图［(a)～(d) 为疲劳断口宏观形貌，(e)～(h) 为对应的疲劳裂纹源］。疲劳断口主要分为三个区域：疲劳裂纹萌生区（fatigue crack initiation zone，FCIZ)、疲劳裂纹扩展区（fatigue crack propagation zone，FCPZ)、疲劳裂纹最终断裂区域（final rupture zone，FRZ)。从图中可明显看出，沉积态和不同热处理态的试样，疲劳断口均由这三部分组成。从疲劳裂纹源图［图 2-27(e)～(h)］可以看出所有试样的疲劳裂纹均萌生于试样表面或者近表面的缺陷和夹杂颗粒，这些位置容易形成应力集中，从而加速疲劳裂纹的形成和扩展，最终导致试样的失效断裂。这表明虽然加工抛光以及热处理等工艺降低了表面粗糙度和相关缺口效应的影响，但残余在合金内部的孔洞和缺陷仍在疲劳破坏过程中发挥了主导作用。此外由于合金试样表面对于循环滑移的约束较少，疲劳裂纹从表面萌生后迅速扩展，从而在疲劳裂纹扩展区形成河流状花样。

图 2-28 为 SLM Inconel 718 合金疲劳断口扩展区形貌，在所有试样中均可观察到明显的疲劳条纹，这是在循环应力加载作用下试样发生塑性钝化而形成的，且疲劳条纹越细越密，疲劳寿命越好。沉积态试样、AT1 处理态试样以

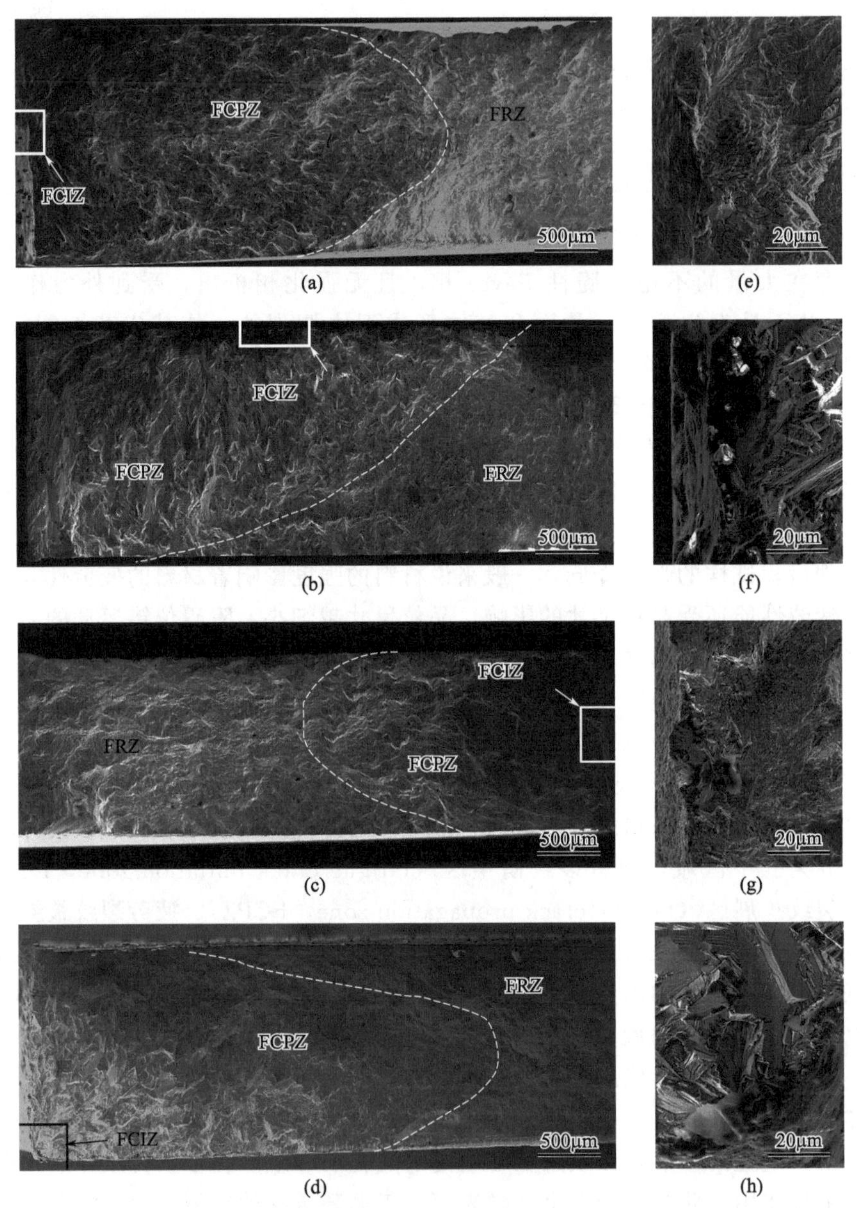

图 2-27　SLM Inconel 718 合金的疲劳断口形貌

(a) 和 (e) 沉积态；(b) 和 (f) AT1；(c) 和 (g) AT2；(d) 和 (h) AT3

及 AT2 处理态试样的疲劳条纹宽度都约为 0.5μm，AT3 处理态试样的疲劳条纹明显变宽约为 1μm。同时由图中可看出，沉积态试样、AT1 试样和 AT3 试样的疲劳条纹为塑性条纹，而 AT2 试样的疲劳条纹为脆性疲劳条纹。沉积态试样疲劳条纹中存在大量的裂纹，经过热处理后，裂纹显著减少。

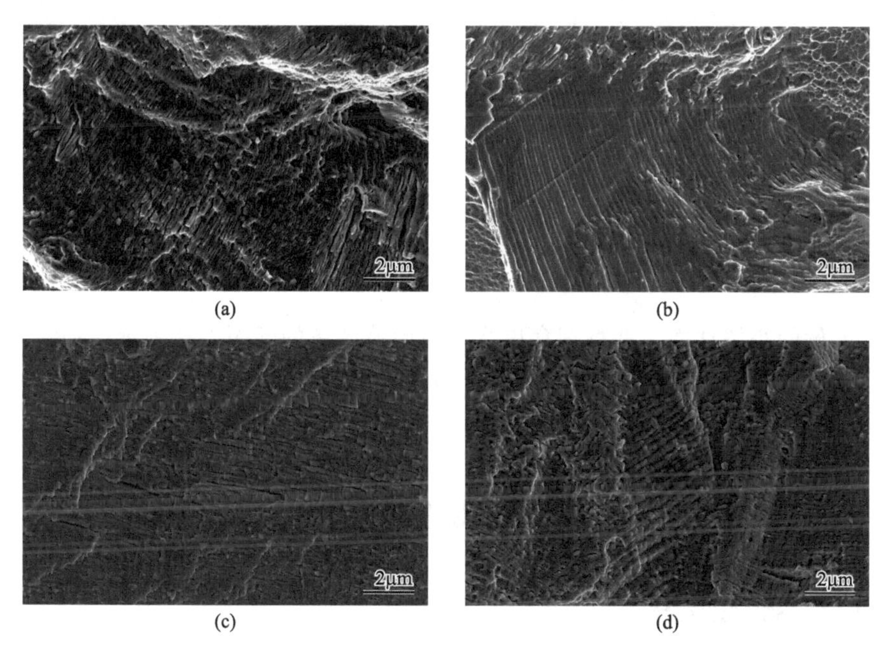

图 2-28 SLM Inconel 718 合金的疲劳裂纹扩展区形貌

(a) 沉积态；(b) AT1；(c) AT2；(d) AT3

图 2-29 为 SLM Inconel 718 合金疲劳断口瞬断区的形貌。可以看出相较于疲劳裂纹扩展区，瞬断区的形貌凹凸不平，可以观察到大量的韧窝。沉积态试样遍布着大量尺寸约为 1μm 的韧窝，断裂方式为延性断裂。AT1 处理态试样的瞬断区形貌同样由韧窝组成，但是 AT1 处理态试样中的韧窝尺寸更大更浅，断裂方式为延性断裂。AT2 处理态试样的瞬断区域形貌除了有韧窝外，还出

图 2-29

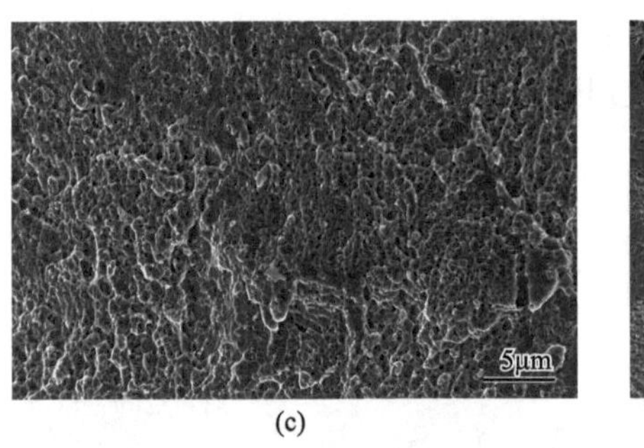

(c)

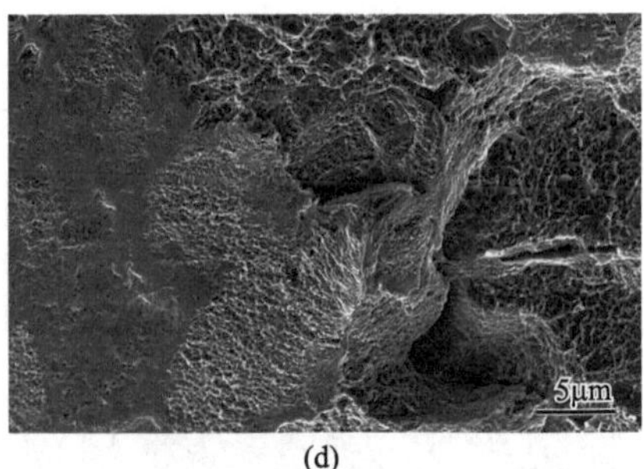

(d)

图 2-29 SLM Inconel 718 合金的疲劳瞬断区形貌

(a) 沉积态；(b) AT1；(c) AT2；(d) AT3

现了大量的小解理面，并且韧窝更浅，因此该区域的断裂方式为延性和解理的混合断裂。AT3 处理态试样的瞬断区域形貌由韧窝和大面积的解理面组成，断裂方式为准解理断裂。

2.4 SLM TC4 合金微观组织和力学性能

2.4.1 微观组织

2.4.1.1 微观组织演变

图 2-30 为 SLM 成形 TC4 合金沉积态显微组织图，从图 2-30(a) 中可以观察到等轴 β 晶粒，使用软件 Image pro plus 测量其晶粒平均尺寸为 120μm。β 柱状晶的生长方向与沉积方向垂直，显示出棋盘状。由于晶体取向不同，在 OM 图中存在明暗交替的现象。在 β 晶粒内存在大量针状马氏体 α′相，晶粒宽度为 (1.05±0.06)μm，这些针状 α′相具有一定的取向性，呈正交或平行分

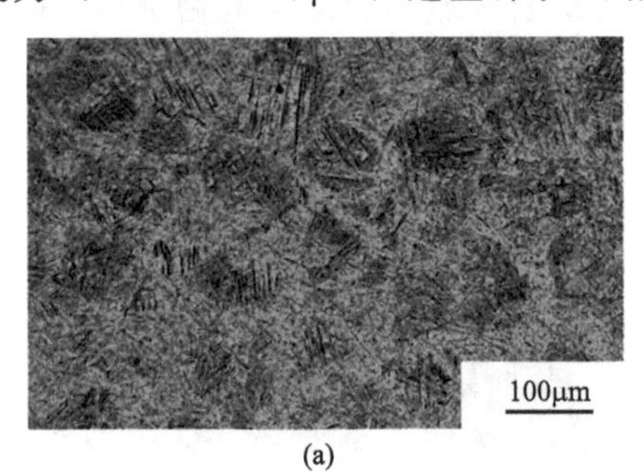

(a)

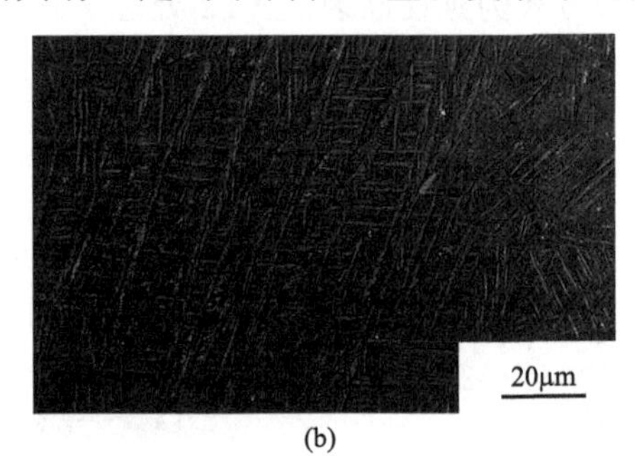

(b)

图 2-30 SLM 成形 TC4 钛合金沉积态显微组织

(a) 沉积态 OM 图；(b) 沉积态 SEM 图

布，如图 2-30(b) 所示。在 SLM 成形过程中冷却速率较大，初始形成的 β 相来不及转变为 α 相，通过切变方式转变为针状 α′相。沉积态显微组织主要以针状 α′相为主，含有极少量的残余 β 相。针状 α′相实际上是一个亚稳态相，包含高密度的位错和孪晶。在 SLM TC4 合金中，α′相会在后续热处理过程中阻碍新晶粒的生长，导致形成 α+β 片层状结构。

采用 AT1、AT2 和 AT3 三种退火方式分别对 SLM 成形 T4 合金进行热处理，其中 AT1 工艺为 750℃保温 2h，后空冷至室温。AT2 工艺为 850℃保温 2h，后空冷至室温。AT3 工艺为 950℃保温 2h，后空冷至室温。图 2-31 分别为三种退火方式下 SLM 成形 TC4 合金的显微组织在 OM 与 SEM 下的形貌。经过 AT1 处理后，可以完全消除残余应力。AT1 退火工艺下，针状马氏

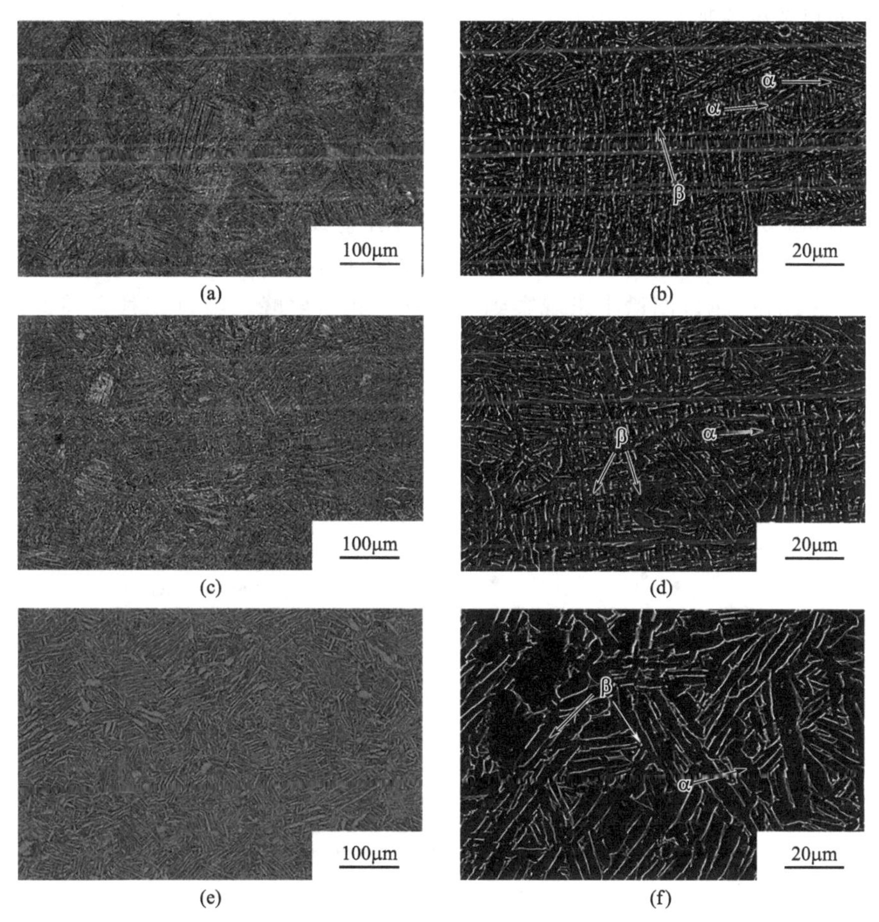

图 2-31 不同退火温度下 SLM 成形 TC4 钛合金显微组织

(a) AT1-OM；(b) AT1-SEM；(c) AT2-OM；(d) AT2-SEM；(e) AT3-OM；(f) AT3-SEM

体 α′相分解为 α+β 相，显微组织为 α′相与（α+β）相混合组织，其中 α 相为细长的条状，晶粒宽度为 1.5μm，与沉积态相比晶粒尺寸变大，β 相聚集长大，条状 α 相纵横交错构成网篮组织分布在 β 基体相上。最初的针状马氏体与沉积态相比变化不大，尽管保持 750℃的过程中马氏体 α′相开始分解，但温度仍然过低无法引起相大小的显著变化。α 相中位错密度降低，应力释放过程中发生的主要微观组织变化是 α′相的分解。

经过 AT2 处理后，针状 α′相完全消失，由 α+β 相构成，其中与 AT1 时相比 α 相长宽比变小发生粗化，晶粒宽度为 2.8μm，粗化后的 α 相发生聚集，形成内部具有相同取向的 α 集束，β 相体积分数较 AT1 时增加。

经过 AT3 处理后，α 相进一步发生粗化，变为板条状，并且出现球状趋势，晶粒宽度增加到 3.6μm，β 相体积分数进一步增加。因此，该温度可以减轻 SLM 成形过程中引起的微观结构各向异性。

随着退火温度的升高，针状 α′相逐渐分解为 α+β 相，退火温度到达 850℃时，针状 α′相完全消失。α 相由长宽比较大的细条状逐渐粗化为板条状，β 相体积分数逐渐增高。

不同退火温度下 SLM 成形 TC4 合金的 X 射线衍射（XRD）图谱如图 2-32 所示，在 SLM 成形 TC4 合金中主要由 α′相组成，而 β 相的相对含量远远小于 α′相，因此在 XRD 图谱中未观察到明显的 β 相衍射峰。经过三种不同退火温度处理后，SLM 成形的 TC4 合金组织主要由 α 相和 β 相组成，但 β 相的相对含量仍然明显低于 α 相。随着退火温度的升高，α 相的衍射峰强度逐渐减小，

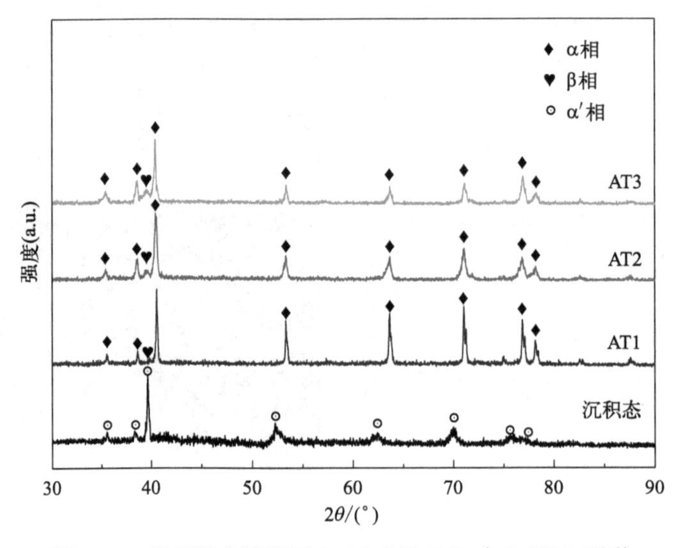

图 2-32　不同退火温度下 SLM 成形 TC4 合金 XRD 图谱

表明随着退火温度的增加，α相的相对含量逐渐减少。同时β相的衍射峰强度不断增大，说明β相的相对含量逐渐增加。

2.4.1.2　晶粒取向分析

为了更加清楚地观察SLM TC4合金的晶粒形貌和取向关系，对不同退火温度后的试样进行了EBSD分析，图2-33(a)～(d)分别为沉积态、AT1、AT2、AT3试样的晶粒取向分布图（见文后彩插），图中不同颜色代表不同的晶粒取向，颜色相同则表示取向相同。

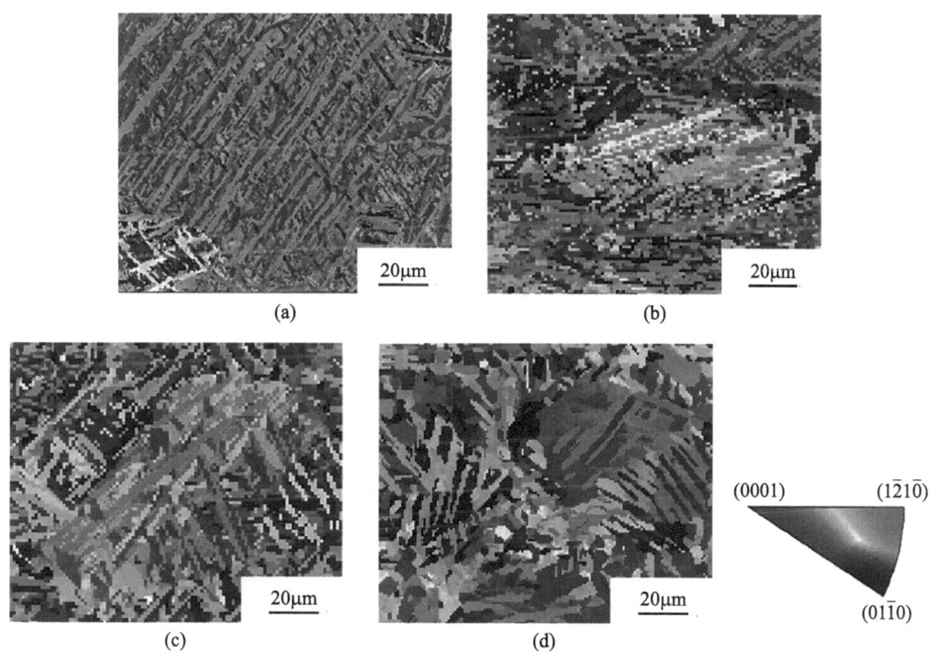

图2-33　不同退火温度下SLM TC4合金取向分布图
(a) 沉积态；(b) AT1；(c) AT2；(d) AT3

在图2-33(a)沉积态中，紫红色占比较多，其他颜色分布比较均匀，这说明α′相沿着近似<0001>方向上存在择优取向，这在图2-34(a)对应的<0001>极图中也能观察到较为明显的择优取向，织构强度为27.21。在AT1退火方式下，紫红色占比下降，其他颜色分布仍旧较为均匀，这说明α相沿着近似<0001>方向上择优取向强度降低，在图2-34(b)对应的极图中织构强度降低，最大值为22.53。在AT2退火方式下，紫红色与黄绿色占比相当，说明α相沿着近似<0001>方向上择优取向强度降低，与<$\bar{1}2\bar{1}0$>方向择优取向强度

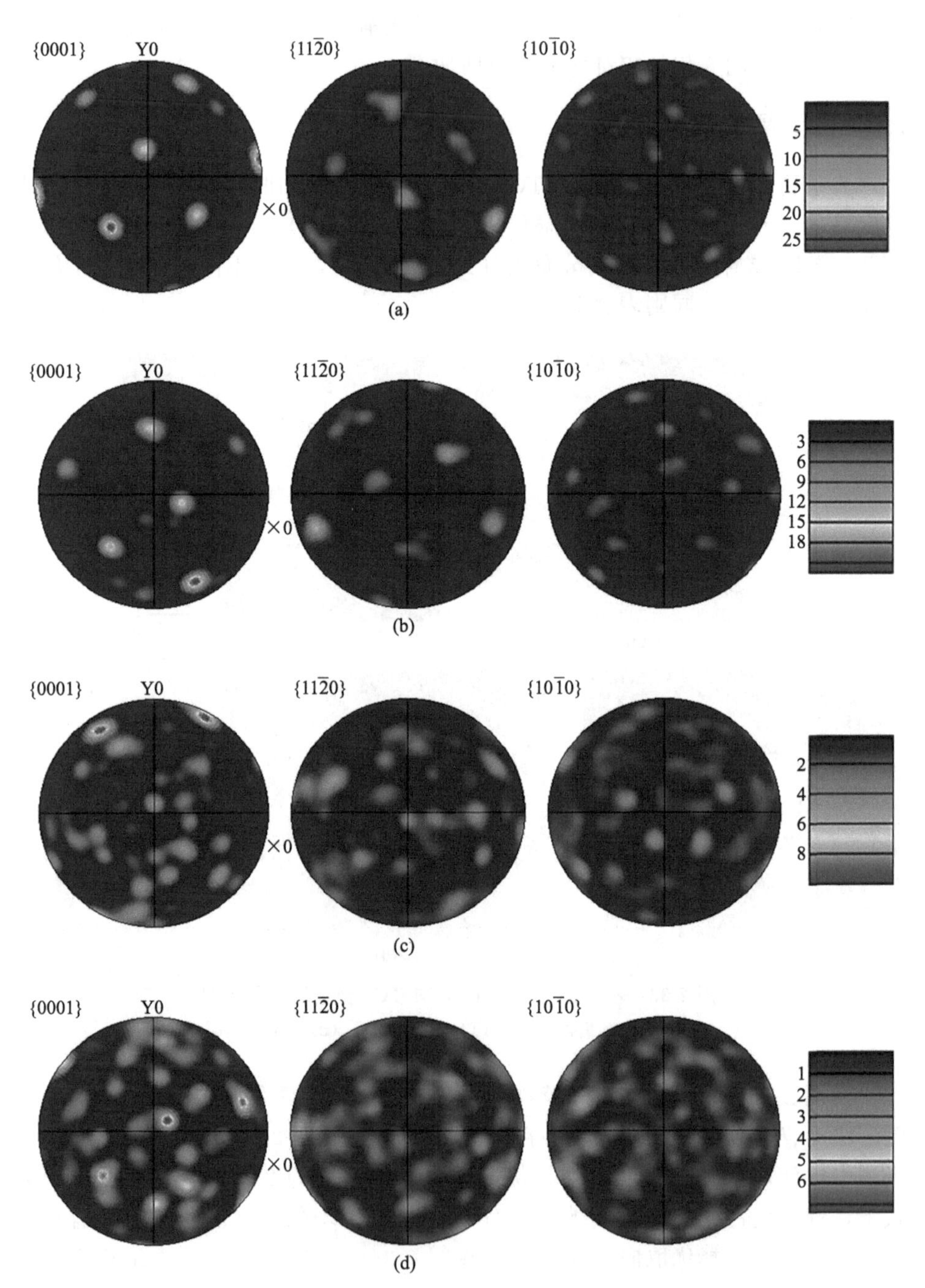

图 2-34　不同退火温度下 SLM TC4 合金 α 相极图（见文后彩插）

（a）沉积态；（b）AT1；（c）AT2；（d）AT3

近似，在图 2-34(c) 对应的极图中织构强度最大值变为 10.14。在 AT3 退火方式下，各颜色占比基本趋于相同，这说明 α 相已无明显取向性，在图 2-34(d) 中，织构强度最大值已降为 7.44。再次说明在该温度下可以减轻 SLM 成形过程中引起的微观结构各向异性。

图 2-35（见文后彩插）为不同退火温度下 SLM TC4 合金局域取向差角(kernel average misorientation，KAM) 图。KAM 图是由 24 个最相邻点组成的一个核心点，核心点与每个相邻点之间的取向差，表示其局域取向差。局域取向差可以用来表示材料内部的残余应力的大小，取向差越大材料内部残余应力越集中。

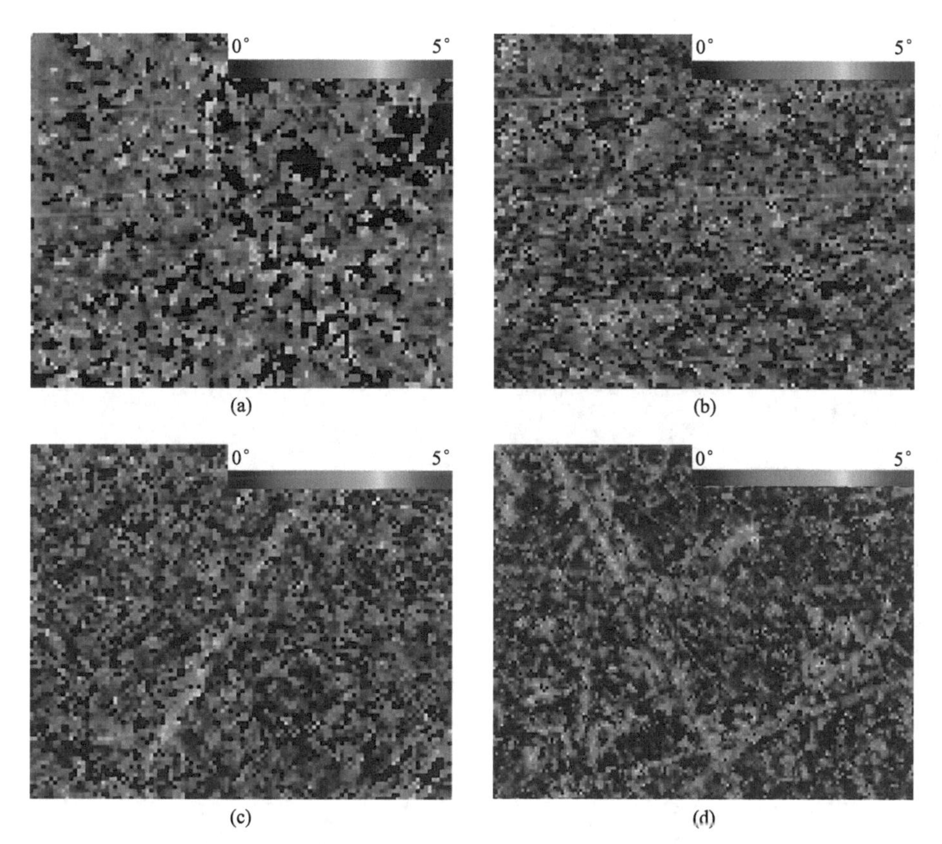

图 2-35 不同退火温度下 SLM TC4 合金局域取向差角图

(a) 沉积态；(b) AT1；(c) AT2；(d) AT3

在沉积态［图 2-35(a)］中，SLM TC4 合金局域取向差较大，表明合金内部存在较大的残余应力。这是因为在 SLM 成形过程中，高能激光会快速熔化粉末并使其凝固。在凝固过程中，材料会经历热膨胀和冷收缩，而后续的成形过程中会不断发生重熔和凝固的循环。随着每一层的沉积，压应力在材料内部逐渐累积，导致产生较大的残余应力。图 2-35(b)～(d) 分别为 AT1、AT2、AT3 三种退火温度下的 SLM TC4 合金局域取向差分布图，从图中可以看出，随着退火温度的升高，取向差分布图中的红色区域变少，颜色逐渐变浅，说明 SLM TC4 合金中取向差逐渐减小，这表明随着退火温度升高合金中残余应力逐渐减小。

图 2-36（见文后彩插）是不同退火温度下 SLM TC4 合金再结晶分数图，其再结晶晶粒的平均取向差设定为小于 1，亚结构晶粒的平均取向差设定为 1～7.5，变形晶粒的平均取向差设置为大于 7.5。图中红色、黄色、蓝色分别表示变形晶粒（deformed grains）、亚结构晶粒（substructured grains）、再结晶晶粒（recrystallized grains），三种晶粒含量如表 2-8 所示。

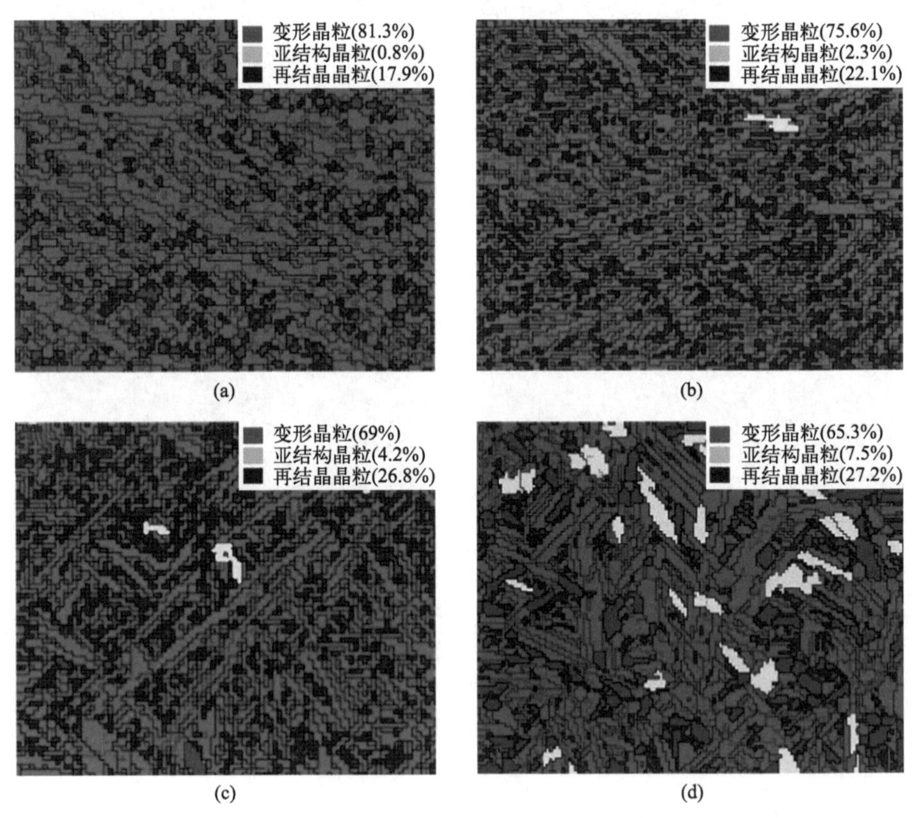

图 2-36　不同退火温度下 SLM TC4 合金再结晶分数图

(a) 沉积态；(b) AT1；(c) AT2；(d) AT3

表 2-8　不同退火温度下 SLM TC4 合金三种组织占比　　单位：%

样品	变形晶粒	亚结构晶粒	再结晶晶粒
沉积态	81.3	0.8	17.9
AT1	75.6	2.3	22.1
AT2	69	4.2	26.8
AT3	65.3	7.5	27.2

从表 2-8 中可以看出，在沉积态中，主要由变形晶粒和再结晶晶粒构成，含有非常少量的亚晶粒。经过 AT1 退火后，变形晶粒体积分数占比下降，再结晶晶粒与亚晶粒占比上升。随着退火温度的升高变形晶粒体积分数占比进一步下降，再结晶晶粒与亚晶粒占比持续上升。这是因为随着退火温度的升高，存在更多晶粒内部无畸变的晶核长大成亚晶或再结晶晶粒，相近的亚晶界通过滑移的方式转移到邻近的晶界或亚晶界上，通过扩散的方式使两个或者多个亚晶合并成为一个再结晶晶粒，所以再结晶组织与亚结构组织的体积占比分数就随退火温度的升高而增大。

2.4.2　力学性能

经过对沉积态以及三种不同退火温度下的 SLM TC4 合金的微观组织分析，发现随着退火温度的升高，α 相发生粗化，β 相体积分数增加，合金取向性减弱，亚结构组织与再结晶组织体积占比分数增加。这些微观组织的变化会对其力学性能有着一定的影响，因此本节对沉积态、AT1 处理态、AT2 处理态、AT3 处理态四组试样，分别进行了显微硬度试验，拉伸试验以及疲劳试验，综合分析 SLM TC4 合金在不同退火温度下的力学性能，确定最优退火温度，为 SLM TC4 合金优化退火工艺提供参考方案和理论支持。

2.4.2.1　硬度分析

图 2-37 为不同退火温度下 SLM TC4 合金的显微硬度，从图中可以看出 SLM TC4 显微硬度随着退火温度的升高而降低。硬度变化与显微组织密切相关，沉积态大量的针状马氏体 α′相导致硬度最高，在 AT1 退火方式下，显微组织为针状 α′相与（α+β）相混合组织，因此硬度值在相对较高水平。在 AT2 退火方式下，针状 α′已经完全分解，显微组织由条状（α+β）相构成，硬度与 AT1 相比下降幅度较大。AT3 退火方式下，α 相由细条状变为板条状，长宽比增加，相对较软的 β 相体积分数随温度升高而增加，致使 AT3 退火方

式的试样硬度最低。

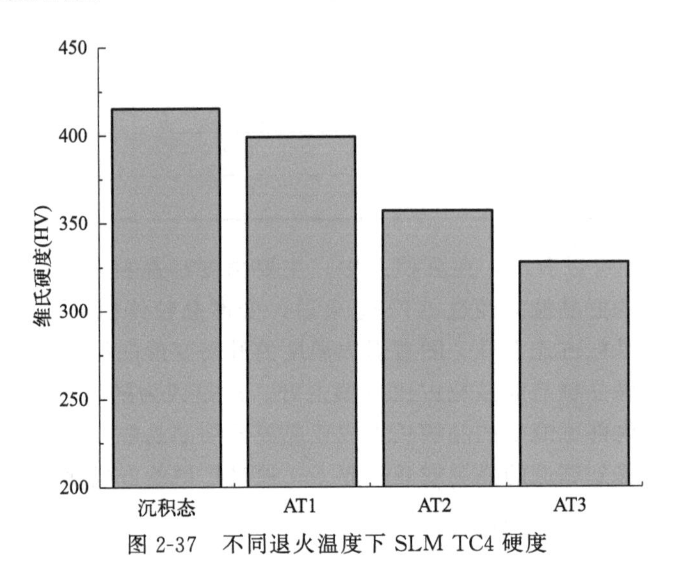

图 2-37 不同退火温度下 SLM TC4 硬度

2.4.2.2 拉伸性能分析

不同退火温度下 SLM TC4 合金应力-应变曲线如图 2-38 所示，力学性能如表 2-9 所示。从图 2-38 中可以看出，沉积态强度最高延伸率较差，经过退

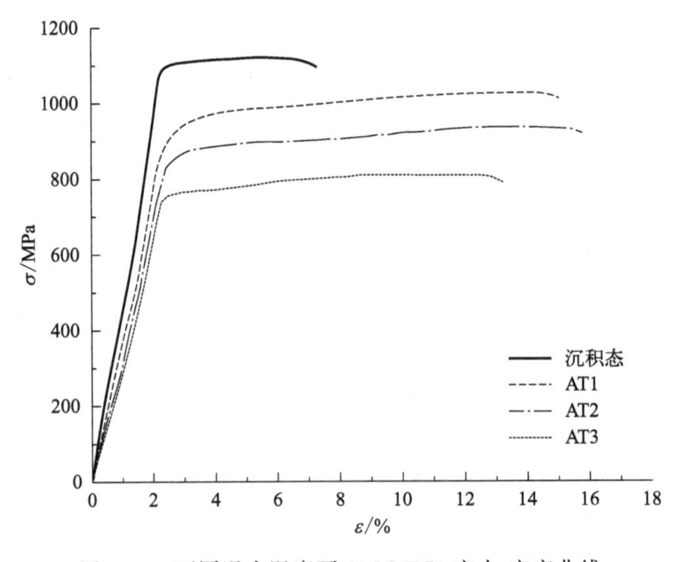

图 2-38 不同退火温度下 SLM TC4 应力-应变曲线

火处理后，SLM TC4 合金的强度会减小，同时延伸率会增加。一方面针状马氏体 α′相具有高强度低塑性的特征，经过退火处理后，针状马氏体 α′相转变为 α+β 相，从而改善了材料的塑性。另一方面，Al 和 O 等元素富集在 α 相中，弱化了其强度。另外退火过程导致 β 相的体积分数增加，与 α 相相比，β 相的强度较低，塑性却较高。最终导致 SLM TC4 经退火后强度下降而延伸率提高。随着退火温度的升高，α 相明显粗化，同时 β 相的体积分数增加，进一步导致材料的强度降低和塑性增加。然而，当退火温度升至 950℃时，试样的塑性反而出现下降。这是由于 α 相粗化导致了较大的位错应力，位错应力是指由于晶格中的位错而引起的应力场。晶粒的尺寸决定了位错积聚群的应力场到晶内位错源的距离，而这个距离又影响了位错的数量。晶粒越大，这个距离就越大，位错开始移动的时间也就越晚，位错的数量也就越多。位错的数目越大，应力场就越强。退火温度过高导致 α 晶粒粗化严重，从而导致塑性变形的抗力增加，AT3 试样的塑性下降。

表 2-9　不同退火温度下 SLM TC4 合金力学性能

退火温度/℃	抗拉强度 R_m/MPa	屈服强度 R_p/MPa	延伸率 A/%
沉积态	1121	891	7.29
AT1	1026	821	15.2
AT2	935	741	15.8
AT3	810	723.6	13.2

在图 2-39 中展示了 SLM TC4 合金的沉积态和经过退火处理后的拉伸试样的断口形貌。如图 2-39(a) 所示，沉积态断口在解理台阶周围存在着浅而疏的韧窝，这表示断口同时展现了脆性断裂的特征，又具有韧性断裂的特征。经过不同的退火处理（AT1 和 AT2）后，试样的断口表面中的韧窝变得更加深且更为密集，表明断裂机制均为韧性断裂。AT3 退火方式下试样断裂延伸率降低，断口变得平坦，韧窝变浅，如图 2-39(d) 所示。韧窝是由于在拉伸过程中，材料内部的微观孔洞在滑移作用下逐渐汇聚而形成的，这导致经过退火处理的试样塑性得到了改善，与力学性能测试结果相符（表 2-9）。

2.4.2.3　疲劳性能分析

以上研究表明，退火后 SLM TC4 合金的拉伸性能有着不同程度的提升，但 TC4 合金在服役过程中主要失效原因是疲劳断裂。为此本节对退火前后的 SLM TC4 合金进行了疲劳试验，研究其疲劳特性、观测断口形貌分析断裂机理。

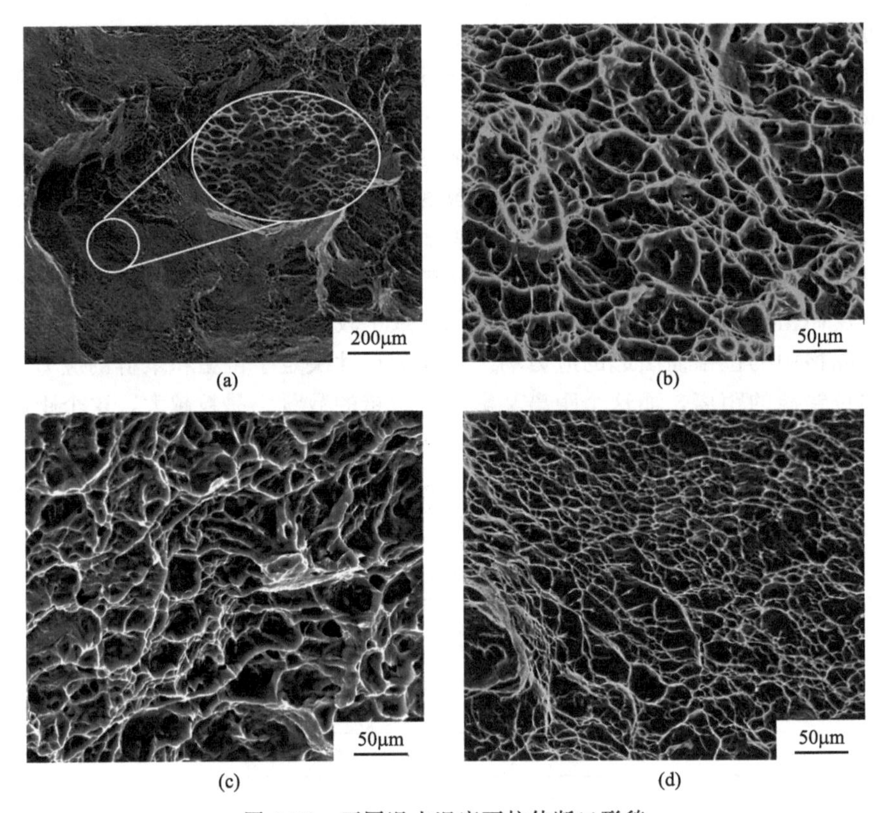

图 2-39 不同退火温度下拉伸断口形貌

(a) 沉积态；(b) AT1；(c) AT2；(d) AT3

疲劳实验在单一应力水平（SLM TC4 合金屈服强度的 35%）下进行，应力比 R 为 0.1，加载频率为 10Hz，疲劳载荷加载波形为正弦波。不同退火温度下 SLM TC4 合金疲劳寿命如表 2-10 所示。

表 2-10 不同退火温度下 SLM TC4 合金疲劳寿命

样品	σ_{max}/MPa	σ_{min}/MPa	N_f
沉积态	312	31.2	38160
AT1	287	28.7	47169
AT2	260	26	34084
AT3	253	25.3	18815

材料的疲劳性能受到强度、晶粒尺寸等因素的影响。沉积态试样内部存在大量的硬而脆的 α′相，受到外力作用时 α′相不易发生变形，易与基体形成不协调裂纹，使其疲劳性能变差。合金的疲劳性能受晶粒尺寸影响，晶粒尺寸越

细小，晶界阻碍位错运动的数量越多，使得变形更加均匀，减少了应力集中的可能性，降低了裂纹萌生的机会，因此疲劳性能更好。经过退火热处理后，试样的晶粒尺寸会变得粗大，导致应力集中并加速裂纹的萌生，从而降低合金的疲劳性能。随着退火温度的升高，α 相发生粗化，导致疲劳性能下降，故疲劳性能随着退火温度升高而降低，实验结果表明针状马氏体 α′相疲劳性能相较于板条状 α 相更优异，在 AT2、AT3 两种退火方式下，疲劳性能比沉积态要差。

图 2-40 为 SLM TC4 合金的疲劳断口形貌图。疲劳断口主要分为三个区域疲劳裂纹萌生区（fatige crack liatin zone，FCIZ）、疲劳裂纹扩展区（fatigue crack popegation zone，FCPZ）、疲劳裂纹最终断裂区域（final rupure zone，FRZ）。从图中可明显看出，沉积态和不同退火的试样，疲劳断口均由这三部分组成。从图中白色方框中可以看出所有试样的疲劳裂纹均萌生于试样表面或者近表面的缺陷和夹杂颗粒，这些位置容易形成应力集中，从而加速疲劳裂纹的形成和扩展，最终导致试样的失效断裂。尽管加工抛光和退火等工艺能够降低表面粗糙度和相关的缺口效应，但合金内部残留的孔洞和缺陷在疲劳破坏过程中仍然起主导作用。此外，由于合金试样表面对循环滑移的约束较少，疲劳裂纹一旦从表面萌生就会迅速扩展，形成沿疲劳裂纹扩展区的河流状花样。

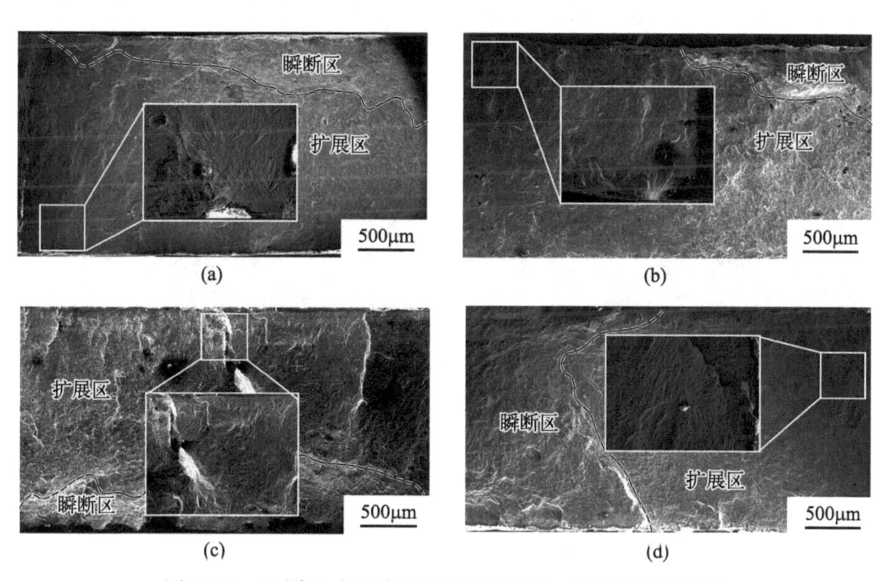

图 2-40　不同退火温度下 SLM TC4 合金疲劳断口形貌
(a) 沉积态；(b) AT1；(c) AT2；(d) AT3

图 2-41 是不同退火温度下 SLM TC4 扩展区形貌图，在所有试样中均可观察到明显的疲劳条纹，这是在循环应力加载作用下试样发生塑性钝化而形成

的，且疲劳条纹越细越密，疲劳寿命越好。沉积态试样、AT1 处理态试样疲劳条纹宽度都约为 0.5μm，AT2 试样的疲劳条纹变宽为 1μm，AT3 处理态试样的疲劳条纹明显变宽约为 2μm。同时由图中可看出，AT1 试样和 AT2 试样的疲劳条纹为塑性条纹，而沉积态与 AT3 试样的疲劳条纹为脆性疲劳条纹。

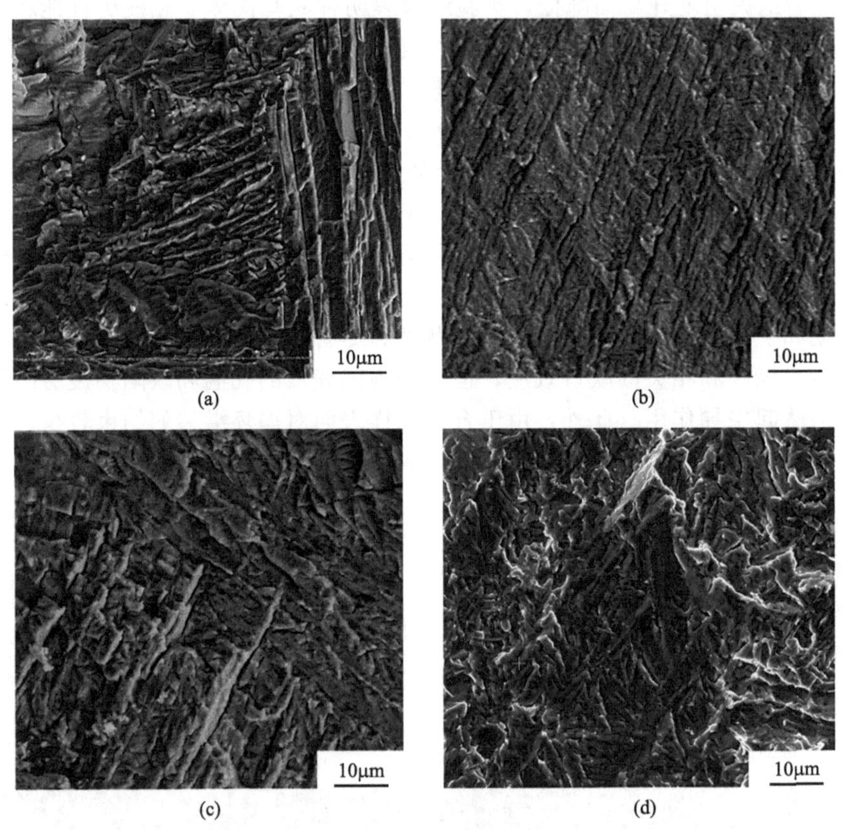

图 2-41　不同退火温度下 SLM TC4 扩展区形貌图

(a) 沉积态；(b) AT1；(c) AT2；(d) AT3

图 2-42 为 SLM TC4 合金疲劳断口瞬断区的形貌。可以观察到相对于疲劳裂纹扩展区，瞬断区的表面凹凸不平，且有大量的韧窝。沉积态试样上分布着许多浅而分散的韧窝，表现出脆性和韧性的混合断裂。经过 AT1 处理的试样的瞬断区表面也由韧窝构成，但其尺寸更小更深，表现出纯韧性断裂。AT2 处理态试样的瞬断区除了有韧窝外，还出现了小的解理面，而且韧窝更为浅显，因此该区域的断裂方式为延性和解理的混合断裂。AT3 处理态试样的瞬断区域由韧窝和大面积的解理面组成，表现为准解理断裂。

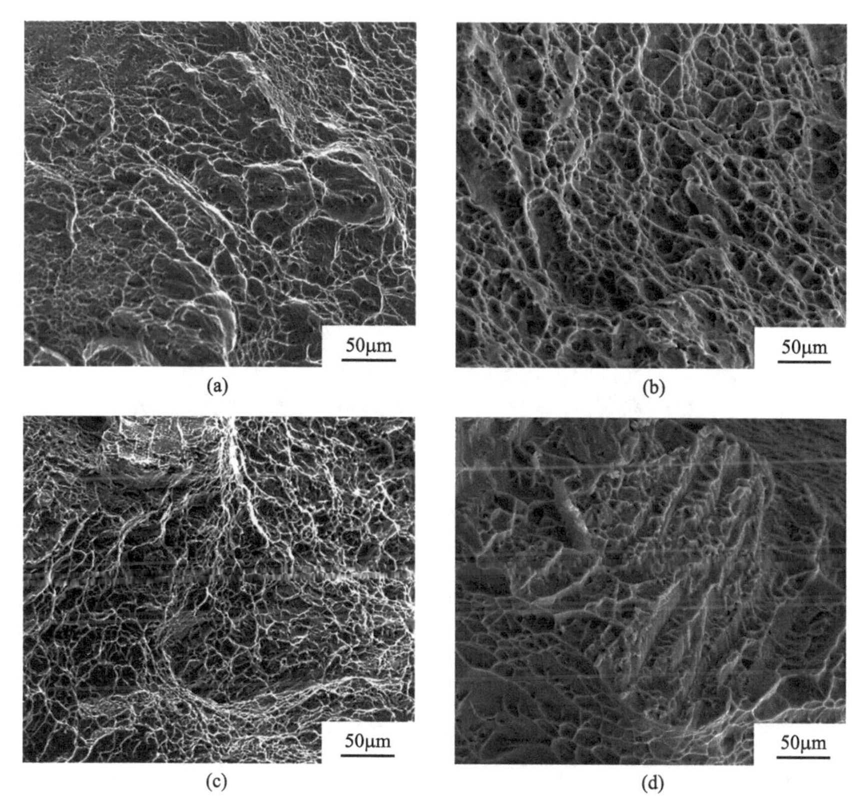

(a)　(b)　(c)　(d)

图 2-42　不同退火温度下 SLM TC4 瞬断区形貌图

(a) 沉积态；(b) AT1；(c) AT2；(d) AT3

2.5　Cu-Ni19 合金微观组织和力学性能

2.5.1　微观组织

在相同保温时间（60min），退火温度分别为 573K、673K、873K 和 973K 时，分析退火温度对试样微观组织的影响，并与退火前试样的微观组织进行对比分析。

图 2-43 为退火前后试样的微观组织形貌。Cu-Ni19 合金经过退火后，晶粒内部发生了新晶粒的生核和长大过程，α 相聚集长大，组织变化以再结晶为主。随着退火温度的升高，晶粒发生了不完全再结晶，条状组织减少。从图 2-43 可以看出，未退火试样的晶粒尺寸大小不均匀，有很多细小的非等轴

晶粒，晶粒大小平均在 27.23μm 左右（表 2-11）。合金在退火过程中发生软化再结晶，晶粒逐渐趋于圆整，轧制织构逐渐消失。退火温度由 573K 升到 873K 时，晶粒尺寸由 31.15μm 增加到 42.33μm，等轴晶粒逐步增多并且尺寸增大，组织逐步等轴化。

图 2-43 退火前后试样的微观组织

（a）未处理；（b）573K；（c）673K；（d）873K；（e）973K

表 2-11 试样的平均晶粒大小

T/K	273K	573K	673K	873K	973K
D/μm	27.23	31.15	35.36	42.33	50.76

2.5.2 力学性能

2.5.2.1 退火温度对力学性能的影响

图 2-44 为 Cu-Ni19 合金单轴拉伸试验的真应力—真应变曲线。可以看出，应力—应变曲线大致分为两个阶段，应变量低于 0.02 时，曲线表现为弹性变化特性；应变量在 0.02～0.6 时，曲线呈现出应变强化特征。在不同退火温度

下保温 60min 后，随着退火温度的升高，Cu-Ni19 合金的断裂延伸率明显增加。随着应变量的增加，位错增殖使得位错密度急剧增大，动态恢复过程难以消除位错的增殖，材料表现为硬化过程，流变曲线表现为应力不断增加。在变形后期，加工硬化与动态软化达到平衡，表现出稳态流动特征。

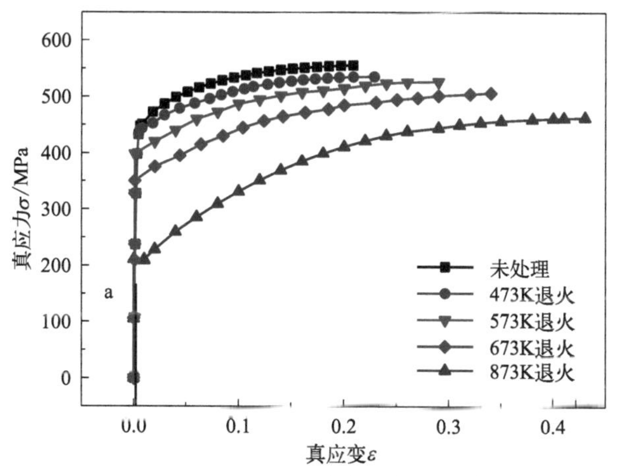

图 2-44　Cu-Ni19 合金的真应力-真应变曲线

图 2-45 为 Cu-Ni19 合金试样在不同退火温度下保温 60min 后，退火温度对试样力学性能的影响。由图可知，随着退火温度的升高，Cu-Ni19 合金的屈服强度、抗拉强度同时减小，这是由于材料在退火过程中发生恢复与再结晶，位错密度降低，内应力场减弱，使得材料的强度降低，塑性增加。

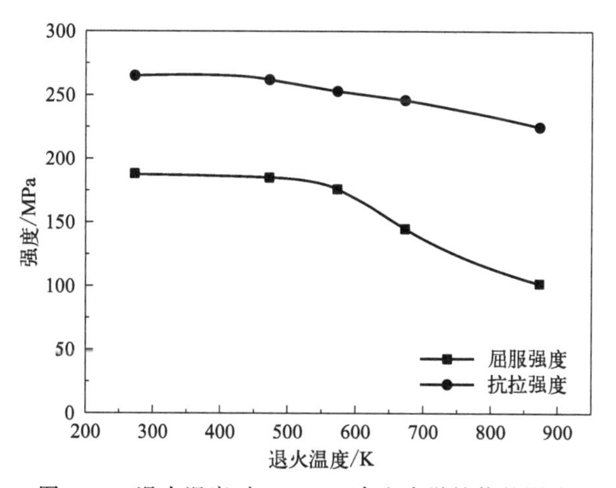

图 2-45　退火温度对 Cu-Ni19 合金力学性能的影响

2.5.2.2 退火对显微硬度的影响

Cu-Ni19 合金试样在 573K、673K、873K、973K 退火温度下保温 60min 的显微硬度曲线如图 2-46 所示。随着塑性应变的增大，试样的显微硬度上升。Cu-Ni19 合金是二元合金，因为两者原子半径相差很小，且同为面心立方结构，因此彼此能无限固溶为单一的 α 相。分析认为，合金随着退火温度的提高，微观组织中铜镍固溶为单相 α 再结晶组织，再结晶组织晶粒尺寸明显变大，位错密度下降，使得其硬度也随之下降。退火温度进一步升高，位错密度变化不大，其硬度值基本不变。试样在 273K 进行加载时，试样变形量较小时硬度上升幅度较大，由于变形量不大，发生滑移的晶粒不多。变形增大时，晶粒间滑移相互牵制，会使硬度明显上升。随着变形量增加，试样的内部位错密度迅速增加，位错间相互作用加强，导致硬度快速上升。试样变形量较大时硬度上升幅度较小，由于晶粒被拉长，滑移带随着变形量的增加而变得更加密集，使得硬度上升缓慢。

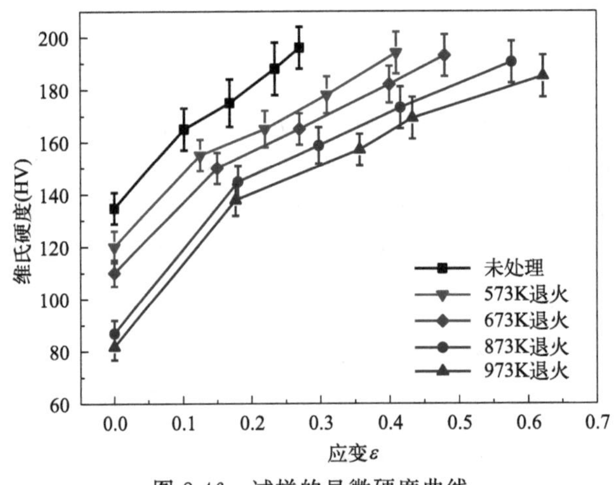

图 2-46 试样的显微硬度曲线

图 2-47 为试样退火前后的断口形貌图。结果表明，断口呈现出河流状解理断裂的特征形貌，河流花样短而弯曲，支流少，解理面小；局部存在一定的塑性变形痕迹（撕裂棱），因此可以推断裂纹扩展区为准解理断裂。整个断口由撕裂棱、韧窝、韧窝带连接。对断口的孔洞进行测量发现，常温情况下断口形貌孔洞的平均尺寸为 4.1μm；退火温度为 573K、673K、873K、973K 时断口形貌孔洞的平均尺寸分别为 5.3μm、6.2μm、8.6μm、10.4μm。可以看出，未退火试样断口处韧窝尺寸小、深度浅、不明显；试样经过退火处理后，断口

处韧窝尺寸变大、深度变深，韧窝与韧窝之间滑径分明，大韧窝周围出现小韧窝，表明材料经过退火处理提高了延性和塑性变形的能力。

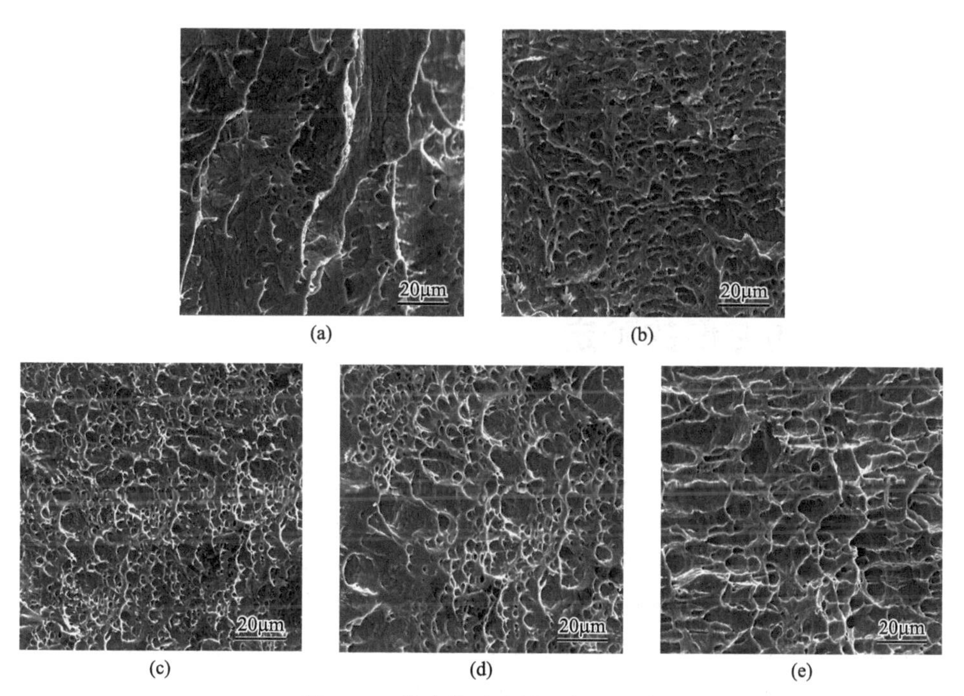

图 2-47　退火前后试样的断口形貌

(a) 未处理；(b) 573K；(c) 673K；(d) 873K；(e) 973K

第 3 章

基于晶界的损伤演化行为

3.1 损伤变量的确定

(1) 晶粒形状因子

金属材料绝大多数为多晶、多相固体材料。晶界是材料中非常重要的缺陷类型之一，对材料的力学性能影响较大。在延性金属材料中，内界面往往是微裂纹和空穴萌生的主要场所。在进行金相组织研究时，定量分析组成相或者组织的大小和分布及形状变化非常重要，测量和计算组织的形状特征及其变化是定量金相学的重要部分。史志铭等对工业纯铁和低碳钢拉伸过程中内界面的演化进行了研究，提出了一种形状因子定量描述微观组织特征，通过微观分析和力学实验建立了随塑性变形的微结构演化规律。结果表明，形状因子可以定量表征韧性金属材料的微观结构，工业纯铁和低碳钢的形状因子随着塑性变形的增大而增加，具有相似的演化规律，其形状因子演化规律比孔洞成核理论更准确、完整地描述了微结构从塑性变形开始到最终断裂整个过程的演化规律。

为了表征金属材料的损伤劣化状态，需要选择并定义一个损伤变量。而在定义一种损伤变量时，有两个问题需要考虑：一是究竟用什么数学特性量作为基准量来定义损伤变量，二是如何将损伤状态定式化。在本章中，定义了一个基于晶粒形状因子的新损伤变量来描绘金属组织中晶界的演化，描述材料塑性变形过程中的细观损伤程度。描述界面显微组织几何形态变化的特征参数，应满足以下几点要求：①能描述不同损伤状态的形状差异。②形状因子是一个可控参数，即容易根据界面形状变化进行计算。③形状因子应该是一种没有量纲的修正参数。

基于以上要求，再考虑到形状效应主要是由于晶界的变化引起的，通过比较，本章给出晶粒形状因子的定义式为：

$$\varphi = L/L_0 \tag{3-1}$$

式中　L——任一变形状态下平截面上晶界（包括裂纹和孔洞）总长度，mm；

L_0——初始未变形平截面上晶界总长度，mm。

定量描述晶界长度的示意图如图 3-1 所示。其中晶界长度 L 用以下公式表示：

$$L=\sum_{i=1}^{\infty} l_i \tag{3-2}$$

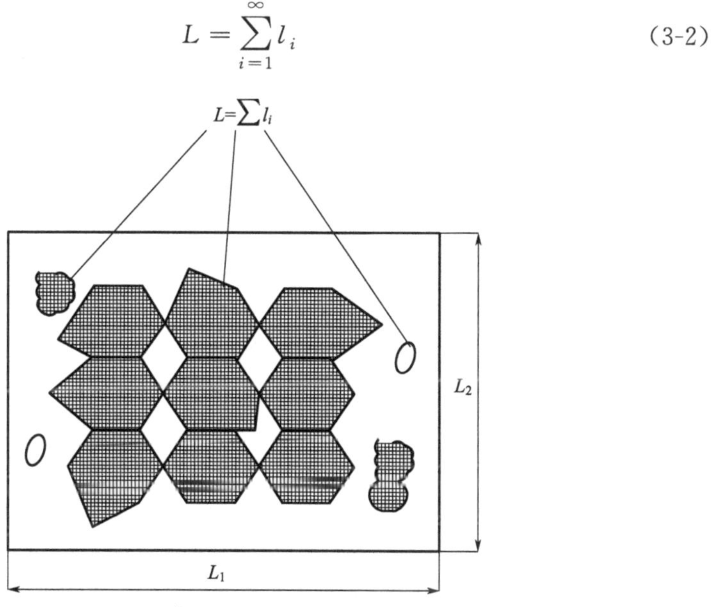

图 3-1　平截面上内界面长度示意图

必须强调的是，任一塑性变形状态下的视场面积和初始未变形状态下的视场面积相等。因此，晶粒形状因子为视场面积 A 一定时，任意变形状态的晶界周长变化量与未变形状态的周长之比，即表示单位晶界长度的变化量。晶粒形状因子 φ 越大，塑性变形的程度也就越大。当测量的视场数目具有足够的统计意义时，晶粒形状因子 φ 就能够反映材料内部微结构的变化状态，即用晶粒形状因子 φ 来定量描述材料内界面形状统计演化规律及变化特征是合理可行的。该损伤变量具有概念明确、简单易测、反应灵敏的特点。

(2) 相对形状因子

晶粒形状因子 φ 随金属材料细观结构的变化而改变，即在损伤过程中，随着材料塑性变形的增加，晶粒形状因子 φ 也不断增大，因而可以用材料某损伤状态下的晶粒形状因子 φ 来定义损伤变量。为了进一步来描述金属材料的微观组织变化程度，引入相对形状因子 ψ。相对形状因子 ψ 是指材料某时刻下某一塑性变形态所对应的形状因子变化量与初始状态下材料所对应的形状因子的比值，其表达式为：

$$\psi=\frac{\varphi-\varphi_0}{\varphi_0} \tag{3-3}$$

式中　φ——材料某时刻下某一塑性变形态所对应的晶粒形状因子；

φ_0——材料初始状态下所对应的晶粒形状因子。

相对形状因子 ψ 是一个无量纲单位，它可以用来描述金属材料的晶粒形状因子的相对增量，可以让所有晶粒形状因子从相同位置开始发生损伤演化，不同条件下的晶粒形状因子变化趋势更加直观明显，便于对其对比关系进行分析。相对形状因子考虑了晶界增量，忽略了材料的原始状态，反映的是材料形状因子增量的演化趋势，可以进一步清晰地反映材料变化（合金、晶粒度）带来的细观损伤演化规律的改变。

(3) 归一化形状因子

为了使研究更接近本质，能灵敏地表征材料塑性损伤的程度，建立了归一化形状因子 D_n。归一化形状因子公式为：

$$D_n=1-\frac{\varphi_f-\varphi}{\varphi_f} \tag{3-4}$$

式中　φ_f——材料失效时临界应变所对应的晶粒形状因子。

容易看出，归一化形状因子 D_n 公式表达简单，测试和计算方法简便，而且基于细观角度定义损伤，使研究更接近本质，能灵敏地表征材料塑性损伤的程度。归一化形状因子 D_n 可以实现晶粒形状因子演变规律由0～1 的变化。归一化形状因子 D_n 反映了材料塑性变形过程中屈服、强化、颈缩、弱化和断裂阶段损伤程度的大小。当 $D_n=0$ 时，材料处于无损状态；当 $0<D_n<1$ 时，材料处于受损状态之中；当 $D_n=1$ 时，材料发生破坏。

采用金相光学显微镜和 SISC IAS V8.0 金相图像分析软件，对金属材料的金相试样进行金相显微组织图像的拍照、采集和处理，再进行细观组织特征参数的测量和计算，可以得到材料的晶粒形状因子。利用公式(3-3) 可以计算得出材料的相对形状因子，对比材料变化带来的细观损伤演化变化。在相对形状因子的基础上，利用公式(3-4) 得出归一化形状因子，定量描述材料的细观损伤演化规律，考察材料晶界演化对材料宏观力学特性的影响。

3.2　T2 纯铜拉伸损伤演化行为

3.2.1　T2 纯铜细观损伤演化过程

(1) 初始态材料细观损伤演化过程

图 3-2 显示的是初始态 T2 纯铜（晶粒度为 7.1μm）不同塑性变形阶段的

微观组织与晶界轮廓图。可以看出，初始态 T2 纯铜的显微组织有明显的轧制方向，晶粒比较细小，且晶粒大小不均匀，如图 3-2(a) 所示。随着塑性变形的增大，T2 纯铜的晶粒呈现纵向伸长、横向收缩的趋势，内部轧制结构随之变形，晶粒尺度逐渐减小，如图 3-2(b)、(c) 和 (d) 所示。初始态纯铜晶粒细小，促使在外力作用下更多的晶粒发生塑性变形，塑性变形均匀分布在组织内部，产生的应力集中较小，使得材料整体塑性变形较小。另外，由于材料内

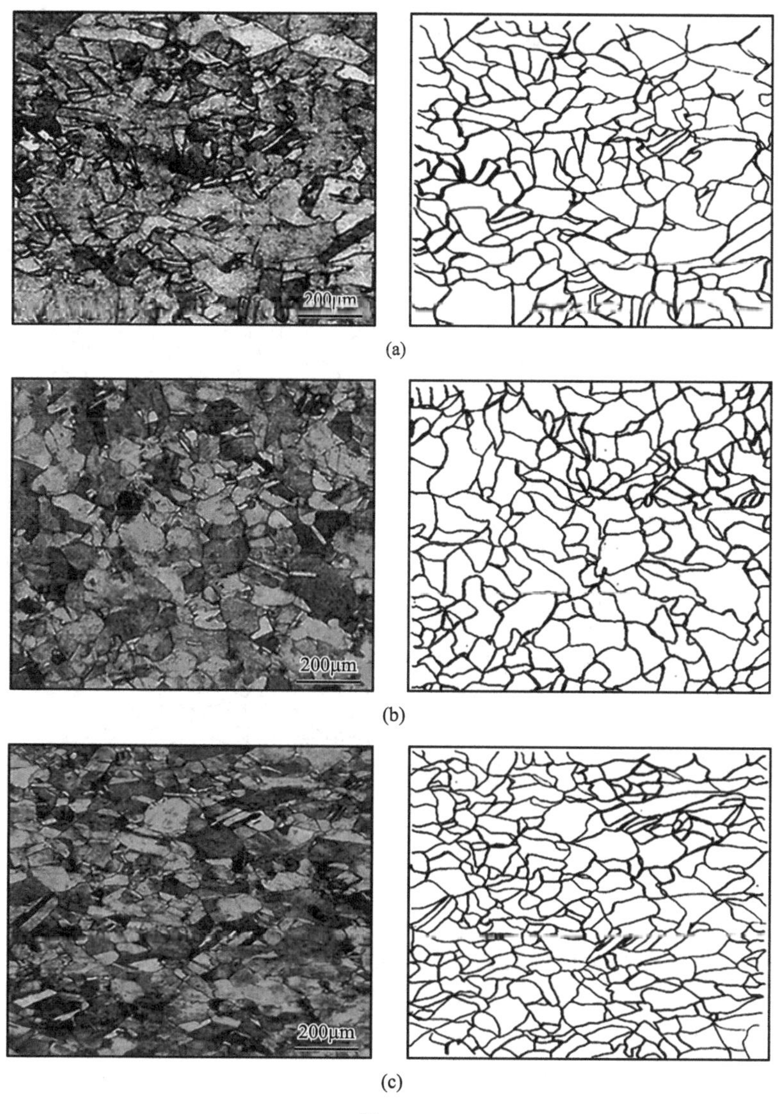

图 3-2

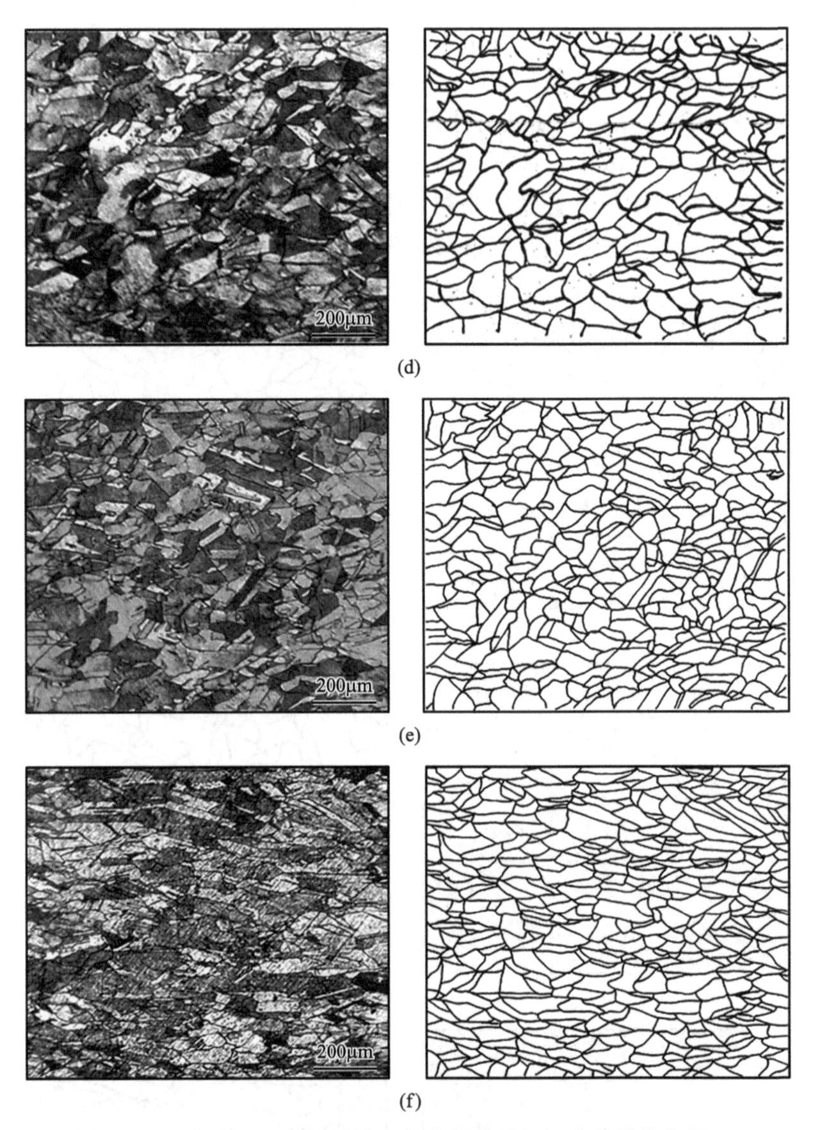

图 3-2 初始 T2 纯铜不同应变阶段微观组织及晶界轮廓图

(a) $\varepsilon=0.05$；(b) $\varepsilon=0.121$；(c) $\varepsilon=0.172$；(d) $\varepsilon=0.186$；(e) $\varepsilon=0.201$；(f) $\varepsilon=0.21$

部的晶粒细小，轧制结构使得组织内的晶界较曲折，易阻碍位错的滑移，不利于微裂纹扩展，进而使得其具有更高的强度和硬度。随着塑性变形的增大，曲折的晶界阻碍了位错滑移，使得材料内部晶粒变形程度相对较小。

(2) 退火后材料细观损伤演化过程

以晶粒度为 39.8μm 纯铜不同塑性变形阶段的微观组织为例，分析纯铜晶粒度改变后的细观损伤演化过程。图 3-3 显示的是晶粒度为 39.8μm T2 纯铜的微观组织及晶界轮廓图。由图可见，晶粒度增大后，再结晶使得纯铜试样的晶粒较为均匀圆整，如图 3-3(a) 所示。随着塑性变形的增加，晶粒逐渐沿受力方向伸长，由等轴晶粒变成非等轴晶粒，晶粒尺度逐渐减小，如图 3-3(b) 所示；随着变形程度的扩大，这种趋势进一步加强，晶粒形状呈现纤维组织

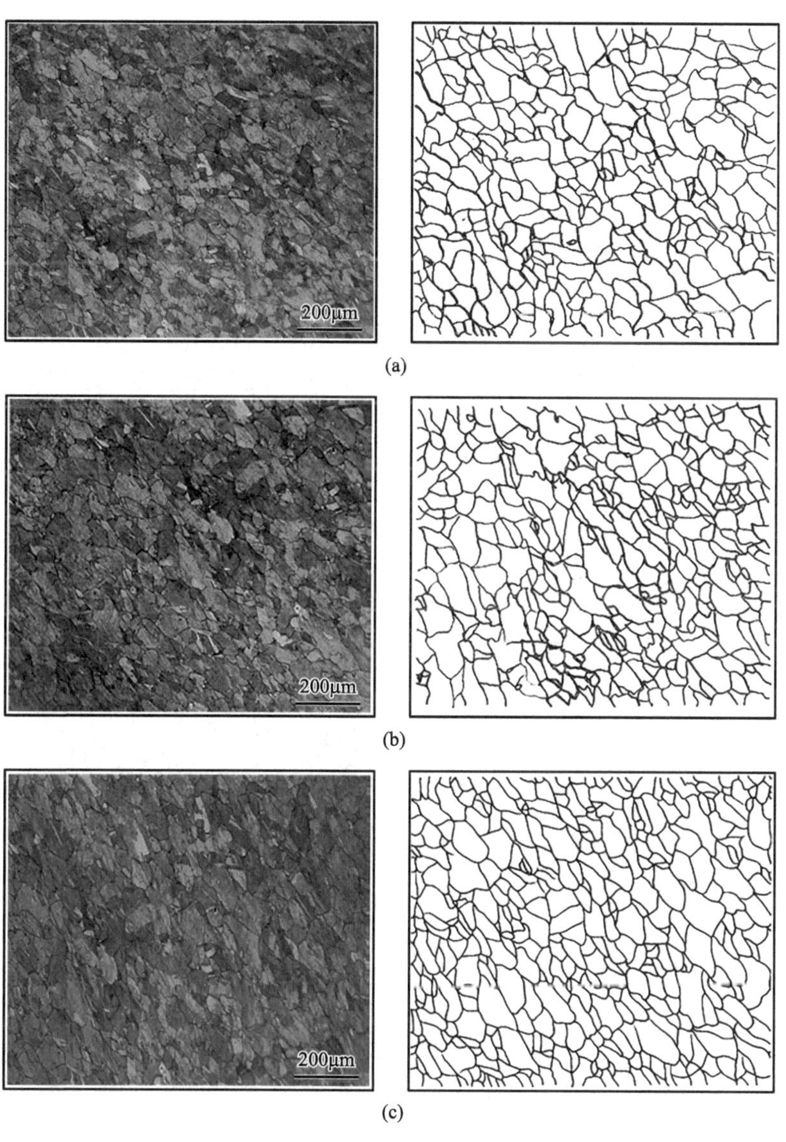

(a)

(b)

(c)

图 3-3

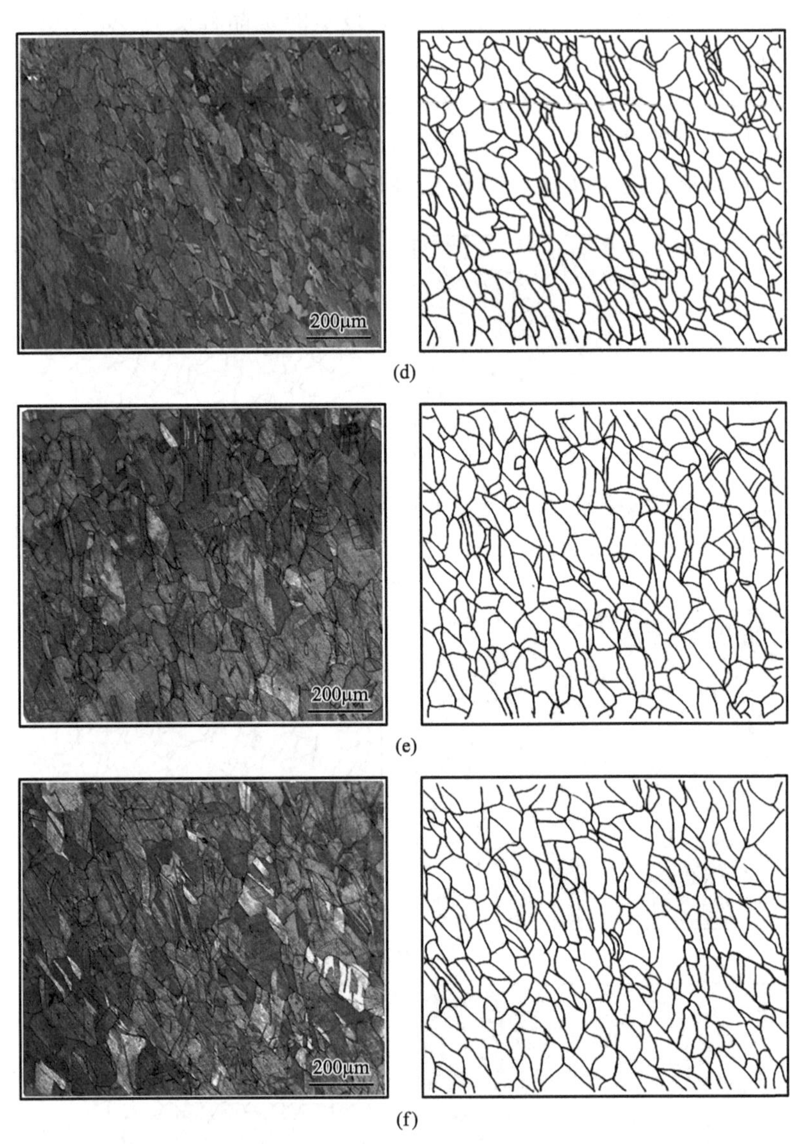

图 3-3 晶粒度为 39.8μm T2 纯铜不同应变阶段微观组织及晶界轮廓图

(a) ε=0.112；(b) ε=0.274；(c) ε=0.332；(d) ε=0.457；(e) ε=0.463；(f) ε=0.48

状，如图 3-3(c) 和 (d) 所示。晶粒尺度增大后，材料内部的晶粒变形程度增加，晶粒被拉得更趋于细长。这是由于晶粒度为 39.8μm T2 纯铜较软的晶粒内部位错滑移所受阻力较小，位错运动速度较快，导致该晶粒尺度材料的塑性变形增大。位错的滑移、聚集形成微孔洞，当这种微孔洞开始长大后，均匀塑性变形就会停止而转向局部变形。此时，晶界与微孔洞并存，且随塑性变形继续演化。微孔洞的形成、长大和合并标志着材料局部变形开始出现并且向破坏方向发展。本章在统计晶界周长时，微孔洞与晶界边长均计算在内。

3.2.2 T2 纯铜细观损伤演化规律

3.2.2.1 晶粒形状因子

图 3-4 显示的是不同晶粒度纯铜随塑性应变变化的晶粒形状因子演化曲线。由图可知，不同晶粒度 T2 纯铜试样的晶粒形状因子随着塑性应变的增大而相应增加。随着晶粒度的增大，晶粒形状因子逐渐增大。初始纯铜试样及晶粒度较小试样的形状因子增大程度较小，这是因为纯铜内部的晶粒较细小，且存在轧制结构，使得外力载荷分布在更多细小的晶粒上，位错滑移需要更大的外力值。当晶粒度为 39.8μm 时，材料的晶粒形状因子增大程度较大，这是由于其晶粒长大，轧制结构消失，材料完成再结晶，位错滑移的阻力减小。结果表明，不同晶粒度纯铜的晶粒形状因子随塑性变形增大呈现相似的演化规律。在塑性变形初期，晶粒形状因子均缓慢增大。在塑性变形后期，晶粒形状因子开始快速增大。晶粒度越大，形状因子增加程度越显著。

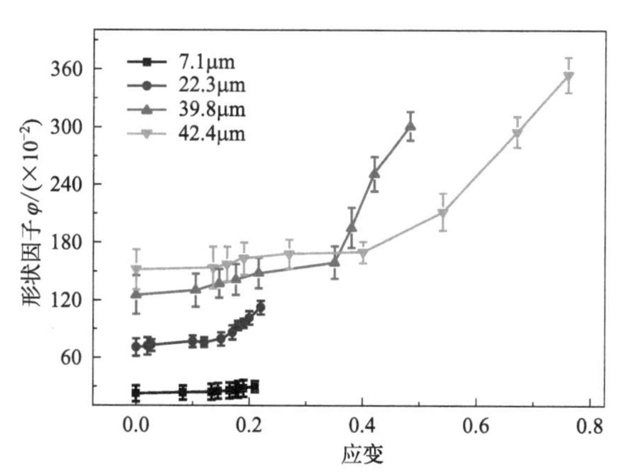

图 3-4　不同晶粒度 T2 纯铜晶粒形状因子演化曲线

3.2.2.2 相对形状因子

图 3-5 是不同晶粒度 T2 纯铜的相对形状因子演化曲线。可以看出，相对因子曲线可以将不同晶粒度 T2 纯铜的晶界形状演化规律显著化。晶粒尺度对

纯铜的相对形状因子演化规律影响较大。不同晶粒度 T2 纯铜试样的相对形状因子出现明显的两个阶段：缓慢变形阶段和快速变形阶段。随着塑性应变的增大相对形状因子相应增加，晶粒度越大，其相对形状因子越晚开始快速增大。小尺度晶粒度 T2 纯铜相对形状因子变化曲线相近，缓慢变形阶段较短，快速增大阶段均较早开始；当晶粒度增大到 39.8μm 时，T2 纯铜相对形状因子演化规律出现明显变化，快速增加阶段明显滞后于初始态 T2 纯铜，缓慢变形阶段开始延长。大尺度晶粒度 T2 纯铜的快速变形阶段呈现明显推迟的趋势。塑性变形初期，材料的相对形状因子随着应变的增大大致呈线性增加；当应变达到一定临界点时，材料的相对形状因子增大速度加快，晶粒度越大，材料增大速度越快。小尺度晶粒度材料的临界应变点较早出现。晶粒尺度越大，临界应变点越推迟出现。相对形状因子可以较为清晰地反映不同晶粒尺度 T2 纯铜的晶界变形程度，可以更为直观地判断材料的晶粒形状因子快速增大阶段出现的位置。

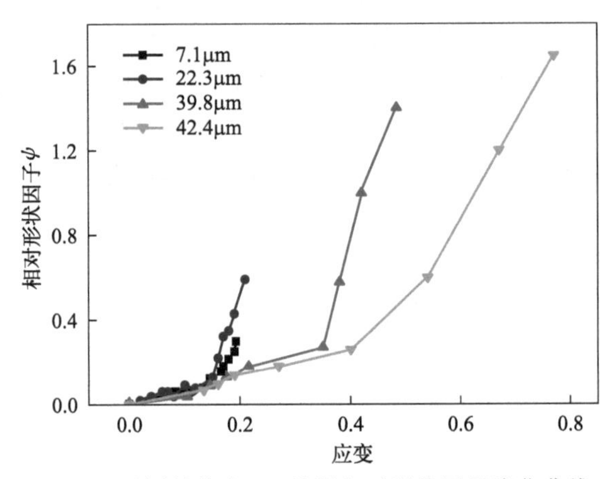

图 3-5　不同晶粒度 T2 纯铜相对形状因子演化曲线

3.2.2.3　归一化形状因子

图 3-6 为随塑性应变变化的 T2 纯铜归一化形状因子演化曲线。从图中可以看出，归一化形状因子实现了将 T2 纯铜的损伤由 0～1 的变化，不同晶粒度材料的损伤演化规律更加清晰。T2 纯铜的归一化形状因子随着塑性应变的演化规律与相对形状因子相似，在塑性变形初期均缓慢增加，当随塑性应变增大到一定临界点时，归一化形状因子开始快速增大。晶粒度越大，T2 纯铜越晚开始快速损伤，塑性变形阶段越长，变形和损伤的速度越慢，当晶粒度为 39.8μm 时，T2 纯铜的快速损伤阶段出现明显滞后现象。

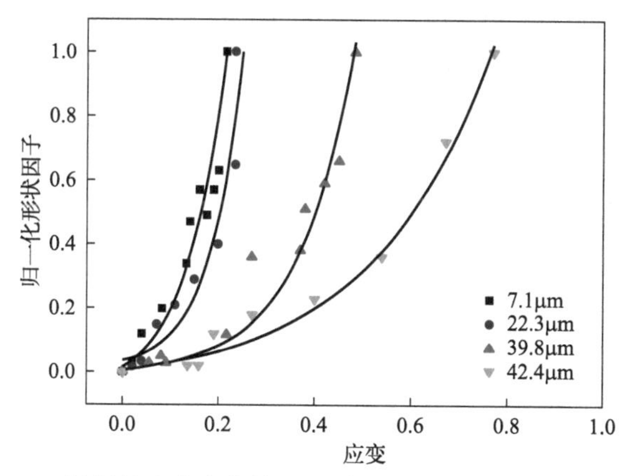

图 3-6　随塑性应变变化的 T2 纯铜归一化形状因子演化曲线

这主要是因为退火温度升高致使材料发生再结晶软化，晶界发生局部迁移促进晶粒快速成核并长大，导致材料发生流变失稳。归一化形状因子演化曲线可以清晰地描述不同晶粒度材料的缓慢损伤阶段与快速损伤阶段，由图中曲线的拐点可以准确地与宏观颈缩开始时刻进行对应。归一化形状因子可以真实地描述材料均匀变形阶段与局部变形阶段的微结构演化特征，由其作为损伤变量描述材料的损伤演化行为是可行的，其损伤演化规律可以揭示材料宏观变形与微结构演化之间的关系。

通过指数增长函数对 T2 纯铜归一化形状因子进行拟合，不同晶粒度材料的拟合方程如下。

晶粒度为 7.1μm：

$$D_n=-0.0642+0.0781e^{12.15\varepsilon} \tag{3-5}$$

晶粒度为 22.3μm：

$$D_n=-0.0137+0.0241e^{14.83\varepsilon} \tag{3-6}$$

晶粒度为 39.8μm：

$$D_n=-0.0039+0.0149e^{8.85\varepsilon} \tag{3-7}$$

晶粒度为 42.4μm：

$$D_n=-0.0017+0.0059e^{4\varepsilon} \tag{3-8}$$

通过以上拟合方程，对材料常数进行统一替代，可以得出损伤演化一般方程：

$$D_n=a+be^{c\varepsilon} \tag{3-9}$$

式中　a，b，c——与退火温度相关的损伤材料常数。

图 3-7 为 T2 纯铜损伤材料常数与晶粒度关系曲线。由图可见，随着晶粒度的增大，损伤演化方程中的材料常数 a 和 b 的数值逐渐减小，而常数 a 和 b

由于本身数值较小，其变化趋势不大；而常数 c 的数值随晶粒度的增加变化趋势大致呈现下降趋势，晶粒度对材料常数 c 的大小影响显著。晶粒度从 7.1μm 增大到 39.8μm 过程中，由于材料发生不完全再结晶，损伤演化方程中的材料常数受其影响，数值出现明显下降。再结晶完成后，晶粒度对材料常数影响减小，数值开始缓慢下降。

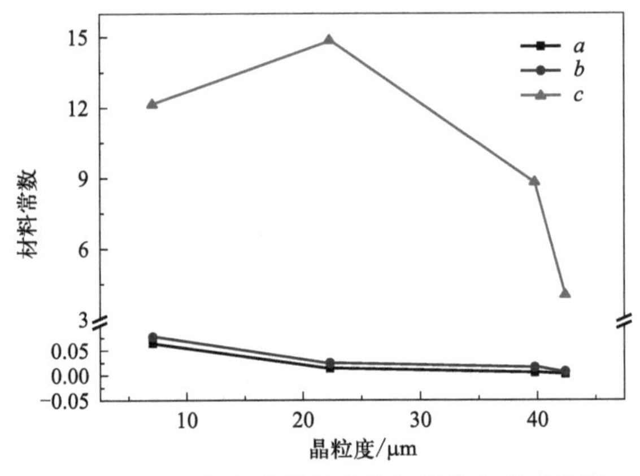

图 3-7 T2 纯铜损伤材料常数与晶粒度关系曲线

由于晶粒度与强度、显微硬度密切相关，而晶粒度又影响材料常数。为考察细观损伤演化方程中的材料常数与宏观力学性能指标之间的关系，建立了不同晶粒度纯铜损伤演化方程材料常数与显微硬度的关系曲线，如图 3-8 所示。由图可知，纯铜的材料常数变化规律与图 3-7 相反，随着显微硬度的增大，损伤演化方程中的材料常数 a 和 b 的数值缓慢增大，而常数 c 的数值大体呈现明显上升趋势。

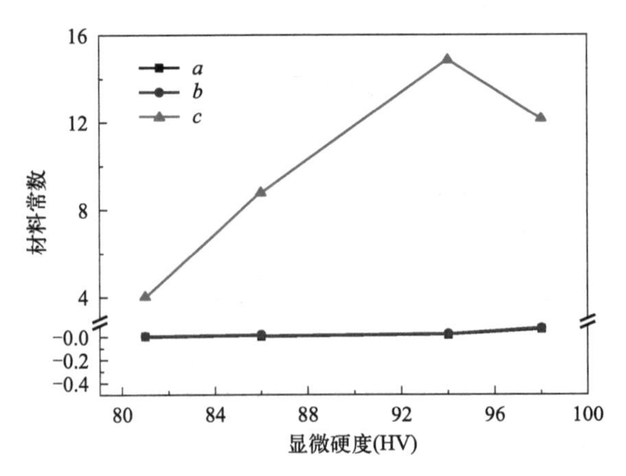

图 3-8 T2 纯铜损伤材料常数与显微硬度关系曲线

由T2纯铜的损伤演化一般方程可以看出，材料常数只有a、b、c，方程的材料常数较少，公式较为简单，便于其在工程中应用。晶粒度与材料常数密切相关，损伤材料常数随晶粒度改变呈规律性变化。基于归一化形状因子得到的不同晶粒度T2纯铜的损伤演化方程，可以将材料的细观损伤演化定式化，为反映T2纯铜物理本质和材料热处理工艺优化提供依据及参考。

晶粒形状因子主要与选定区域的晶界周长（基体及第二相）和应变有关。当塑性应变增大时，晶粒沿受力方向伸长，晶界周长也相应增加。晶粒形状因子可以清晰地反映T2纯铜的微结构变形特征及其演化规律。基于归一化形状因子建立的损伤演化方程可以直观地反映T2纯铜的损伤和断裂行为，定量化描述了T2纯铜从初始变形到最后断裂的损伤演化行为。

3.3 H62铜合金拉伸损伤演化行为

3.3.1 H62铜合金细观损伤演化过程

（1）初始态材料的细观损伤演化过程

图3-9为初始H62铜合金试样（晶粒度为5.1μm）不同塑性变形态的微观组织及晶界轮廓。由图可见，随着塑性应变的逐渐增大，晶粒沿着拉伸方向伸长，如图3-9(b）所示；到达局部变形阶段后，晶粒变形较明显，如图3-9(c）所示。初始H62铜合金由于β相和轧制结构的存在，阻碍滑移运动，使得其晶粒变形程度较小。随着塑性变形的增加，H62铜合金内部孪晶数量增多，晶粒尺度逐渐减小。孪晶的增多会阻碍材料的塑性变形，晶粒内部吸收大量的能量，导致材料出现了加工硬化的现象，晶粒变形速度减小。

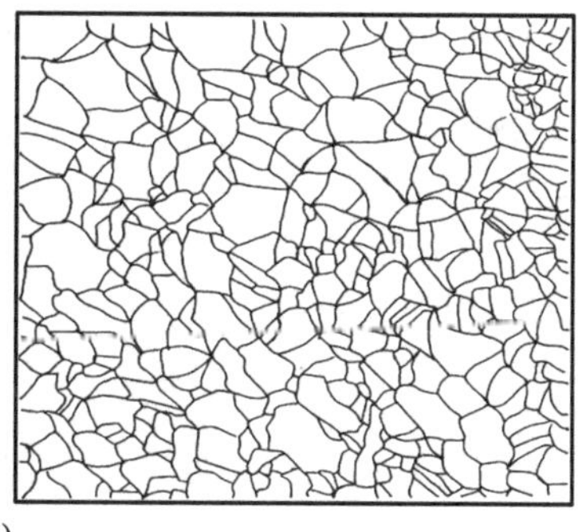

(a)

图3-9

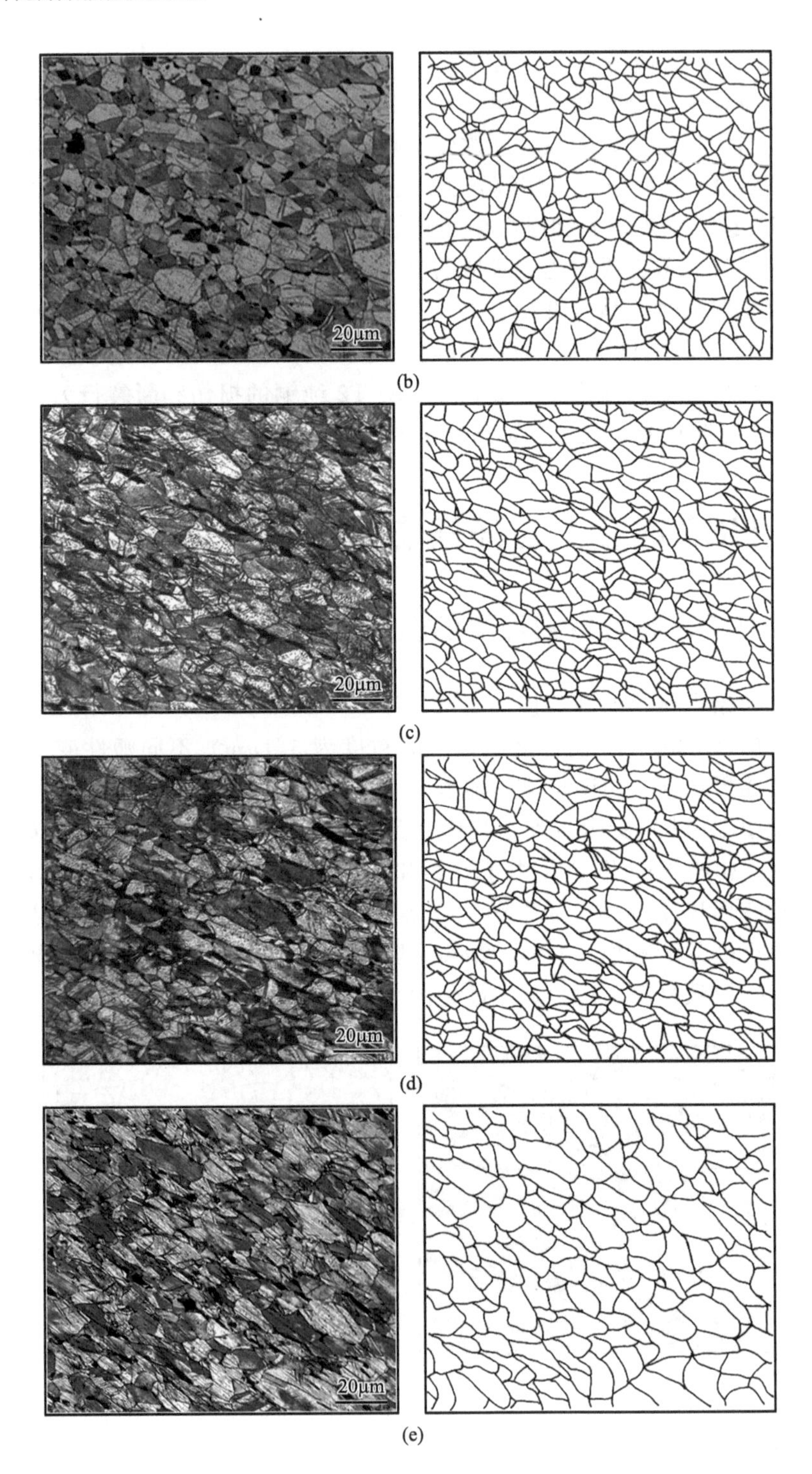

(b)

(c)

(d)

(e)

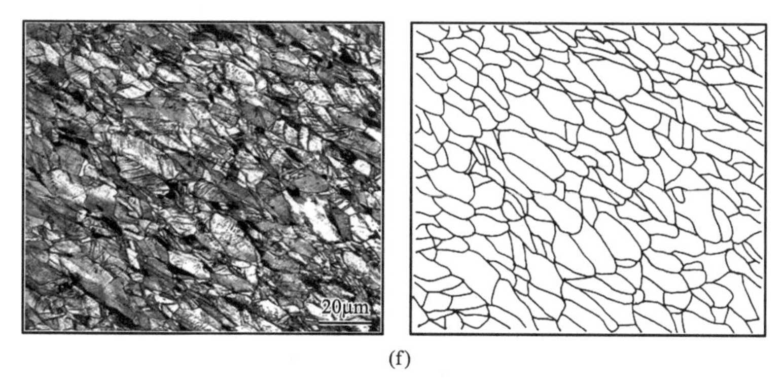

(f)

图 3-9　初始 H62 铜合金试样不同塑性变形态的显微组织及晶界轮廓

(a) $\varepsilon=0.012$；(b) $\varepsilon=0.046$；(c) $\varepsilon=0.131$；(d) $\varepsilon=0.174$；(e) $\varepsilon=0.195$；(f) $\varepsilon=0.21$

(2) 退火后材料的细观损伤演化过程

以晶粒度为 35.6μm 的铜合金不同塑性变形阶段的微观组织为例，分析铜合金晶粒度改变后的细观损伤演化过程。图 3-10 展示了晶粒度为 35.6μm 的 H62 铜合金不同塑性变形态的微观组织及晶界轮廓。由图可知，H62 铜合金

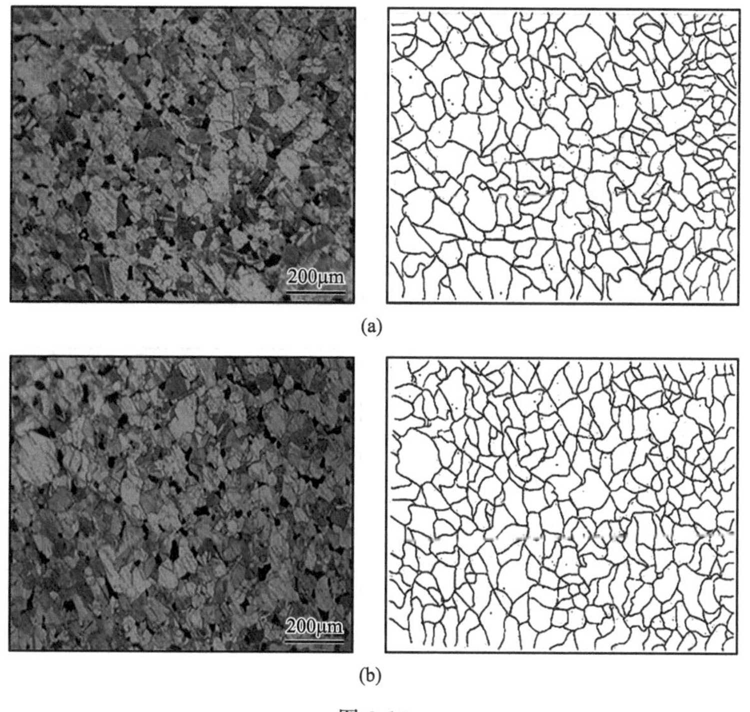

(a)

(b)

图 3-10

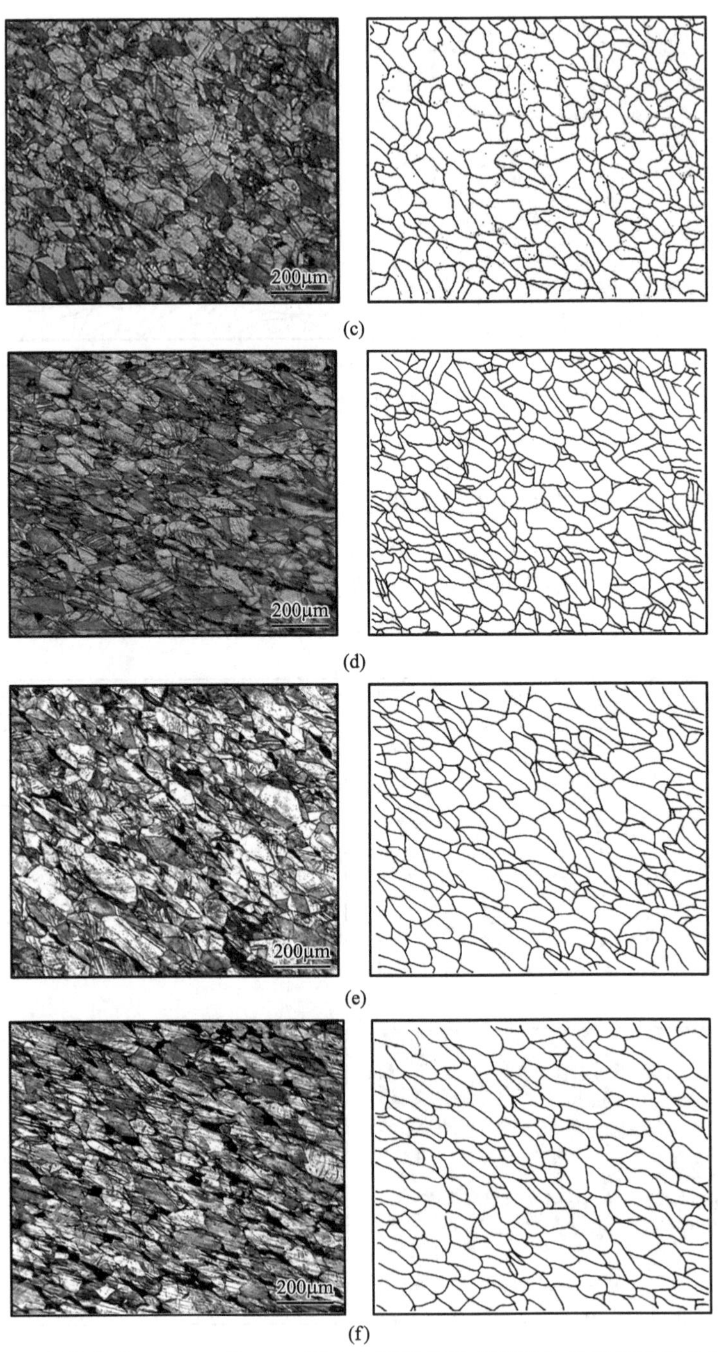

图 3-10　晶粒度为 35.6μm 的 H62 铜合金不同塑性变形态的显微组织及晶界轮廓

(a) ε=0.109；(b) ε=0.178；(c) ε=0.269；(d) ε=0.366；(e) ε=0.409；(f) ε=0.413

晶粒尺度增大后，随着塑性应变的增大，晶粒伸长明显，晶粒变形程度较大。晶粒尺度变大后，由于 H62 铜合金发生完全再结晶，轧制结构减少，内应力随之减小，使得材料内部晶粒变形程度明显增加，晶粒更趋于扁平。同时随着塑性变形的增大，孪晶数量也逐渐增多。孪晶的增多抑制了位错滑移，形变孪晶组织越多，抑制滑移作用越强，加之 β 相的阻碍，使得 H62 铜合金的晶粒变形较 T2 纯铜困难，晶粒变形程度相对较小。

3.3.2 H62 铜合金细观损伤演化规律

3.3.2.1 晶粒形状因子

图 3-11 为不同晶粒度 H62 铜合金晶粒形状因子演化曲线。可以看出，小尺度晶粒度铜合金试样的晶粒形状因子随着应变的增大上升趋势较为平缓，整个塑性变形过程晶粒形状因子增加程度较小。

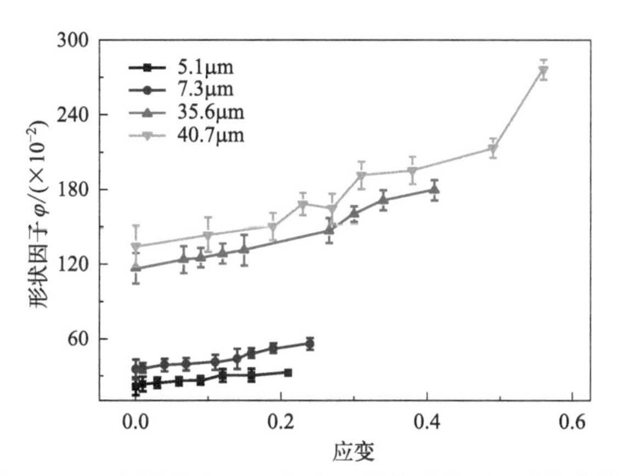

图 3-11 不同晶粒度 H62 铜合金晶粒形状因子演化曲线

主要是因为小尺度晶粒度铜合金试样的高密度位错积累及 β 相的弥散分布，使得不均匀的晶粒分布影响 H62 铜合金的变形协调性，从而阻碍晶粒的滑移。当晶粒度增大后，H62 铜合金试样的晶粒形状因子出现明显增加趋势。随着塑性应变的增大，不同晶粒度铜合金的晶粒形状因子曲线相似，无法直观体现快速损伤阶段。

3.3.2.2 相对形状因子

为了分析晶粒度对材料晶粒形状因子的影响规律，使得快速损伤阶段显著化，建立了不同晶粒度 H62 铜合金相对形状因子演化曲线，如图 3-12 所示。由图可知，随着塑性应变的增大，H62 铜合金的相对形状因子也相应增大。材料的相对形状因子变化规律随晶粒度发生改变，晶粒度越大，快速损伤阶段越晚发生。当晶粒度达到 35.6μm 时，H62 铜合金相对形状因子快速损伤阶段出现明显推迟现象。晶粒度继续增大，相对形状因子推迟现象较难确定。

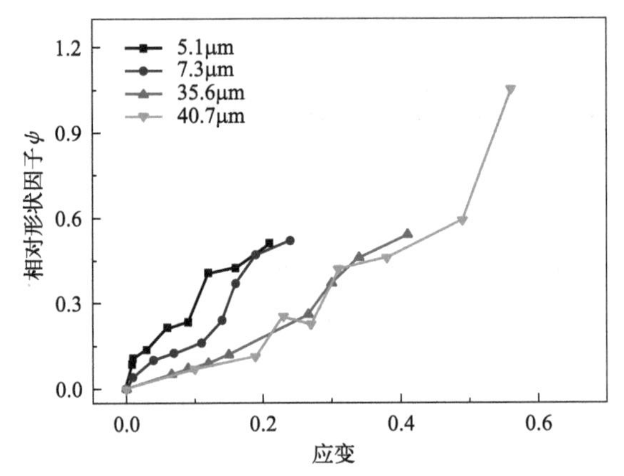

图 3-12　不同晶粒度 H62 铜合金相对形状因子演化曲线

3.3.2.3　归一化形状因子

由于相对形状因子对于大尺度晶粒度材料的快速损伤阶段较难确定，为此，建立不同晶粒度 H62 铜合金归一化形状因子演化曲线，如图 3-13 所示。从图中可以看出，H62 铜合金的归一化形状因子随着应变的增大而相应增加，不同晶粒度的归一化形状因子演化规律相似。小尺度晶粒度铜合金的塑性变形

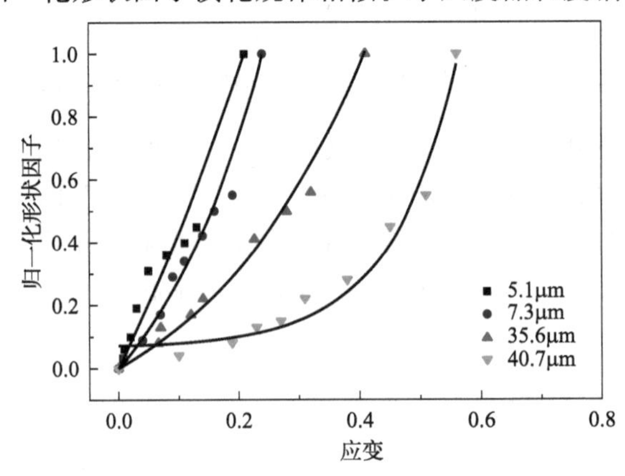

图 3-13　不同晶粒度 H62 铜合金归一化形状因子演化曲线

阶段较短，损伤和变形速度较快。晶粒度为35.6μm时，试样的塑性变形阶段呈现明显增加趋势，快速损伤阶段显著推迟，临界应变点为0.17左右，与相对形状因子相对应。晶粒度继续增大后，快速损伤阶段继续推迟，临界应变点推迟到0.28左右。结果表明，归一化形状因子可以清晰地描述铜合金塑性变形过程中的细观损伤演化行为，较明确地反映了材料快速损伤变形阶段的位置。由晶粒形状因子作为损伤变量描述H62铜合金细观损伤演化规律是可行的，同时可以揭示H62铜合金的宏观塑性变形与微观组织演化之间的关系。

通过指数增长函数对不同晶粒度H62铜合金的归一化形状因子曲线进行拟合，拟合方程如下。

晶粒度为5.1μm：

$$D_n = -2.31 + 2.308e^{73.53\varepsilon} \tag{3-10}$$

晶粒度为7.3μm：

$$D_n = -0.423 + 0.426e^{40.48\varepsilon} \tag{3-11}$$

晶粒度为35.6μm：

$$D_n = -0.391 + 0.382e^{27.77\varepsilon} \tag{3-12}$$

晶粒度为40.7μm：

$$D_n = -0.066 + 0.005e^{9.9\varepsilon} \tag{3-13}$$

对以上拟合方程的数值进行统一替代，得到铜合金损伤演化一般方程：

$$D_n = a + be^{c\varepsilon} \tag{3-14}$$

式中，a，b，c——与退火温度相关的损伤材料常数。

为了验证晶粒形状因子对其他铜合金材料的适用性，对不同晶粒度下Cu-19Ni合金归一化形状因子曲线进行分析，如图3-14所示。结果表明损伤演化

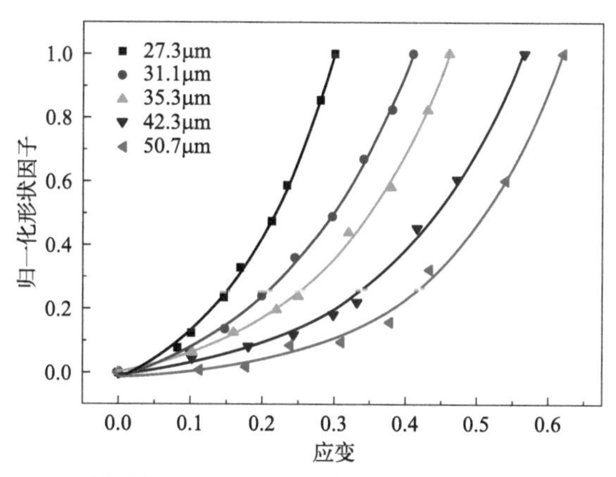

图3-14　不同晶粒度Cu-19Ni铜合金归一化形状因子演化曲线

规律与 H62 铜合金相似，该晶粒形状因子作为损伤变量可以描述铜合金细观损伤演化规律。

图 3-15 为 H62 铜合金的材料常数与晶粒度关系曲线。由图可知，常数 a、b 和 c 随着晶粒度的增大均减小，常数 c 减小程度最显著。H62 铜合金损伤演化方程的材料常数随晶粒度变化规律与纯铜类似。

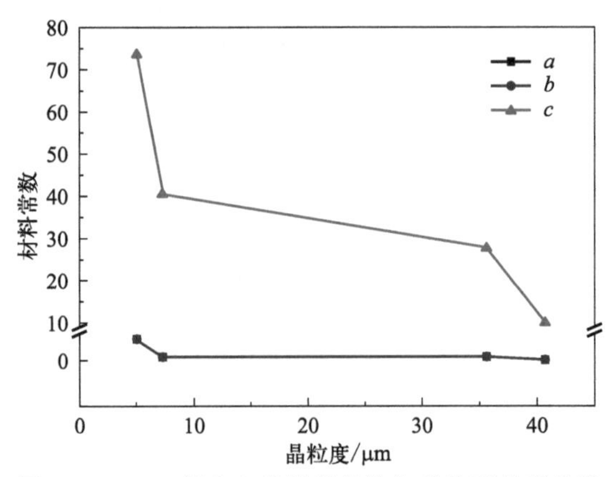

图 3-15　H62 铜合金的材料常数与晶粒度关系曲线

晶粒度除了与损伤方程中的材料常数有关，还与强度、显微硬度等力学性能指标相关，为考察铜合金细观损伤演化方程中的材料常数与宏观力学性能指标之间的关系，建立了 H62 铜合金材料常数与显微硬度的关系曲线，如图 3-16 所示。由图可知，铜合金的材料常数变化规律与图 3-15 相反，随着显微硬度的增大，损伤演化方程中的材料常数 a、b 和 c 的数值均逐渐增大。材料合金

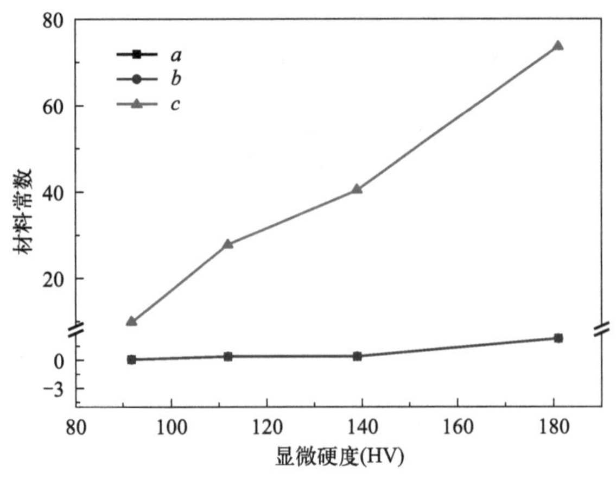

图 3-16　H62 铜合金的材料常数与显微硬度关系曲线

化后，损伤演化方程的材料常数与晶粒度、显微硬度仍然相关，其变化规律与合金化前类似。

3.4 H62 铜合金与 T2 纯铜细观损伤演化规律对比

图 3-17 为 T2 纯铜和 H62 铜合金归一化形状因子曲线对比。由图可知，不同晶粒度的两种金属材料的损伤演化规律相似，均出现快速损伤阶段。不同点是晶粒度越大，铜及铜合金越晚进入快速损伤阶段，且塑性变形过程较短。临界应变点随晶粒尺度的增大呈现推迟出现的趋势。这是由于大尺度晶粒度金属材料内粗大的晶粒减小了位错滑移，使得位错滑移更易发生，塑性变形过程延长。

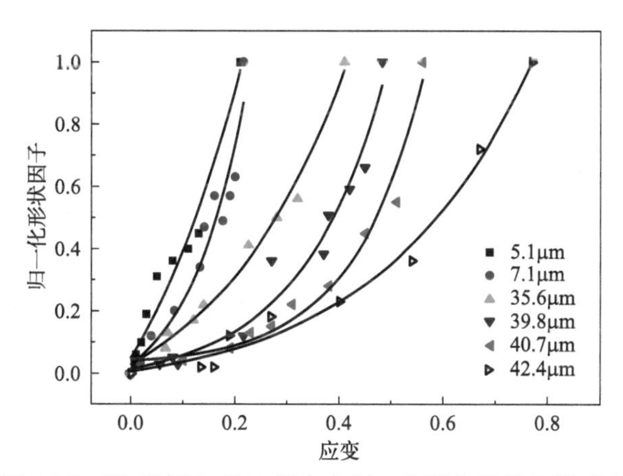

图 3-17 T2 纯铜和 H62 铜合金归一化形状因子曲线对比

由图 3-15 和图 3-16 可以看出，晶粒度对纯铜和铜合金两种材料的损伤演化方程中的材料常数影响规律相似，对纯铜和铜合金损伤演化方程中的材料常数 a 和 b 影响较小，对常数 c 影响较明显。

为了分析材料合金化晶粒度对其损伤演化方程的材料常数的影响，建立了两种材料的材料常数 c 的对比曲线，如图 3-18 所示。可以看出，两种材料的材料常数 c 随晶粒度增大均减小。合金化使得材料常数 c 出现增大现象，随晶粒度增加，下降趋势更加明显。由于 H62 铜合金 β 相的弥散分布及不均匀晶粒分布导致的变形不协调，使得合金化的材料常数数值增大、变化显著。

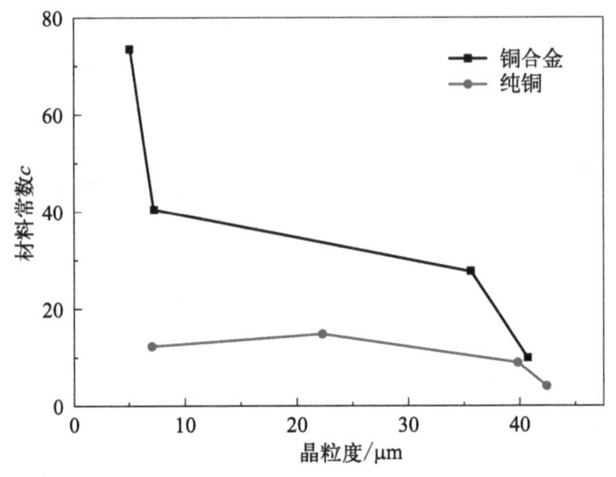

图 3-18　H62 铜合金与 T2 纯铜的材料常数 c 对比曲线

3.5　单相与双相金属材料细观损伤演化规律对比

图 3-19 为工业纯铁和低碳钢两种金属材料的归一化形状因子随塑性应变的细观损伤演化规律。由图可知，双相结构的低碳钢在塑性变形初期，损伤变形逐渐增加；当应变达到 0.2 左右时，损伤变形开始快速增加。单相结构的工业纯铁在塑性变形初期，损伤变形与低碳钢不同，材料的损伤随着塑性变形的增大而缓慢增加；当塑性应变达到 0.3 左右时，材料才开始发生快速损伤。双相结构材料具有较短的塑性变形阶段，且较早发生快速损伤。这是由于工业纯铁由纯度较高的单相铁素体组成，位错在较软的铁素体中显著的滑移使得夹杂

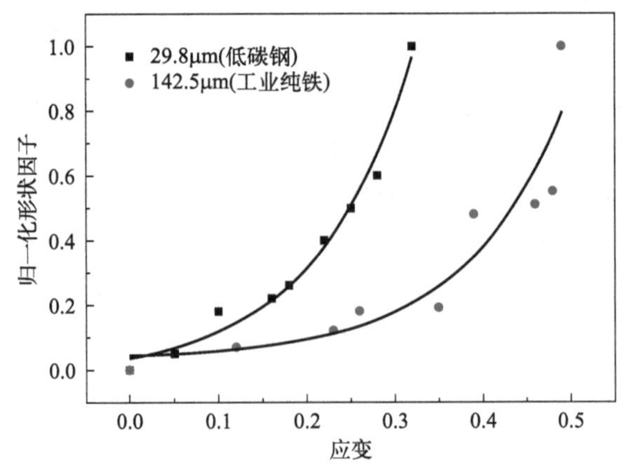

图 3-19　工业纯铁和低碳钢归一化形状因子演化规律

物周围微孔洞成核并发生长大。低碳钢是由铁素体和脆性第二相珠光体组成，纯度相对较低，铁素体与第二相珠光体界面结合相对较弱，位错滑移被限制于局部区域，促使微孔洞在较弱界面处成核并长大，均匀塑性变形停止，材料开始出现颈缩现象。

通过指数函数进行拟合，得到工业纯铁和低碳钢的损伤演化方程。

工业纯铁：

$$D_n = 0.065 + 0.002e^{11.9\varepsilon} \tag{3-15}$$

低碳钢：

$$D_n = -0.043 + 0.068e^{8.1\varepsilon} \tag{3-16}$$

将低碳钢和工业纯铁的损伤演变方程总结为一般形式：

$$D_n = a + b e^{c\varepsilon} \tag{3-17}$$

图3-20显示的是T2纯铜、H62铜合金、工业纯铁和低碳钢四种材料归一化形状因子随塑性变形演化规律曲线。由图可知，具有单相结构的工业纯铁和T2纯铜由于纯度较高，较软的晶粒使得内部位错滑移阻力减小，塑性变形过程延长，快速损伤阶段推迟发生。双相组织的H62铜合金与低碳钢由于存在脆性第二相，较硬的第二相使得位错滑移局限于局部区域，促使微孔洞过早在较弱界面处成核并长大，塑性变形过程较短，且快速损伤阶段更早发生。由于H62铜合金经过500℃退火处理，使得其微观组织中β相部分溶解于α相中，脆性第二相所占比例下降，塑性性能得到改善，塑性变形阶段较低碳钢更长。

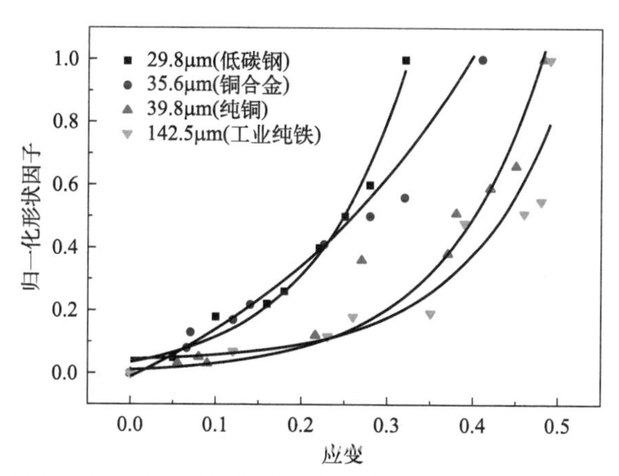

图3-20 铜及其合金与工业纯铁及低碳钢归一化形状因子随塑性变形演化对比曲线

四种材料在塑性变形初期均以均匀变形为主，在塑性变形后期均出现快速损伤现象。晶粒度越大，快速损伤阶段越推迟发生。结果表明，对于单相和双相金属材料，晶粒度越大，材料的快速损伤阶段越晚发生，损伤速度越慢。

通过四种金属材料的归一化形状因子演化规律对比分析，表明晶粒形状因子可以清晰、准确地反映单相和双相金属材料薄板塑性变形过程中损伤演化规律，其损伤演化初期均以均匀变形为主，损伤后期发生快速损伤变形。通过晶粒形状因子建立的损伤演变规律涵盖了金属材料的整个塑性变形过程，既有微孔洞萌生之前的损伤变形，也有微孔洞成核及长大的后期快速损伤过程。通过指数函数建立的损伤演化方程材料常数较少，损伤演化方程一般形式一致，进一步验证损伤演化方程对其他单相和双相金属材料薄板的有效性。

3.6 Cu-Ni19 合金拉伸损伤演化行为

金属变形的主要机制是滑移，Cu-Ni19 合金组织为单一的 α 相组织，可直接观察变形后的组织形态来分析组织的演变规律。图 3-21 和图 3-22 分别为退火前及退火后试样不同变形量的显微组织。通过观察微观组织发现，退火前试样经过塑性变形后，随着应变的增大，晶粒被拉长呈长条形状，这是由于晶粒产生滑移的同时，晶界发生交滑移，形成了长条形状组织。退火热处理后的试样经过大塑性变形后晶粒被拉长更加显著，塑性变形过程中的储存能释放，促进了晶界的迁移。

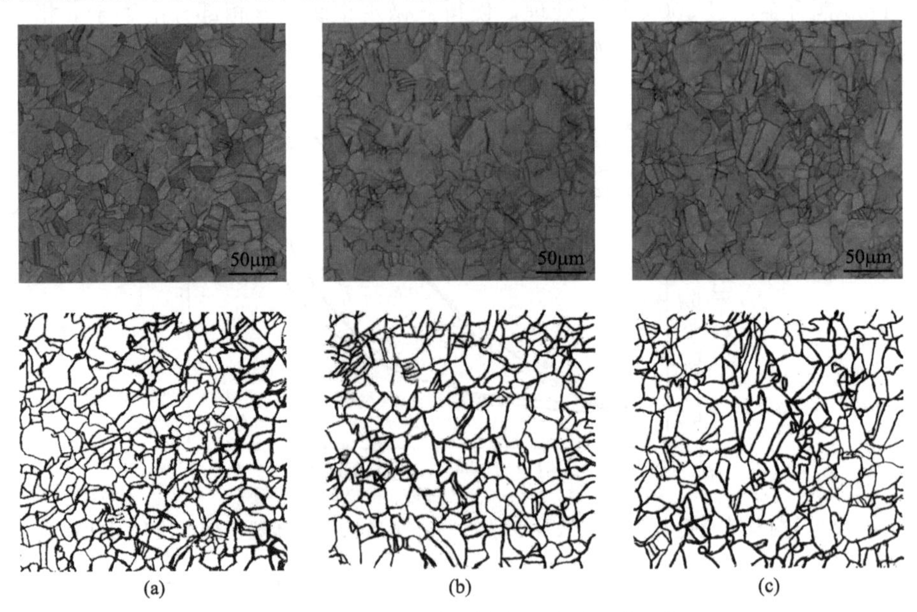

图 3-21 退火前试样不同变形量的显微组织

(a) $\varepsilon=0$；(b) $\varepsilon=0.181$；(c) $\varepsilon=0.297$

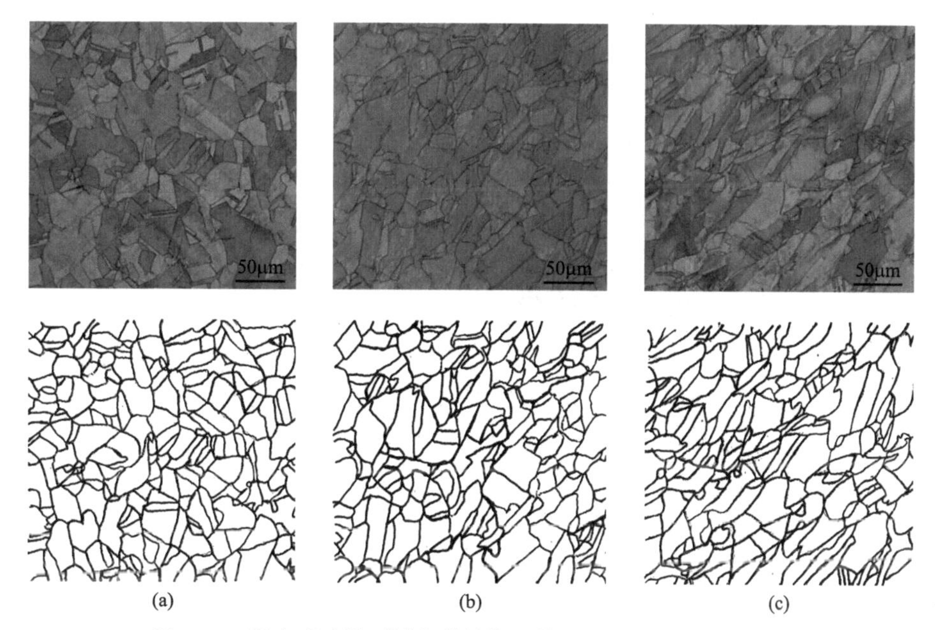

图 3-22　退火后试样不同变形量的显微组织（退火温度 873K）
(a) $\varepsilon=0$；(b) $\varepsilon=0.298$；(c) $\varepsilon=0.56$

使用形状因子 φ 这一统计量可以定量描述金属材料的微观组织变形，进而描述晶界的演变。由于微观组织无法有效地统计晶界长度，需要对图像进行二值化处理，得到便于测量的晶界线图形，如图 3-23 所示。

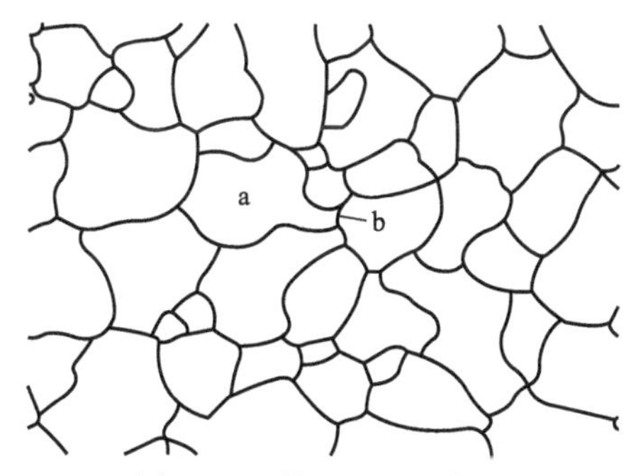

图 3-23　微观组织示意图

对视场内的晶界长度进行统计取平均值，所选择的晶界要去除干扰因素比如划痕、黑点以及腐蚀印痕等，随机选择 10 个不同位置的视场，对 10 个不同的视场采用平均化处理，得到不同变形量的损伤形状因子。

形状因子的定义式为：

$$\varphi=\Delta L/L_0=(L_c-L_0)/L_0 \tag{3-18}$$

式中　L_c——任一变形状态下平截面上晶界总长度；

L_0——初始未变形状态平截面上晶界总长度。

Cu-Ni19 合金在不同退火温度下的形状因子曲线如图 3-24 所示。由图可见，试样经过退火热处理后，随着应变的增大，形状因子也相应增加。由于退火温度升高使样品发生再结晶软化，晶界发生局部迁移使晶粒快速成核并长大，导致试样的形状因子发生显著变化。

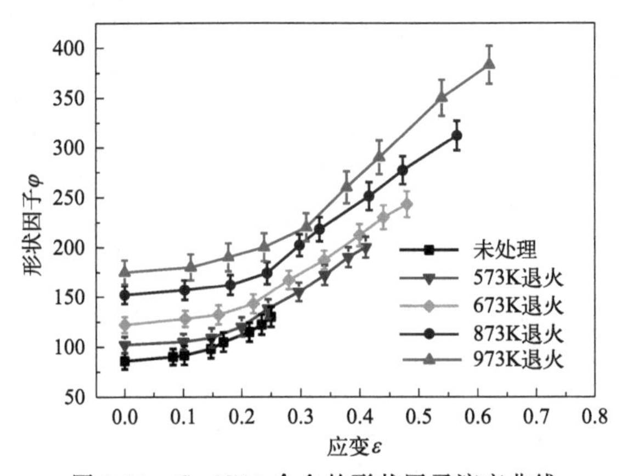

图 3-24　Cu-Ni19 合金的形状因子演变曲线

为了更准确地描述金属材料的微观组织演变，引入相对形状因子 ψ，进一步描述材料的损伤。

$$\psi=\frac{\varphi_f-\varphi}{\varphi_f} \tag{3-19}$$

式中　φ——某时刻下的有效塑性应变相对应的形状因子；

φ_f——材料失效时的临界塑性应变相对应的形状因子。

图 3-25 为 Cu-Ni19 合金的相对形状因子曲线。相对形状因子 ψ 可用于描述形状因子的相对增量，能够反映材料内部的变化状态。由图可见，随着应变的增加，相对形状因子呈上升趋势。这是由于材料在塑性变形过程中，发生动态再结晶，晶粒取向沿拉伸方向变化，为再结晶提供了更多形核位置，有利于提高材料的塑性变形能力。

为了使研究更接近本质，能灵敏地表征材料塑性损伤的程度，建立了归一化形状因子公式。归一化形状因子公式为：

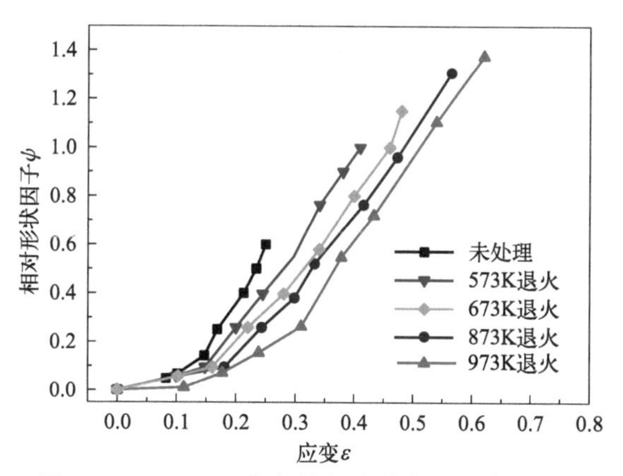

图 3-25　Cu-Ni19 合金的相对形状因子演变曲线

$$D_n = 1 - \frac{\varphi_f - \varphi}{\varphi_f} \tag{3-20}$$

归一化形状因子 D_n 反映了材料从开始塑性变形、强化、颈缩、弱化和断裂过程中损伤程度的大小。

当 $D_n = 0$时，材料处于无变形状态；当 $0 < D_n < 1$时，材料处于变形状态之中；当 $D_n = 1$时，材料发生破坏。

Cu-Ni19 合金的归一化形状因子曲线如图 3-26 所示。由图可知，随着应变的增大归一化形状因子也相应增大，退火温度越高，材料所经历的塑性变形阶段时间越长，退火温度较低时，损伤与变形的速度较快。退火温度升高，高位错密度为动态再结晶提供了动力，有利于晶界的移动，从而有利于材料的塑性变形。归一化形状因子随应变演变曲线能够很好地描述材料微观结构的损伤情况，揭示出材料宏观变形和微观结构演变之间的关系。

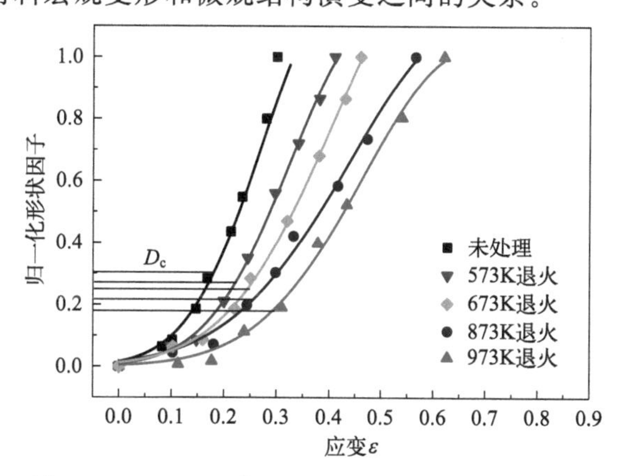

图 3-26　Cu-Ni19 合金的归一化形状因子演变曲线

通过指数函数对 Cu-Ni19 合金的归一化形状因子进行拟合，拟合方程如下。

退火前：

$$D_{n}=-0.1659+0.1497e^{\varepsilon/0.1559} \tag{3-21}$$

573K 退火：

$$D_{n}=-0.1626+0.1476e^{\varepsilon/0.199} \tag{3-22}$$

673K 退火：

$$D_{n}=-0.0772+0.0796e^{\varepsilon/0.177} \tag{3-23}$$

873K 退火：

$$D_{n}=-0.0575+0.0515e^{\varepsilon/0.1865} \tag{3-24}$$

973K 退火：

$$D_{n}=-0.0346+0.022e^{\varepsilon/0.1608} \tag{3-25}$$

基于以上五种拟合方程，Cu-Ni19 合金不同退火温度下的损伤演变方程可以表示为：

$$D_{n}=a+be^{\varepsilon/c} \tag{3-26}$$

式中 a，b，c——与退火温度相关的材料常数；

ε——材料的塑性应变。

形状因子可以很好地反映材料微结构的变形特征及其演变规律，基于形状因子建立的损伤方程可以反映材料的损伤和断裂规律，更加准确地反映材料从初始变形到最后断裂的微结构演变。

第4章

基于DIC的金属损伤演化行为

4.1 表观损伤变量

(1) 表观应变场

数字图像相关(DIC)方法测量原理是由图像采集装置记录被测物体位移或变形前后的两幅散斑图，经模数转换得到2个数字灰度场，对数字灰度场做相关运算，找到相关系数极值点，得到相应的位移或应变，再经过适当的数值差分计算获得试样表观的位移场和应变场。其测量原理如图4-1所示，在参考图像中取以某待求像素点$P(x,y)$为中心的矩形区域作为参考图像子区，在变形后图像中通过一定的搜索方法按预先定义的相关函数进行计算，追踪搜索，找到与参考图像子区的相关系数为最大值的以$P'(x',y')$为中心的图像子区域，则这个子区的中心便为待求点的新位置。比较变形前后待求点的坐标位置，就可以确定这个点的位移u、v。确定这两点的坐标后，根据公式(4-1)和公式(4-2)就可以算出材料变形前原子区的中心点的位移u、v：

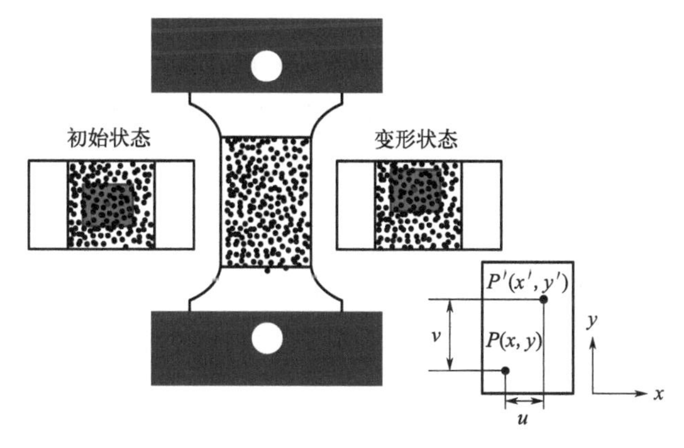

图4-1 DIC方法的测量原理简图

$$x'=x+u \tag{4-1}$$

$$y'=y+v \tag{4-2}$$

选择合适的差分方法对表观位移场进行一次差分，得到观测区域的应变场。

（2）损伤应变因子

为了定量地研究材料表观损伤过程，在应变场随机选取3000个像素点的应变，相邻像素点的间距为3.5μm，3000个点应尽量覆盖整个观测区域，同时在局部变形区随机选取100个像素点的应变进行统计平均计算。局部区域100个像素点的应变均值与3000个整体区域像素点的应变均值之差表示平均应变ε_a，其数学表达式为：

$$\varepsilon_a=\left|\frac{1}{100}\sum_{i=1}^{100}(\varepsilon_{yy})_i-\frac{1}{3000}\sum_{i=1}^{3000}(\varepsilon_{yy})_i\right| \tag{4-3}$$

式中　$\frac{1}{100}\sum_{i=1}^{100}(\varepsilon_{yy})_i$——局部变形区域随机100个像素点的平均点应变值；

$\frac{1}{3000}\sum_{i=1}^{3000}(\varepsilon_{yy})_i$——整个散斑变形区域随机3000个像素点的平均点应变值。

某时刻下某一塑性变形态的平均应变越大，就代表材料的塑性变形程度越大。当测量的视场数目具有足够的统计意义时，平均应变ε_a就能够反映材料表观的变化状态，即用平均应变ε_a来定量描述金属材料表观演化规律及变化特征是合理可行的。

在准静态单轴拉伸实验的基础上，选择材料某一个方向的表观点应变（如ε_{yy}，ε_{xy}，ε_{xx}及ε_{zz}等）进行随机抽取，根据公式(4-3)计算平均应变ε_a。为了实现损伤由0～1的转变，与归一化形状因子对应，本章定义损伤应变因子$D(\varepsilon)$作为损伤参量，表征铜及铜合金塑性变形过程中表观损伤演化过程，获取表观变形状况以及与宏观变形量的对应关系。损伤应变因子$D(\varepsilon)$是指某时刻下某一塑性变形态所对应的平均应变与材料失效时所对应的平均应变的比值。其数学表达式被定义为：

$$D(\varepsilon)=\varepsilon_a/\varepsilon_{max} \tag{4-4}$$

式中　ε_{max}——材料失效时所对应的平均应变；

ε_a——材料任一时刻所对应的平均应变。

损伤应变因子$D(\varepsilon)$如归一化形状因子一样，也可以反映材料塑性变形过程中屈服、强化、颈缩、弱化和断裂等阶段损伤程度的大小。当$D(\varepsilon)=0$时，材料处于无损状态；当$0<D(\varepsilon)<1$时，材料处于受损状态之中；当

$D(\varepsilon)=1$ 时，材料发生破坏。

损伤应变因子可以在线（实时）观察材料的表面宏观损伤。由于材料内部微结构实时的损伤过程通常需借助 CT 等设备进行观察，现有条件受限无法满足要求，且这方面相关的文献报道较少。为此，本章从表面观察材料的损伤演化，试图建立表面损伤与内部损伤的关系。

4.2 T2 纯铜与 H62 铜合金表观拉伸损伤演化行为

4.2.1 T2 纯铜的表观拉伸损伤

4.2.1.1 T2 纯铜的表观损伤演化过程

为了分析纯铜表观应变演化过程，以晶粒度为 39.8μm 的 T2 纯铜为例，研究其轴向与横向的变形程度的大小。图 4-2（见文后彩插）展示了晶粒度为 39.8μm 的 T2 纯铜在经历多种塑性变形后的 x 方向（横向）上的表观应变分布。由图可知，随着 T2 纯铜的塑性变形逐渐增大，应变云图出现应变集中现象；塑性变形越大，集中现象越显著。当 T2 纯铜颈缩区域的 x 向平均点应变达到－0.14 时，材料颈缩区域应变集中较为显著。图 4-3（见文后彩插）展示了晶粒度为 39.8μm 的 T2 纯铜在经历多种塑性变形后的 y 方向（轴向）上的表观应变分布。T2 纯铜塑性变形越大，集中现象越显著。当 T2 纯铜颈缩区域的 x 向平均点应变达到－0.14 时，材料的 y 向平均点应变为 0.64 左右。图 4-4（见文后彩插）展示了晶粒度为 39.8μm 的 T2 纯铜在经历多种塑性变形后的 xy 方向上的表观切应变分布。T2 纯铜塑性变形初期 xy 方向表观切应变变化较小，在变形后期出现集中现象，相比于同时刻下的 x 向和 y 向点应变值，xy 方向表观切应变值很小。可以看出，当颈缩区域 y 向平均点应变为 0.64 时，y 向（轴向）的线应变是 x 向线应变的 5 倍左右，是 xy 切应变的 90 倍左右。表 4-1 为不同塑性变形态晶粒度为 39.8μm 的 T2 纯铜颈缩位置区表观平均点应变数据。由表 4-1 可知，随着塑性应变的逐渐增大，y 向的线应变始终较 x 向线应变及 xy 向切应变要大。T2 纯铜的塑性应变越大，y 向的线应变增大程度较 x 向线应变及 xy 向切应变越大。由此可知，在塑性变形过程中，同一变形状态下 T2 纯铜 y 向（轴向）线应变数值最大，增加程度最为显著，y 向线应变最先达到临界塑性应变值，本章选用 y 向线应变定义损伤应变因子可以较为合理地描述整个塑性变形过程中的损伤状态。

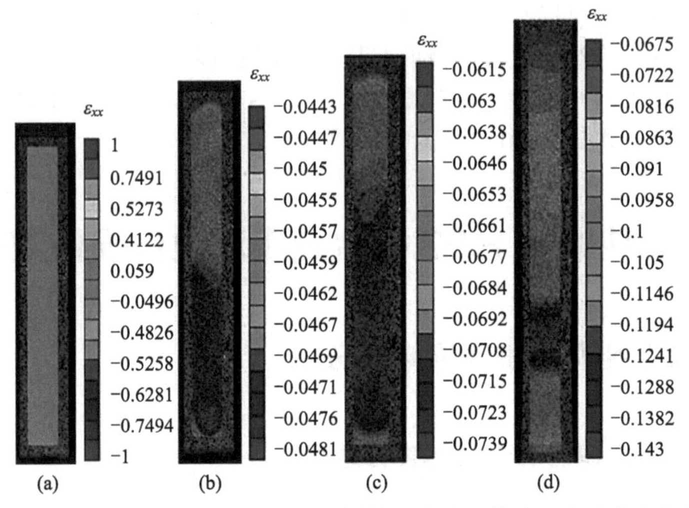

图 4-2 晶粒度为 39.8μm 的 T2 纯铜的 x 方向（横向）表观应变分布

(a) $\varepsilon_{xx}=0$；(b) $\varepsilon_{xx}=-0.048$；(c) $\varepsilon_{xx}=-0.073$；(d) $\varepsilon_{xx}=-0.143$

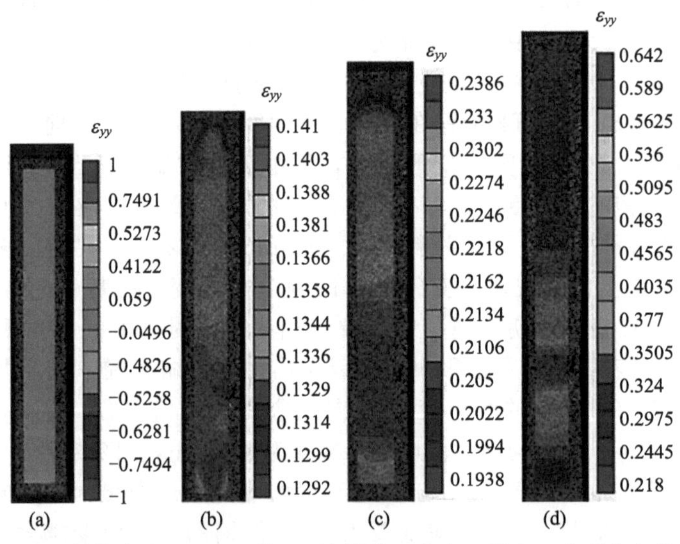

图 4-3 晶粒度为 39.8μm 的 T2 纯铜的 y 方向（轴向）表观应变分布

(a) $\varepsilon_{yy}=0$；(b) $\varepsilon_{yy}=0.141$；(c) $\varepsilon_{yy}=0.238$；(d) $\varepsilon_{yy}=0.642$

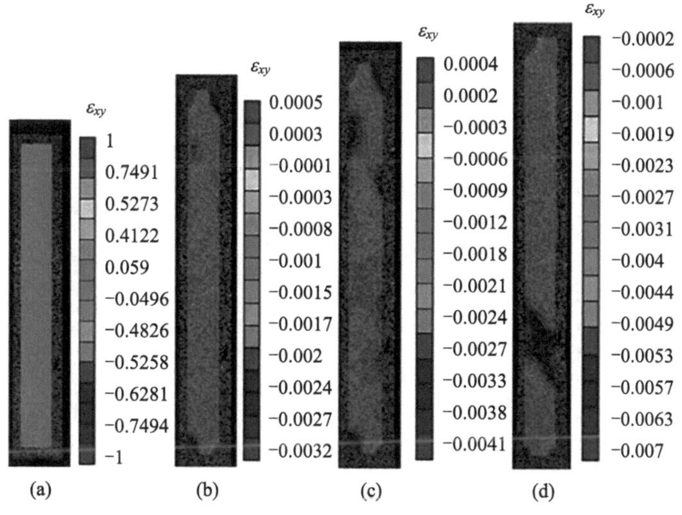

图 4-4　晶粒度为 39.8μm 的 T2 纯铜的 xy 方向表观应变分布

(a) $\varepsilon_{xy}=0$；(b) $\varepsilon_{xy}=-0.003$；(c) $\varepsilon_{xy}=-0.004$；(d) $\varepsilon_{xy}=-0.007$

表 4-1　不同塑性变形态晶粒度为 39.8μm 的 T2 纯铜颈缩位置区表观平均点应变

Δl/mm	ε_{yy}	ε_{xx}	ε_{xy}
0.2	0.018	−0.006	−0.0002
6.6	0.053	−0.019	−0.0005
14.4	0.131	−0.045	−0.001
23.2	0.208	−0.066	−0.0021
30.4	0.54	−0.11	−0.004

利用有限元软件对晶粒度为 39.8μm 的 T2 纯铜薄板进行了仿真分析，应变云图如图 4-5（见文后彩插）所示。由应变云图可知，在相同应变状态下，轴向最大应变为 0.55，横向（x）最大应变为 0.11，z 向最大应变为 0.09。轴向应变变化最显著，与 DIC 测试结果相符，表明材料在单向拉伸状态下轴向伸长最为显著，符合平面应力特征，简化为一维单向应力状态是可行的。

图 4-6（见文后彩插）和图 4-7（见文后彩插）为不同晶粒度 T2 纯铜试样在不同塑性变形状态的 DIC 应变云图。从图中可以看出，试样在加载初期，材料处于弹性阶段，产生微小变形，如图 4-6(a) 和图 4-7(a) 所示；随着载荷的逐渐增大，材料进入塑性变形阶段，塑性变形发生扩散，应变云图呈现不同的颜色变化，这一阶段整个试样仍以均匀变形为主，如图 4-6(b) 所示；载荷

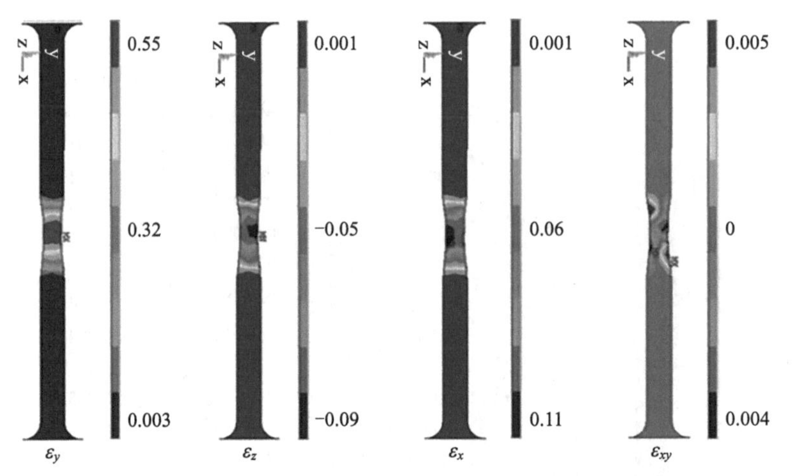

图 4-5 晶粒度为 39.8μm 的 T2 纯铜某一变形态的应变模拟结果对比

增大到一定门槛值时，试样的变形进入颈缩选择状态，局部区域变形（红色区域）开始集中化，非局部变形区域变形减缓，如图 4-6(c)、(d) 和图 4-7(c)、(d) 所示。晶粒度变化对试样的表面应变影响较大，不同晶粒度纯铜试样均出现了局部变形区域，晶粒度较大试样的塑性变形比晶粒度较小试样变形更加显著，局部变形区域附近的扩散区范围较晶粒度较小试样的大，局部变形区域没有晶粒度较小试样的集中。

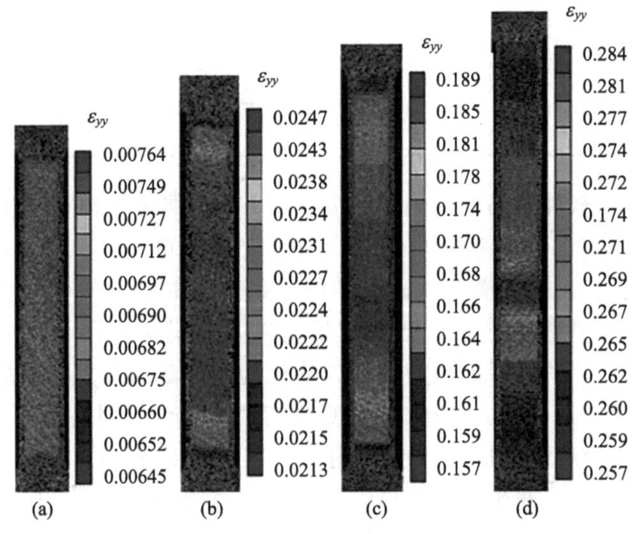

图 4-6 晶粒度为 7.1μm 的 T2 纯铜不同塑性变形态的表观应变分布

(a) $\varepsilon_{yy}=0.007$；(b) $\varepsilon_{yy}=0.024$；(c) $\varepsilon_{yy}=0.189$；(d) $\varepsilon_{yy}=0.284$

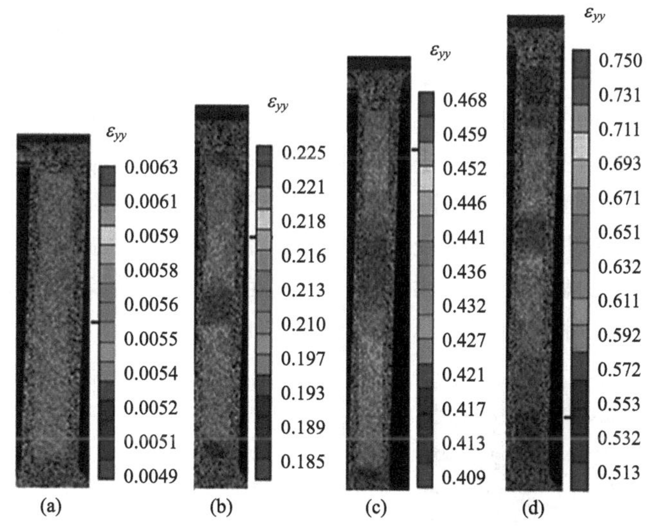

图 4-7　晶粒度为 39.8μm 的 T2 纯铜不同塑性变形态的表观应变分布

(a) $\varepsilon_{yy}=0.006$；(b) $\varepsilon_{yy}=0.225$；(c) $\varepsilon_{yy}=0.468$；(d) $\varepsilon_{yy}=0.750$

为了对试样表面局部变形较大区域的应变进行准确分析，将试样表面划分为两个区域，分别是大变形区和小变形区。分区示意如图 4-8 所示，大变形区（large deformation zone，LDZ）表示颈缩区域，小变形区（small deformation zone，SDZ）表示非颈缩区域（包含变形扩散区）。由应变分布云图可知，载荷增大到一定门槛值时，试样的变形进入颈缩选择状态，变形区域此时开始出现明显的局部变形区域，损伤变形开始加快。大变形区域变形显著，小变形区域变形逐渐停止，此时损伤主要产生在大变形区域，小变形区域不再产生损伤变形。

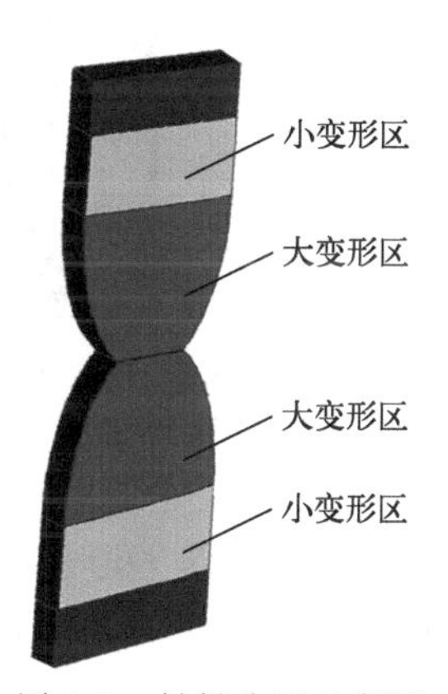

图 4-8　材料分区示意图

4.2.1.2　T2 纯铜的表观损伤演化规律

（1）微区平均点应变

试样加载方向为轴向（y 方向），选取该方向应变场数据进行统计。以晶粒度为 39.8μm 的 T2 纯铜试样为例，根据其表观点应变分布规律对 10 个压痕研究区域进行划分，建立 5 个微区，如图 4-9 所示。从大变形区域中心开始沿 y 方向等距离选取五个微区，每个微区随机选取 50 个像素点，计算其不同时刻的像素点应变并进行统计平均，然后与对应时刻下试样的整个表面平均应变建立对应关系。图 4-10 是晶粒度为 39.8μm 的 T2 纯铜试样 5 个微区选取点的 y 向平均应变曲线。从图中可以看出，处于弹性变形阶段时，各点的应变变化趋势均为直线；进入塑性变形阶段后，各点应变变化趋势开始产生微小的差别，材料仍以均匀变形为主；进入局部变形阶段后，各点应变变化趋势发生显著的变化，大变形区域（1 区和 2 区）变形显著，小变形区域（3 区、4 区和 5 区）停止变形。试样发生塑性变形后，晶粒沿着变形方向被拉长，同时大变形区的晶粒变形更加显著，材料内部位错的密度增大和发生交互作用，大量位错堆积在局部区域，相互缠结，形成不均匀分布的结果。

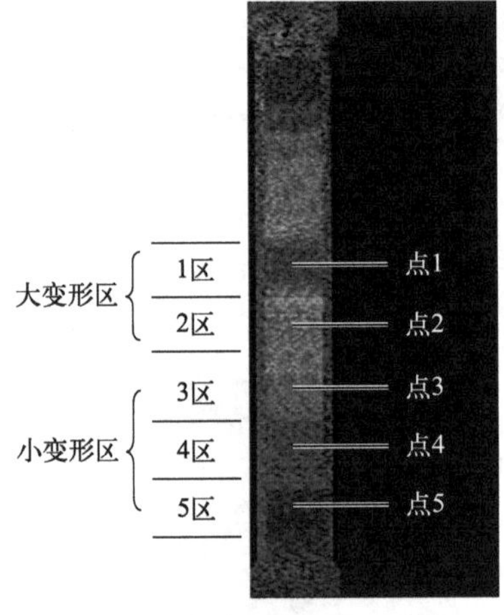

图 4-9　晶粒度为 39.8μm 的 T2 纯铜试样表观选区分布图

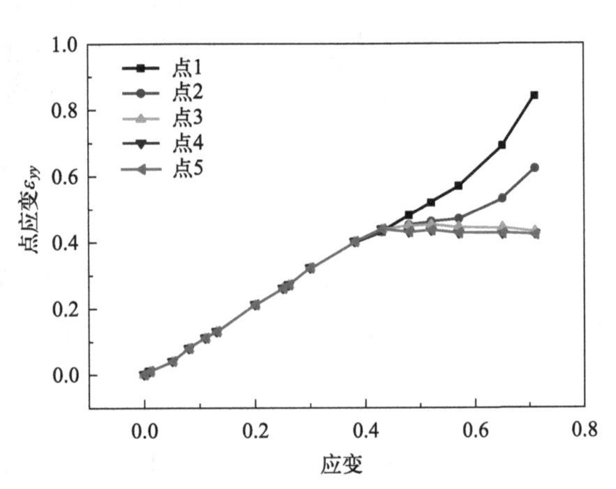

图 4-10　晶粒度为 39.8μm 的 T2 纯铜试样微区选取点的 y 向平均点应变曲线

图 4-11 为 500℃退火 T2 纯铜试样颈缩区域选取点的不同点应变对比曲线。由图 4-11 可知，随着 T2 纯铜的塑性应变增大，y 向（轴向）线应变也逐渐增加，当 ε_{yy} 达到 0.83 左右时，材料发生断裂。x 向线应变 ε_{xx} 的绝对值随着塑性变形的增加缓慢增大，当 ε_{xx} 为 0.14 左右时，材料发生断裂。xy 向切应变 ε_{xy} 的绝对值随着塑性变形的增加增大程度很小，材料发生断裂时，其值为 0.006。对比 ε_{yy}、ε_{xx} 和 ε_{xy} 断裂时的绝对值可以看出，y 向线应变 ε_{yy} 增加程度最大，增幅是 x 向线应变 ε_{xx} 的绝对值的 8 倍左右，是 xy 向切应变 ε_{xy} 的绝对值的 138 倍左右，因此本章选取 y 向（轴向）线应变刻画 T2 纯铜的表观损伤演变规律可以较为清楚地反映材料在塑性变形过程中的损伤状态。

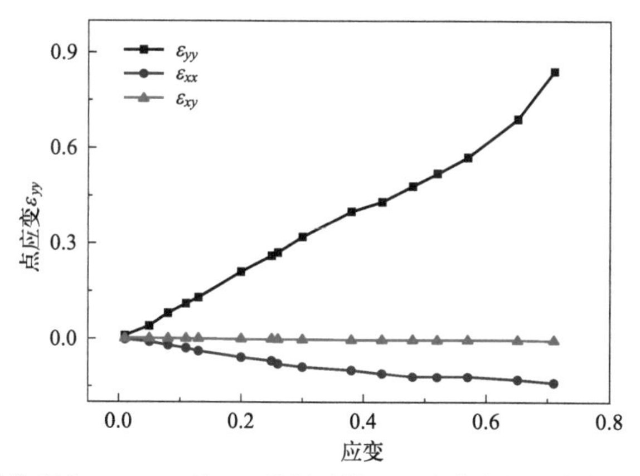

图 4-11　晶粒度为 39.8μm 的 T2 纯铜试样 1 区选取点的平均点应变对比曲线

（2）大、小变形区平均应变

图 4-12 和图 4-13 分别是不同晶粒度 T2 纯铜试样表面大变形区和小变形区的平均应变变化曲线。由图可知，在大变形区和小变形区平均应变均随着应变的增大均匀性增大，在局部变形阶段快速增大，大变形区平均应变增加程度较大。不同晶粒度纯铜试样平均点应变趋势相似，随着塑性应变的增大，平均点应变逐渐增加；晶粒度达到 39.8μm 后，平均应变的快速增加阶段明显滞后，表明晶粒度增大对 T2 纯铜的表观塑性变形影响较大，材料均匀变形过程延长，局部变形阶段滞后发生，且晶粒度越大，局部变形阶段越滞后发生。晶粒度越大，大变形区和小变形区的平均应变最大值越大，大变形区的平均应变最大值明显高于小变形区的平均应变，表明大变形区在塑性变形后期表观塑性变形较小变形区显著，T2 纯铜在不同的变形区域呈现不同变形特征。

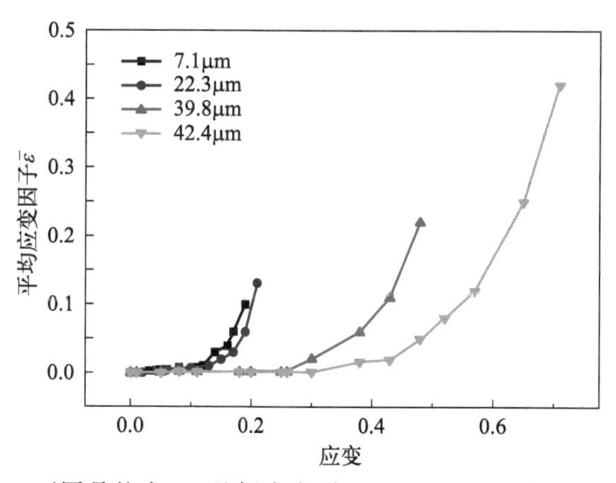

图 4-12　不同晶粒度 T2 纯铜大变形区（LDZ）平均应变变化曲线

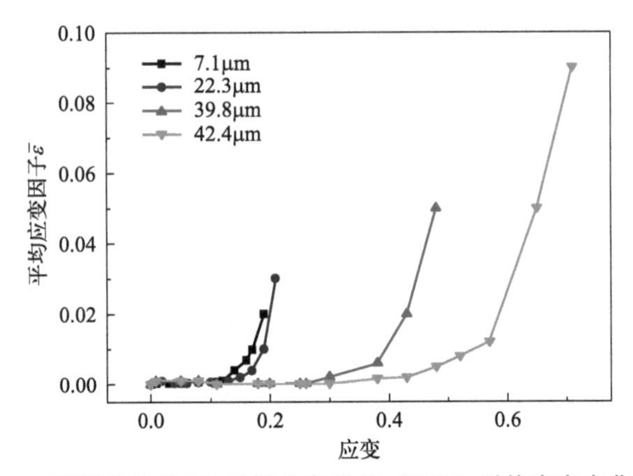

图 4-13 不同晶粒度 T2 纯铜小变形区（SDZ）平均应变变化曲线

（3）大、小变形区损伤应变因子

图 4-14 和图 4-15 是不同晶粒度 T2 纯铜大变形区和小变形区损伤应变因子（定义见 4.1 节）演变曲线。从图中可以看出，通过引入损伤应变因子可将 T2 纯铜的表观应变变化由 0～1 进行表征，可以清晰地反映不同晶粒度材料的表观塑性变形特征。T2 纯铜试样的大变形区和小变形区损伤应变因子均随着应变的增加而增大。随着晶粒度的增大，T2 纯铜的塑性变形过程延长，材料的快速损伤滞后发生。晶粒度越大，大变形区的损伤应变因子越晚开始快速损伤，且损伤速度越慢。晶粒度越大，小变形区的损伤应变因子也是越晚开始快速损伤，且最大损伤应变因子越小。晶粒度对 T2 纯铜大变形区和小变形区的损伤演化都有影响，临界应变点推迟到 0.35 左右，大变形区的表观损伤演化规律与晶界损伤演化规律相似。

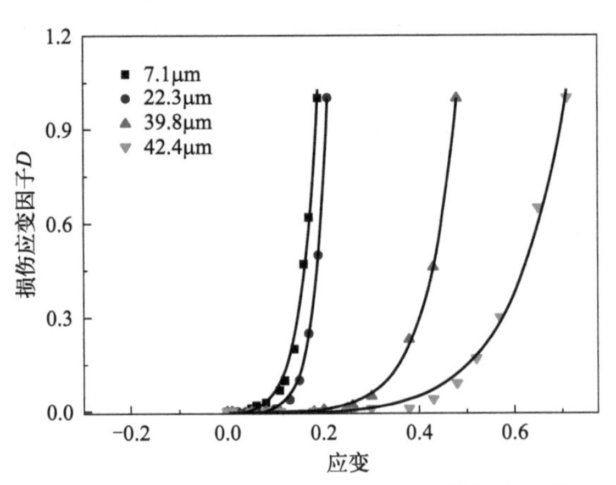

图 4-14 不同晶粒度 T2 纯铜大变形区（LDZ）损伤应变因子演变曲线

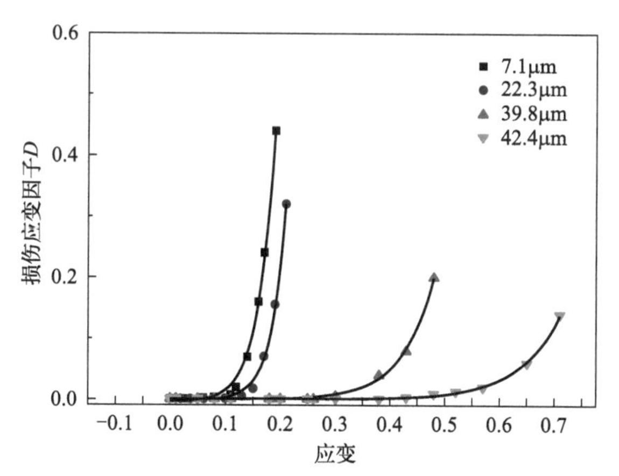

图 4-15　不同晶粒度 T2 纯铜小变形区（SDZ）损伤应变因子变化曲线

（4）损伤应变演化方程

通过指数增长函数对 T2 纯铜大变形区和小变形区损伤应变因子演化数据进行拟合，拟合方程可以统一表示为：

$$D = A + B\mathrm{e}^{C\varepsilon} \tag{4-5}$$

式中　A，B，C——与退火温度相关的材料常数。

通过式(4-5) 可以看出，T2 纯铜的表观损伤演变方程与晶界损伤演化方程类似，只是数值有所区别，材料常数只有三个，较少的材料常数便于工程应用，T2 纯铜表观到内部损伤演化方程的类似进一步表明其损伤机理由外到内的相似性。

图 4-16 是不同晶粒度 T2 纯铜大变形区和小变形区损伤应变因子演化对比曲线，由图 4-16 可知，初始 T2 纯铜在大变形区及小变形区均比晶粒度为

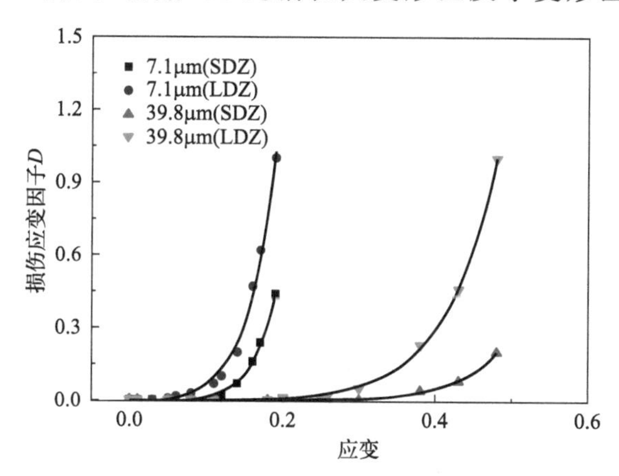

图 4-16　不同晶粒度 T2 纯铜大变形区和小变形区损伤应变因子演化对比曲线

39.8μm 的纯铜先开始快速损伤变形，且塑性变形阶段较短。不同晶粒度 T2 纯铜在大变形区比小变形区先进入快速损伤阶段，且晶粒度较大的 T2 纯铜在小变形区快速损伤变形减小。这是由于在大变形区发生晶粒破碎，位错密度增加，产生加工硬化现象，使得大变形区域损伤急剧增加，损伤变形的速度加快。晶粒度的增大使得晶粒内部位错滑移阻力减小，材料的塑性变形能力增加，快速损伤变形滞后发生。

T2 纯铜大变形区和小变形区的损伤演化方程的材料常数不同，损伤方程中的材料常数具体数值见表 4-2。

表 4-2　T2 纯铜大变形区和小变形区损伤材料常数

变形区	材料常数	晶粒度/μm			
		7.1	22.3	39.8	42.4
大变形区（LDZ）	A	−0.0150	−0.0052	−0.0050	−0.0014
	B	0.0050	0.0035	0.0029	0.0019
	C	28	35.71	15.38	8.9
小变形区（SDZ）	A	−0.0055	−0.0019	−0.0004	0.0005
	B	0.0006	0.0004	0.00004	0.00001
	C	34.48	40	17.54	13.88

图 4-17 为不同晶粒度纯铜大变形区和小变形区材料常数对比曲线。由图可知，晶粒度对不同变形区的常数 A、B 影响较小，对常数 C 影响显著。随着晶粒度的增大，大变形区和小变形区的常数 C 总体呈现下降趋势。

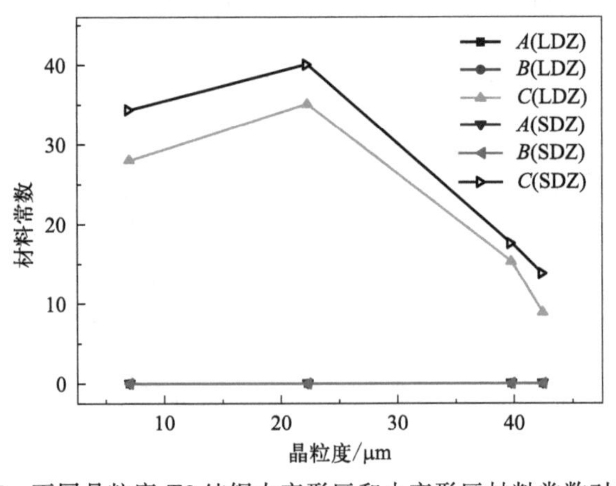

图 4-17　不同晶粒度 T2 纯铜大变形区和小变形区材料常数对比曲线

4.2.2 H62 铜合金的表观拉伸损伤

4.2.2.1 H62 铜合金的表观损伤演化过程

图 4-18（见文后彩插）和图 4-19（见文后彩插）分别为小尺度晶粒度和大尺度晶粒度 H62 铜合金试样不同塑性变形状态的 DIC 应变云图。从图中可以看出，试样在加载初期，材料处于弹性阶段，产生微小变形，如图 4-18(a) 和图 4-19(a) 所示。随着载荷的逐渐增大，材料进入塑性变形阶段，塑性变形发生扩散，应变云图呈现不同的颜色变化，这一阶段整个试样仍以均匀变形为主，如图 4-18(b) 所示。晶粒度大小对 H62 铜合金试样的表面应变影响较大，随着载荷的增加，不同晶粒度试样均出现了局部变形区域，如图 4-18(c) 和图 4-19(c) 所示。晶粒度较大试样的塑性变形比初始试样变形更加显著，其局部变形区域范围较初始试样的大，如图 4-19(d) 所示，H62 铜合金塑性变形过程中的应变云图演变与 T2 纯铜的云图演变规律相似，但 H62 铜合金的局部变形比 T2 纯铜更集中，且局部区域附近的扩散区域范围较小。主要由于 H62 铜合金存在 β 相，阻碍晶粒的滑移，使变形集中在局部区域。

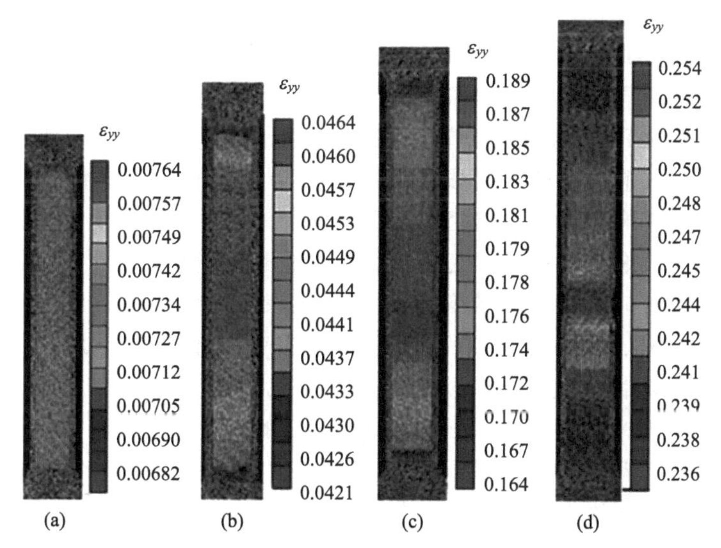

图 4-18　晶粒度为 5.1μm 的 H62 铜合金不同塑性变形态表观应变分布

(a) $\varepsilon_{yy}=0.007$；(b) $\varepsilon_{yy}=0.046$；(c) $\varepsilon_{yy}=0.189$；(d) $\varepsilon_{yy}=0.254$

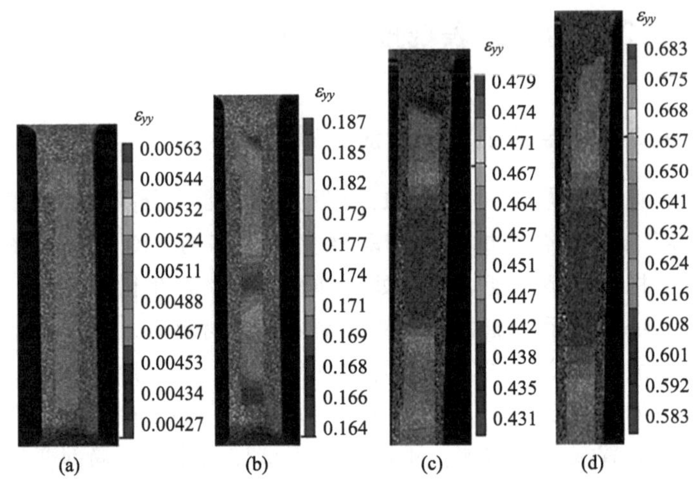

图 4-19 晶粒度为 35.6μm 的 H62 铜合金不同塑性变形态表观应变分布

(a) $\varepsilon_{yy}=0.005$；(b) $\varepsilon_{yy}=0.187$；(c) $\varepsilon_{yy}=0.479$；(d) $\varepsilon_{yy}=0.683$

4.2.2.2 H62 铜合金表观损伤演化规律

(1) 微区平均点应变

试样加载方向为轴向（y 方向），选取该方向应变场数据进行统计。以晶粒度为 40.7μm 的 H62 铜合金为例，选点原则依据图 4-9，从大变形区域中心开始沿 y 方向等距离选取五个微区（图 4-9），每个微区选择 50 个随机像素点进行测量，对不同位置测量的像素点应变进行统计平均。图 4-20 展示了晶粒度为 40.7μm 的 H62 铜合金试样 5 个微区选取点的 y 向平均应变曲线。从图中可以看出，在前期的塑性阶段，H62 铜合金各点的应变变化趋势相同，随着应变的增大其像素点平均应变随之线性增大，材料仍以均匀变形为主；进入局部变形阶段，像素点平均应变随着点的位置不同呈现不同的变化趋势，大变形区域变形显著，小变形区域变形停止。图 4-21 展示了晶粒度为 40.7μm 的 H62 铜合金试样颈缩区域选取点的不同点应变对比曲线。由图可知，随着 H62 铜合金的塑性应变增大，y 向（轴向）线应变也逐渐增加，当 ε_{yy} 达到 0.81 左右时，材料发生断裂。x 向线应变 ε_{xx} 的绝对值随着塑性变形的增加缓慢增大，当 ε_{xx} 为 0.16 左右时，材料发生断裂。xy 向切应变 ε_{xy} 的绝对值随着塑性变形的增加增大程度很小，材料发生断裂时，其值为 0.01。对比 ε_{yy}、ε_{xx} 和 ε_{xy} 断裂时的绝对值可以看出，y 向线应变 ε_{yy} 增加程度最大，增幅是 x 向线应变 ε_{xx} 的绝对值的 5 倍左右，是 xy 向切应变 ε_{xy} 的绝对值的 81 倍左右，因此本章选取 y 向（轴向）线应变刻画 H62 铜合金的表观损伤演变规律依然可以较清楚地反映其损伤演化规律。

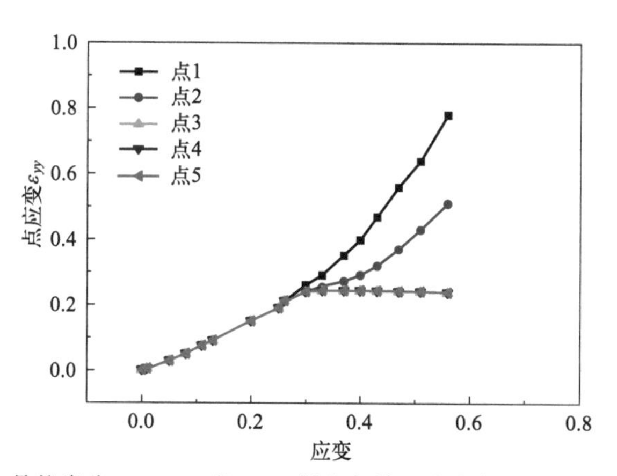

图 4-20　晶粒度为 40.7μm 的 H62 铜合金微区选取点 y 向平均应变曲线

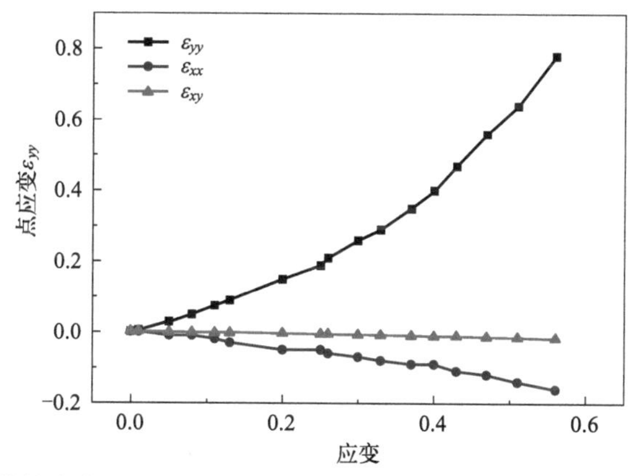

图 4-21　晶粒度为 40.7μm 的 H62 铜合金颈缩区选取点平均应变对比曲线

（2）大、小变形区平均应变

图 4-22 和图 4-23 分别为不同晶粒度 H62 铜合金试样大变形区和小变形区的平均应变演化曲线。图中可知，大变形区和小变形区的平均应变均随着塑性变形的增加而增大。晶粒度增大，快速变形阶段推迟发生。

局部变形出现后，平均应变趋势均开始快速上升，大变形区的平均应变增大程度较显著。晶粒度对平均应变影响较大，晶粒度越大，H62 铜合金大变形区和小变形区的平均应变均越晚开始快速增大，平均应变增加程度越

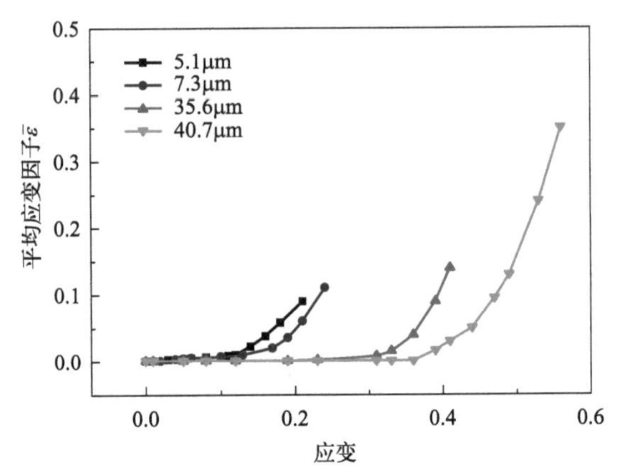

图 4-22 H62 铜合金大变形区（LDZ）平均应变因子变化曲线

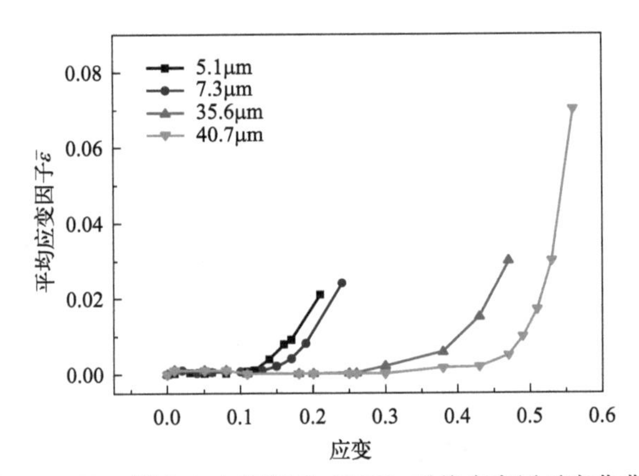

图 4-23 H62 铜合金小变形区（SDZ）平均应变因子变化曲线

明显。

（3）损伤应变因子

图 4-24 和图 4-25 分别为不同晶粒度 H62 铜合金大变形区和小变形区损伤应变因子演化曲线。从图中可以看出，H62 铜合金试样的损伤应变因子随着应变的增加而增大，与 T2 纯铜的演化规律相似。随着晶粒度的增大，H62 铜合金的塑性变形增加，材料的快速损伤滞后发生。

晶粒度对大变形区和小变形区的损伤演化规律均有影响，小尺度晶粒度试样的损伤变形过程较短，较早进入快速损伤阶段，且快速损伤速度较快。晶粒度越大，材料的塑性变形过程越长，快速损伤越推迟发生，大变形区的表观损伤演化规律与 H62 铜合金晶界损伤演化规律相似。

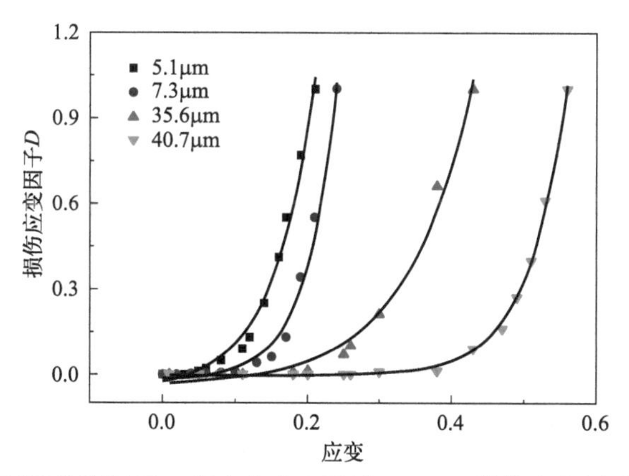

图 4-24　不同晶粒度 H62 铜合金大变形区（LDZ）损伤应变因子演化曲线

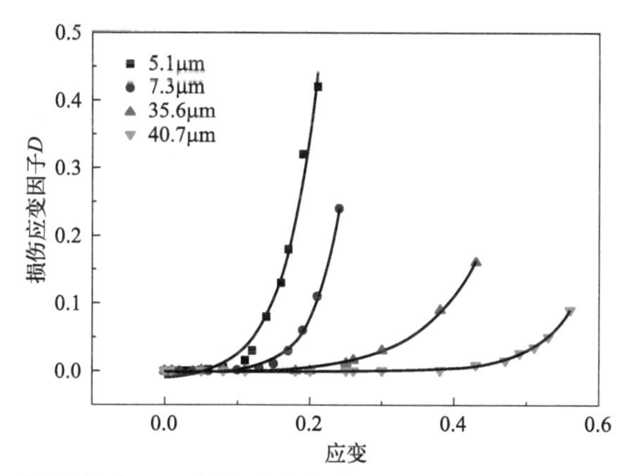

图 4-25　不同晶粒度 H62 铜合金小变形区（SDZ）损伤应变因子演化曲线

图 4-26 为不同晶粒度 H62 铜合金大变形区和小变形区损伤应变因子演化对比曲线。由图可知，不同晶粒度 H62 铜合金大变形区损伤应变因子均比小变形区的损伤应变因子大，且大变形区比小变形区先进入快速损伤阶段。这是因为大变形区形变孪晶增多，引起了显著的加工硬化，使得大变形区先发生快速损伤。

（4）损伤应变演化方程

通过指数增长函数对 H62 铜合金大变形区和小变形区损伤应变因子演化数据进行拟合，得到损伤演化一般方程为：

$$D=A+B\mathrm{e}^{C\varepsilon} \tag{4-6}$$

式中，A，B，C——与退火相关的材料常数。

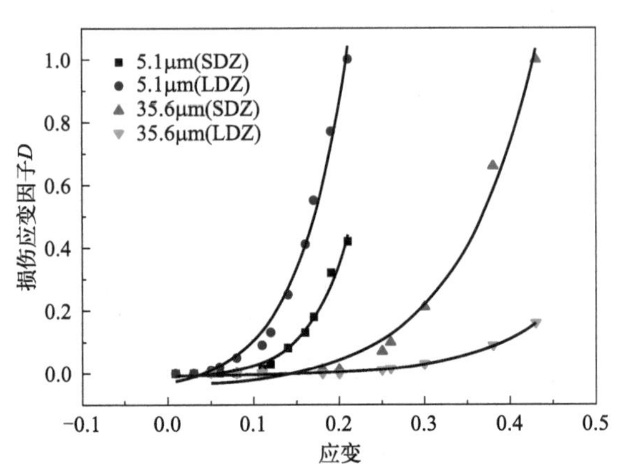

图 4-26 不同晶粒度 H62 铜合金大变形区和小变形区损伤因子对比曲线

H62 铜合金的表观损伤演化方程与 T2 纯铜的表观损伤方程相似，且与其晶界损伤演化方程也类似，表明该指数方程的一般形式对 T2 纯铜和 H62 铜合金由内到外的损伤演化均适用，该方程用于表征铜及铜合金的损伤变形是可行的。

H62 铜合金大变形区和小变形区的损伤演化一般方程与晶界损伤演化方程相同，材料参数的具体数值见表 4-3。

表 4-3 不同晶粒度 H62 铜合金大变形区和小变形区损伤材料常数

变形区	材料常数	晶粒度/μm			
		5.1	7.3	35.6	40.7
大变形区(LDZ)	A	−0.050	−0.016	−0.0039	−0.0033
	B	0.027	0.0036	0.0029	0.0030
	C	19.6	19.1	14.92	15.1
小变形区(SDZ)	A	−0.013	−0.0019	−0.0018	0.0002
	B	0.0044	0.0029	0.0015	0.0014
	C	22.22	22.2	19.6	19.23

图 4-27 为不同晶粒度铜合金大变形区和小变形区材料常数对比曲线。由图可知，晶粒度对不同变形区的常数 A、B 影响较小，对常数 C 影响显著，规律与纯铜变形区的材料常数变化类似。随着晶粒度的增大，大变形区和小变形区的常数 C 均下降。

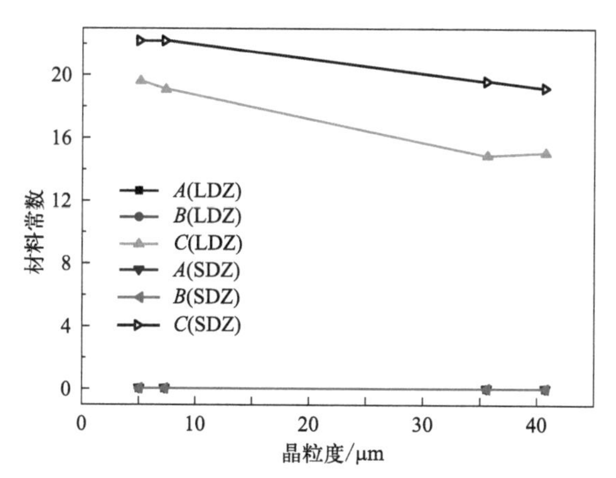

图 4-27　不同晶粒度 H62 铜合金大变形区和小变形区材料常数对比曲线

4.2.3　H62 铜合金与 T2 纯铜表观损伤演化规律对比

图 4-28 和图 4-29 为不同晶粒度 T2 纯铜与 H62 铜合金小变形区和大变形区损伤应变因子演化曲线。由图可知，H62 铜合金与 T2 纯铜在塑性变形初期，表观塑性变形均以均匀变形为主，损伤应变因子随塑性应变的增大缓慢增加；在塑性变形后期，两种材料的表观塑性变形均开始快速增加，表观塑性变形以局部变形为主，大变形区开始出现，小变形区逐渐停止变形。随着晶粒度的增大，快速损伤阶段滞后发生。随着晶粒度的增大，大小变形区的损伤演化规律相似，晶粒度越大，越晚发生快速损伤，且快速损伤过程越长。这是由于

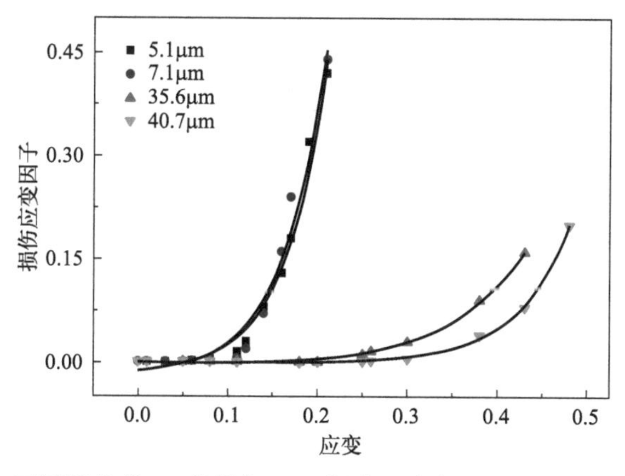

图 4-28　不同晶粒度 T2 纯铜与 H62 铜合金小变形区损伤应变因子曲线

晶粒度增大，材料发生再结晶，使得位错密度减小，大量位错阻碍下降，材料的塑性变形能力提高，因此较晶粒度小的试样滞后开始快速损伤。

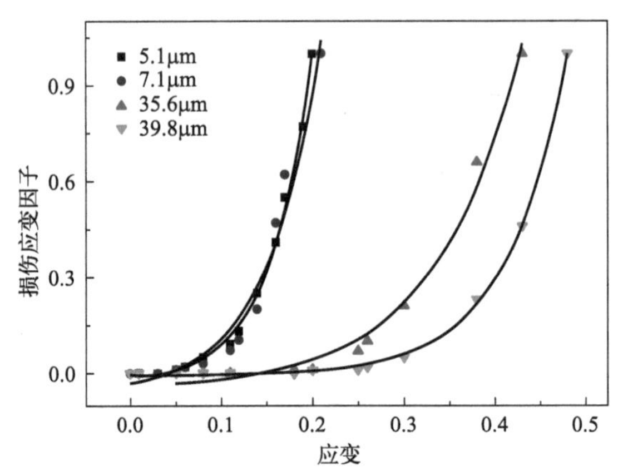

图 4-29　不同晶粒度 T2 纯铜与 H62 铜合金大变形区损伤应变因子曲线

用于获取金相照片的 20mm 小样与 DIC 分析的 5 个微区通过外原位压痕对比，金相小样基本覆盖 DIC 分析的大变形区（1 区和 2 区）。为了分析材料在大变形区的表观损伤与该区域内部损伤的关联性，以大尺度晶粒度试样为例，建立 T2 纯铜与 H62 铜合金大变形区损伤应变因子与归一化形状因子对比曲线，如图 4-30 所示。

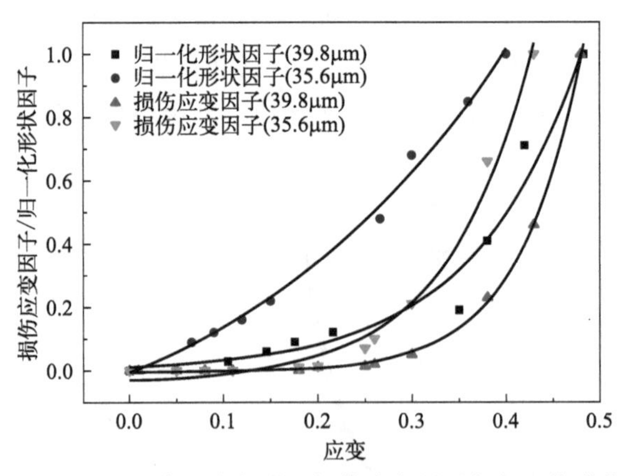

图 4-30　T2 纯铜与 H62 铜合金大变形区损伤应变因子与归一化形状因子对比曲线

由图可知，利用数字图像相关方法计算得到的两种金属材料的损伤应变因子演化规律与利用晶界形状计算得到的归一化形状因子演化规律相似，损伤应变因子均随着塑性应变的增大而相应增加。塑性变形初期，两种损伤变量得到的损伤演变变化趋势均比较平缓，变形以均匀变形为主；塑性变形后期，两种损伤变量得到的损伤演化均开始发生显著变化，随着应变的增大开始发生快速损伤。通过演化规律可以看出，材料的表面损伤和内部晶界损伤演化规律基本一致，从表面角度考虑，晶界损伤演化与表面宏观损伤演化规律的一致性较好，该方法针对薄板金属材料较适合。

两种材料以晶粒形状因子为损伤变量得到的损伤演化规律与以应变因子为损伤变量得到的表观损伤演化规律大体一致，临界应变点有微小差别。这是由于表面晶粒分布与内部晶粒不同，表面晶粒不受其他晶粒的约束，位错滑移的阻力减小，致使晶粒变形速度加快，因此临界应变点有所不同。由于外表面加工尺寸的不均匀、表面的划痕及缺陷等，使得表观损伤演化规律与内部演化规律有微小差别。

损伤演化方程中的材料常数 C 随晶粒度增大变化最明显，为分析内外损伤材料常数的关联性，将纯铜与铜合金损伤方程中的材料常数 C 进行对比，如图 4-31 所示。由图可知，表观损伤方程和内部细观损伤方程中的材料常数 C 均随着晶粒度的增大而逐渐减小，内外损伤方程中的材料常数变化规律相似。

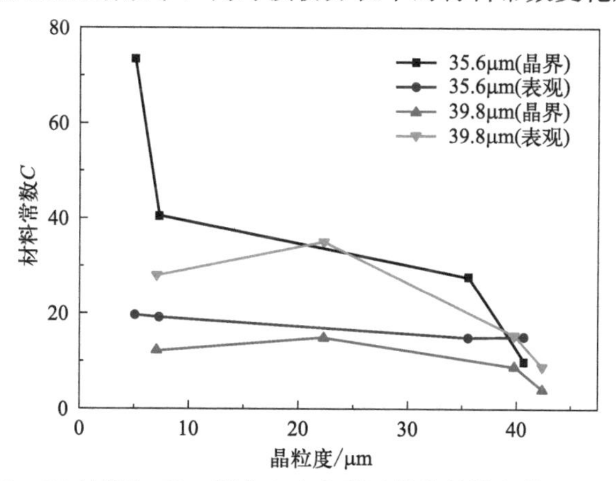

图 4-31　T2 纯铜与 H62 铜合金大变形区损伤材料参数 C 对比曲线

4.3 SLM Inconel 718 合金表观损伤演化行为

4.3.1 SLM Inconel 718 合金表观疲劳损伤

SLM Inconel 718 合金疲劳实验时的加载方向为轴向，利用 VIC-3D 对 DIC 采集到的图像进行分析处理，得到 SLM Inconel 718 合金在疲劳过程中表面应变云图的演化过程。图 4-32 和图 4-33 以及图 4-34（见文后彩插）分别为经 AT1 热处理工艺处理、AT2 热处理工艺处理和 AT3 热处理工艺处理后 SLM Inconel 718 合金在不同疲劳寿命阶段的 DIC 应变云图。可以看出，在疲劳初期 SLM Inconel 718 合金的变形微小均匀。随着疲劳次数的增加，试样的变形程度增大，应变云图呈现出不同的颜色变化，试样表面逐渐出现不均匀形变，且形变的不均匀程度逐步加大。随着疲劳次数的进一步增加，试样的变形程度进一步增大，并且出现了明显的应变集中区域即大变形区域，此时 SLM Inconel 718 合金开始进入快速损伤阶段。当大变形区域出现后，SLM Inconel 718 合金的变形主要集中在大变形区域，其余区域的变形逐渐停止。在短时间内大变形区域的变形程度迅速增加，使 SLM Inconel 718 合金发生疲劳断裂。可以看出，经过不同热处理工艺处理的 SLM Inconel 718 合金变形趋势一样，均会出现明显的大变形区域，且大变形区域都出现在试样的近侧表面处。尽管热处理和抛光研磨等加工工艺，优化了 SLM Inconel 718 合金的组织性能，降低了粗糙度和相关缺口效应的影响。但 SLM 成形中近表面处由于组织熔化不均匀，合金内部近表面处的孔洞和缺陷仍在疲劳破坏过程中发挥着主导作用。

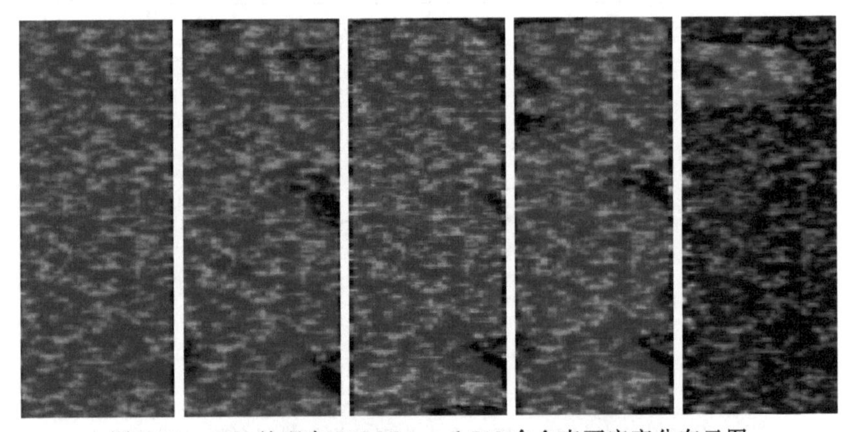

图 4-32　AT1 处理态 SLM Inconel 718 合金表面应变分布云图

SLM Inconel 718 合金在疲劳载荷的作用下不断累积损伤导致合金出现塑性变形直至失效破坏。SLM Inconel 718 合金在疲劳载荷作用下的变形是不均匀且微小的，但不同处理态的 SLM Inconel 718 合金均出现了局部应变集中行为。为了定量地研究 SLM Inconel 718 合金的疲劳损伤演化行为，量化合金试样表面变形的不均匀程度，本节引入平均应变因子 $\bar{\varepsilon}$，作为 SLM Inconel 718 合金疲劳过程中的表面应变以及损伤参量。在 SLM Inconel 718 合金断裂前的最后一张应变云图上，在发生局部应变集中的区域沿着横向和纵向等间距地选

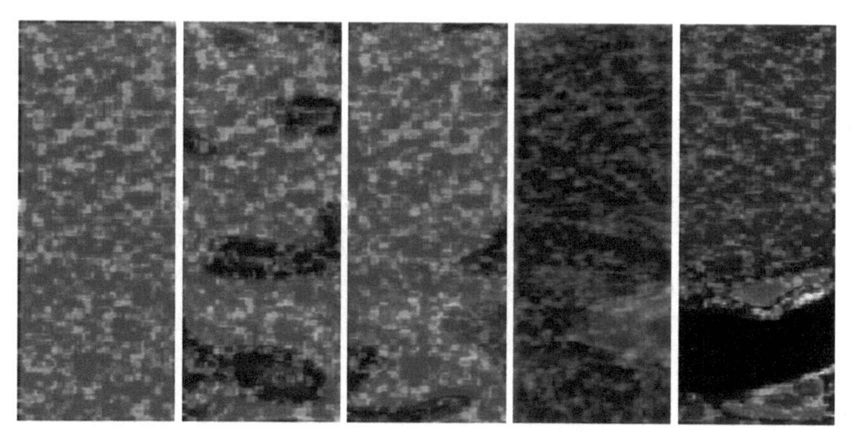

图4-33 AT2处理态SLM Inconel 718合金表面应变分布云图

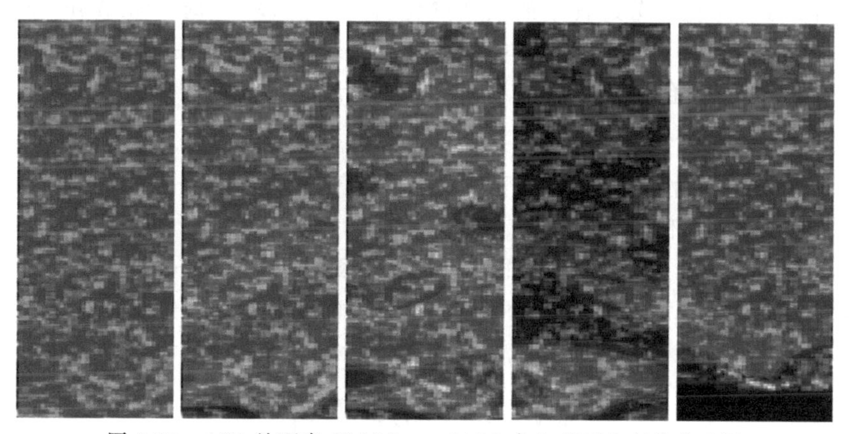

图4-34 AT3处理态SLM Inconel 718合金表面应变分布云图

取50个数据点的应变，这些数据点均匀覆盖局部应变集中区域。在试样的整个应变云图范围均匀地选取1000个数据点的应变，这些数据点均匀地覆盖整个合金试样的表面。通过VIC-3D软件提取这些数据点的历史应变。平均应变因子的计算方法为：

$$\overline{\varepsilon}=\left|\frac{1}{50}\sum_{i=1}^{50}(\varepsilon_{yy})_i-\frac{1}{1000}\sum_{j=1}^{1000}(\varepsilon_{yy})_j\right| \tag{4-7}$$

式中 $\frac{1}{50}\sum_{i=1}^{50}(\varepsilon_{yy})_i$ ——应变集中区域50个数据点的平均应变值；

$\frac{1}{1000}\sum_{i=1}^{1000}(\varepsilon_{yy})_i$ ——整个应变场上1000个数据点的平均应变值；

$\overline{\varepsilon}$——平均应变因子。

运用损伤力学解决 SLM Inconel 718 合金的疲劳问题，关键就在于恰当地描述 SLM Inconel 718 合金的损伤状态。对于材料的损伤测定可分为直接测量和间接测量。由于直接测量存在困难，因此本节选用间接测量的方法。同时本节的实验为应力控制的疲劳实验，所以选取疲劳过程中的应变场变化来描述疲劳损伤。某循环次数下，SLM Inconel 718 合金的损伤程度越大，则其变形不均匀程度越大，其平均应变因子 $\bar{\varepsilon}$ 越大。50 个局部应变集中区域的数据点和 1000 个整体区域的数据点均匀覆盖了应变集中区域以及整个应变场观测区域，使数据具有代表性。此时平均应变因子 $\bar{\varepsilon}$ 就能够反应 SLM Inconel 718 合金在疲劳过程中的表观变化状态，即用平均应变 $\bar{\varepsilon}$ 来定量描述金属材料表观演化规律及变化特征是合理可行的。

为了实现损伤由 0～1 的转变，本节定义损伤应变因子 D 来表征 SLM Inconel 718 合金在疲劳过程中的损伤演化行为。当 $D=0$ 时，SLM Inconel 718 合金未发生损伤；当 $0<D<1$ 时，SLM Inconel 718 合金受损；当 $D=1$ 时，SLM Inconel 718 合金失效破坏。损伤应变因子 D 的表达式为：

$$D=\frac{\bar{\varepsilon}}{\bar{\varepsilon}_{\max}} \tag{4-8}$$

式中 $\bar{\varepsilon}_{\max}$——$\bar{\varepsilon}$ 的最大值；

D——损伤应变因子。

参考文献，选用 Chaboche 的损伤模型，建立 SLM Inconel 718 合金的疲劳损伤演化模型，研究 SLM Inconel 718 合金的疲劳损伤演化规律。Chaboche 认为一般的疲劳损伤演化方程可以表示为：

$$\frac{\partial D}{\partial N}=\left[\frac{\sigma_{\mathrm{a}}}{b(1-D)}\right]^{\beta} f(D) \tag{4-9}$$

式中 σ_{a}——平均应力；

β，b——材料参数；

$f(D)$——损伤度的函数。

关于 $f(D)$，Chaboche 认为：

$$f(D)=\left[1-(1-D)^{1+\beta}\right]^{\alpha} \tag{4-10}$$

式中 β，α——材料参数。

将式(4-10) 带入式(4-9) 后得到的疲劳损伤演化方程可写为：

$$\frac{\partial D}{\partial N}=\left[\frac{\sigma_{\mathrm{a}}}{b(1-D)}\right]^{\beta}\left[1-(1-D)^{1+\beta}\right]^{\alpha} \tag{4-11}$$

利用初始条件 $N=0$，$D=0$；破坏时 $N=N_{\mathrm{f}}$，$D=1$。对式(4-11) 进行积分可得：

$$D=1-\left[1-\left(\frac{N}{N_{\mathrm{f}}}\right)^{\frac{1}{1-\alpha}}\right]^{\frac{1}{1+\beta}} \tag{4-12}$$

对其进行简化，为了方便设 $a=\frac{1}{1-\alpha}$、$b=\frac{1}{1+\beta}$，则公式(4-12) 简化为：

$$D=1-\left[1-\left(\frac{N}{N_f}\right)^a\right]^b \tag{4-13}$$

通过对 DIC 的数据进行处理得到 SLM Inconel 718 合金的平均应变因子变化图。图 4-35 为不同热处理工艺下 SLM Inconel 718 合金的平均应变因子变化图，可以看出在疲劳初期 SLM Inconel 718 合金的变形不均匀程度很小，随着

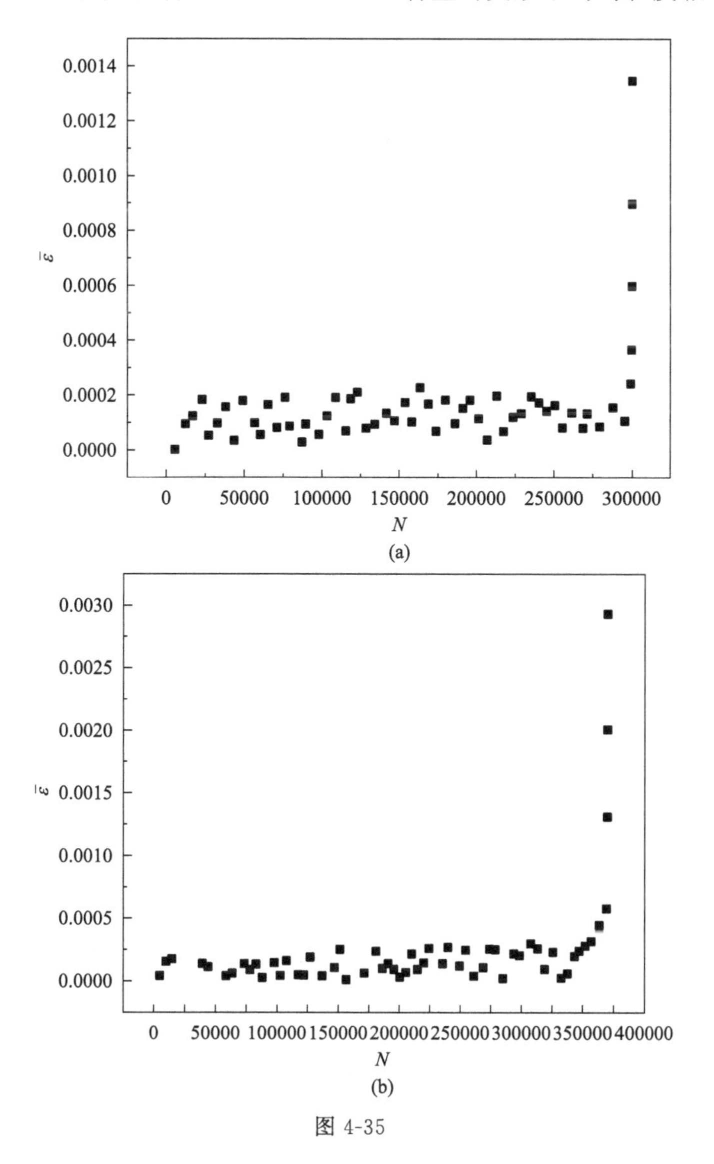

图 4-35

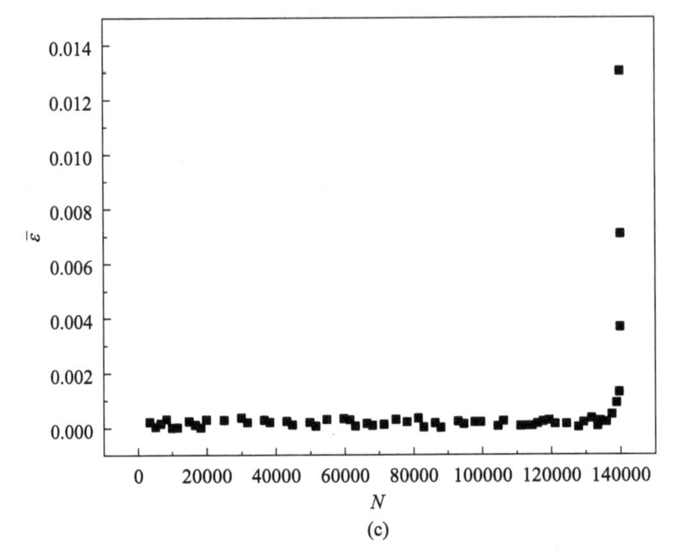

图 4-35 不同热处理工艺下 SLM Inconel 718 合金平均应变因子变化图
(a) AT1；(b) AT2；(c) AT3

循环应力的变化而不断上下波动。随着循环周次的不断增加，当达到一定循环数后，局部应变集中区域出现，SLM Inconel 718 合金的变形不均匀程度加剧，平均应变因子在这一过程中快速增大，在几十个循环内迅速增加至某一临界值，致使 SLM Inconel 718 合金断裂失效。

图 4-36 为不同热处理工艺下 SLM Inconel 718 合金的 DIC 损伤演化曲线。由图可以看出，SLM Inconel 718 合金的疲劳损伤主要分为两个阶段，一是稳定发展阶段，该阶段 SLM Inconel 718 合金的损伤增长缓慢，占 SLM Inconel 718 合金疲劳寿命的主要部分；二是临界失效阶段，在此阶段 SLM Inconel 718 合金的性能急剧劣化，损伤显著增加，最终使 SLM Inconel 718 合金断裂破坏。对图 4-36 中的损伤因子拟合曲线求曲率，可以找到曲率最大点，定义这个点为临界损伤因子 D_c。当 $0<D<D_c$ 时，SLM Inconel 718 合金发生微损伤，损伤增长缓慢；当 $D_c<D<1$ 时，SLM Inconel 718 合金出现明显的局部应变集中现象，合金受损严重，合金表面变形不均匀程度急剧增大，损伤程度也在此时快速增加。图 4-37 展示了 SLM Inconel 718 合金 DIC 临界损伤因子 D_c。可以看出，临界损伤因子越大，材料抵抗疲劳破坏的能力越强，材料的疲劳性能越好，这与第 4 章对 SLM Inconel 718 合金疲劳测试的结果是相同的，疲劳性能 AT2>AT1>AT3。

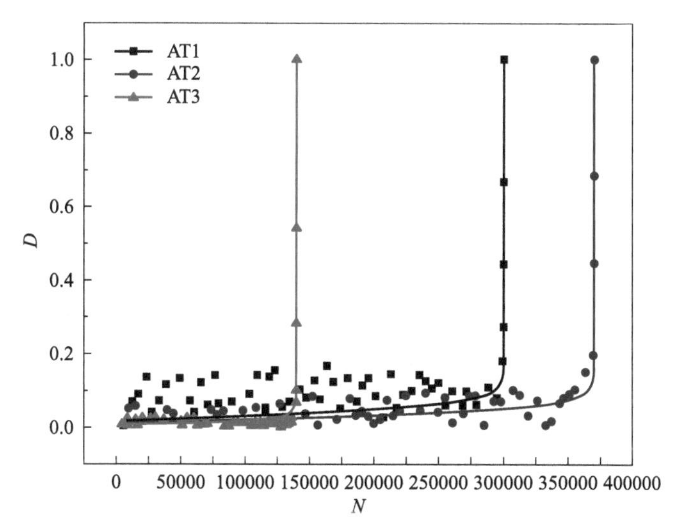

图 4-36　不同热处理工艺下 SLM Inconel 718 合金 DIC 损伤演化曲线

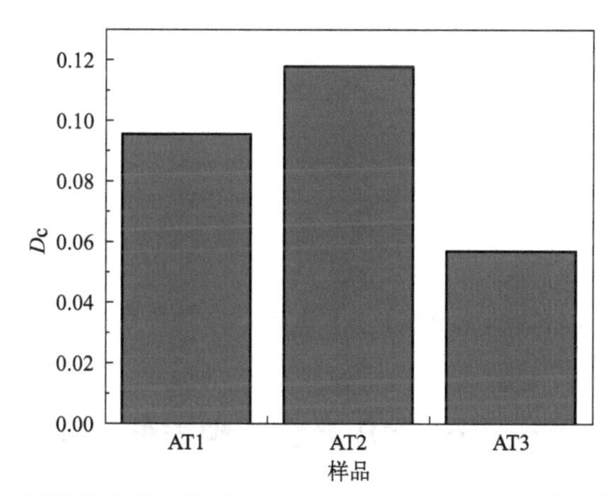

图 4-37　不同热处理工艺下 SLM Inconel 718 合金 DIC 临界损伤因子

用 Chaboche 的损伤模型对 SLM Inconel 718 合金 DIC 试验下的损伤因子 D 进行拟合，拟合方程如下所述。

AT1 处理态 SLM Inconel 718 合金：

$$D=1-\left[1-\left(\frac{N}{300237}\right)^{0.19}\right]^{0.033} \tag{4-14}$$

AT2 处理态 SLM Inconel 718 合金：

$$D=1-\left[1-\left(\frac{N}{370124}\right)^{0.37}\right]^{0.021} \tag{4-15}$$

AT3 处理态 SLM Inconel 718 合金：

$$D=1-\left[1-\left(\frac{N}{139958}\right)^{0.49}\right]^{0.009} \tag{4-16}$$

图 4-38 为 SLM Inconel 718 合金在 DIC 试验下疲劳损伤演化方程的拟合参数 a 和 b 随热处理温度（AT1→AT2→AT3：0℃→980℃→1080℃，因三种热处理方式均包含双时效热处理，故取其双时效之前的热处理温度值作为对比值）的变化曲线。由于实验数据较少，无法建立参数随温度的变化方程，但是可以看出随着热处理温度的不断增加，参数 a 的值不断增大，参数 b 的值不断减小。

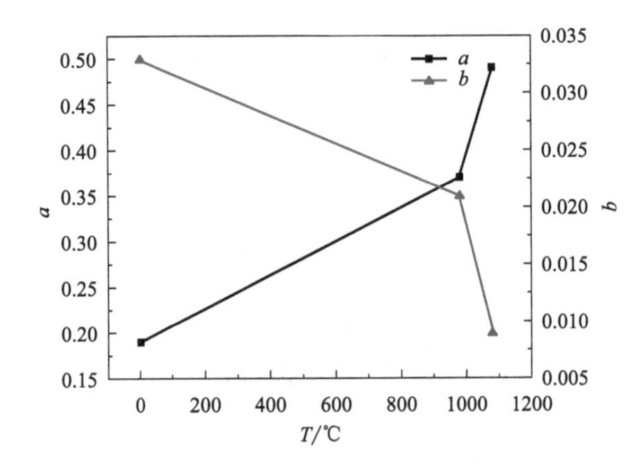

图 4-38 DIC 试验下损伤演化方程参数 a，b 随热处理温度的变化曲线

4.3.2 SLM Inconel 718 合金表观拉伸损伤

图 4-39（见文后彩插）为不同固溶温度下垂直和水平打印两组 SLM Inconel 718 合金不同变形阶段的表面应变分布，从图中可以看出，在变形初期，试样处于弹性阶段，试样以均匀变形为主，产生微小的变形。随着载荷的增大，试样进入塑性变形阶段，在这一阶段试样出现应变集中现象，且塑性变形越大，应变集中现象越明显。随着载荷的继续增大，试样变形最终进入局部变形阶段，局部变形区域（红色区域）变形显著增大，其他区域减缓变形。随着固溶温度的升高，试样的塑性变形更加显著、局部变形区域附近的扩散区范围扩大，垂直打印试样较水平打印试样变形更明显。

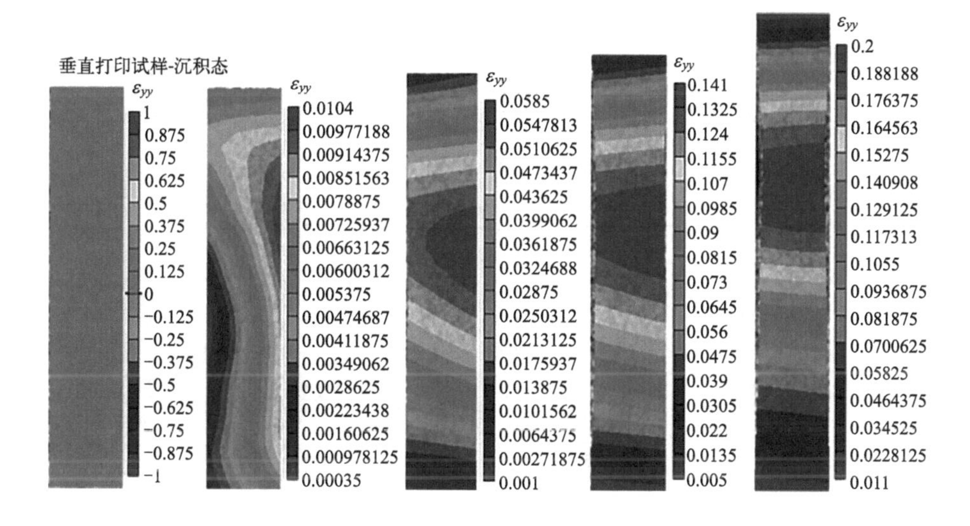
垂直打印试样-沉积态
εyy
1
0.875
0.75
0.625
0.5
0.375
0.25
0.125
0
−0.125
−0.25
−0.375
−0.5
−0.625
−0.75
−0.875
−1
εyy
0.0104
0.00977188
0.00914375
0.00851563
0.0078875
0.00725937
0.00663125
0.00600312
0.005375
0.00474687
0.00411875
0.00349062
0.0028625
0.00223438
0.00160625
0.000978125
0.00035
εyy
0.0585
0.0547813
0.0510625
0.0473437
0.043625
0.0399062
0.0361875
0.0324688
0.02875
0.0250312
0.0213125
0.0175937
0.013875
0.0101562
0.0064375
0.00271875
0.001
εyy
0.141
0.1325
0.124
0.1155
0.107
0.0985
0.09
0.0815
0.073
0.0645
0.056
0.0475
0.039
0.0305
0.022
0.0135
0.005
εyy
0.2
0.188188
0.176375
0.164563
0.15275
0.140908
0.129125
0.117313
0.1055
0.0936875
0.081875
0.0700625
0.05825
0.0464375
0.034525
0.0228125
0.011

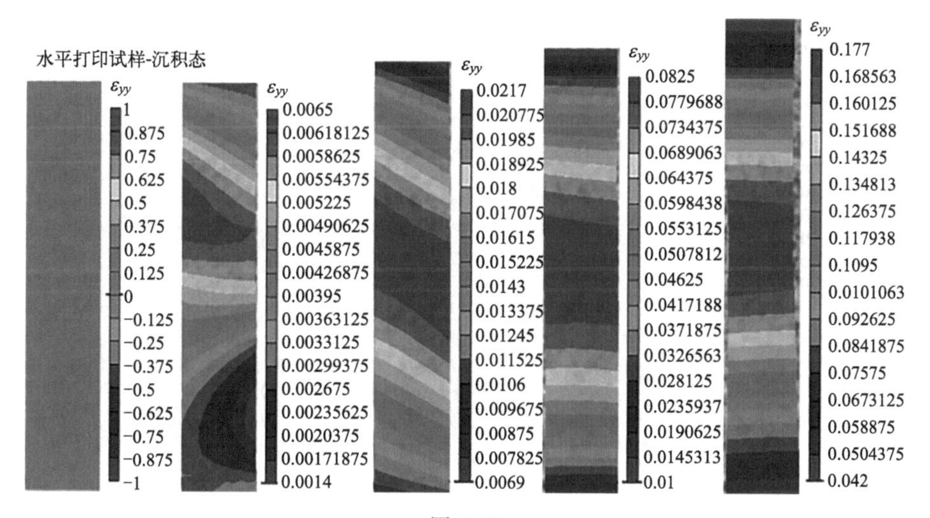
水平打印试样-沉积态
εyy
1
0.875
0.75
0.625
0.5
0.375
0.25
0.125
0
−0.125
−0.25
−0.375
−0.5
−0.625
−0.75
−0.875
−1
εyy
0.0065
0.00618125
0.0058625
0.00554375
0.005225
0.00490625
0.0045875
0.00426875
0.00395
0.00363125
0.0033125
0.00299375
0.002675
0.00235625
0.0020375
0.00171875
0.0014
εyy
0.0217
0.020775
0.01985
0.018925
0.018
0.017075
0.01615
0.015225
0.0143
0.013375
0.01245
0.011525
0.0106
0.009675
0.00875
0.007825
0.0069
εyy
0.0825
0.0779688
0.0734375
0.0689063
0.064375
0.0598438
0.0553125
0.0507812
0.04625
0.0417188
0.0371875
0.0326563
0.028125
0.0235937
0.0190625
0.0145313
0.01
εyy
0.177
0.168563
0.160125
0.151688
0.14325
0.134813
0.126375
0.117938
0.1095
0.0101063
0.092625
0.0841875
0.07575
0.0673125
0.058875
0.0504375
0.042

图 4-39

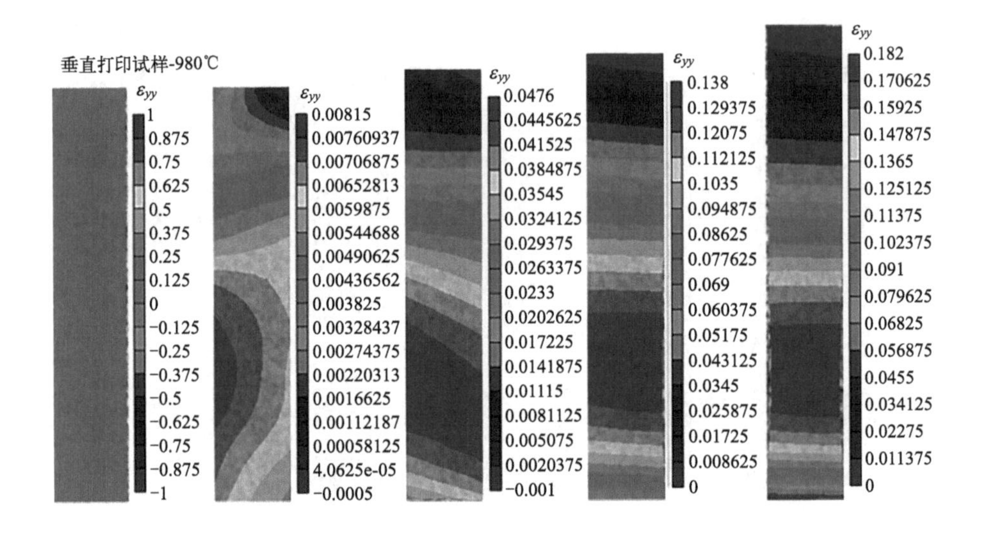
垂直打印试样-980℃
ε_{yy}
1
0.875
0.75
0.625
0.5
0.375
0.25
0.125
0
−0.125
−0.25
−0.375
−0.5
−0.625
−0.75
−0.875
−1
ε_{yy}
0.00815
0.00760937
0.00706875
0.00652813
0.0059875
0.00544688
0.00490625
0.00436562
0.003825
0.00328437
0.00274375
0.00220313
0.0016625
0.00112187
0.00058125
4.0625e-05
−0.0005
ε_{yy}
0.0476
0.0445625
0.041525
0.0384875
0.03545
0.0324125
0.029375
0.0263375
0.0233
0.0202625
0.017225
0.0141875
0.01115
0.0081125
0.005075
0.0020375
−0.001
ε_{yy}
0.138
0.129375
0.12075
0.112125
0.1035
0.094875
0.08625
0.077625
0.069
0.060375
0.05175
0.043125
0.0345
0.025875
0.01725
0.008625
0
ε_{yy}
0.182
0.170625
0.15925
0.147875
0.1365
0.125125
0.11375
0.102375
0.091
0.079625
0.06825
0.056875
0.0455
0.034125
0.02275
0.011375
0

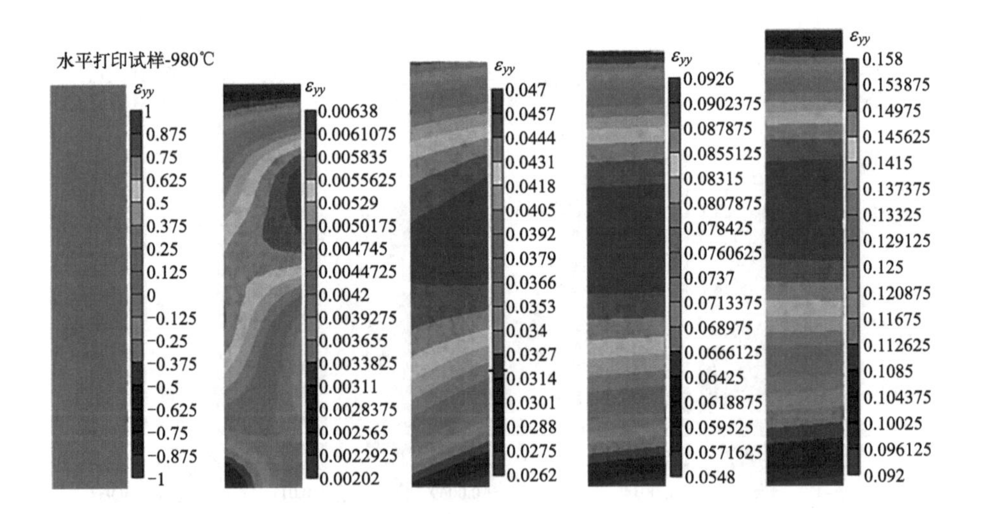
水平打印试样-980℃
ε_{yy}
1
0.875
0.75
0.625
0.5
0.375
0.25
0.125
0
−0.125
−0.25
−0.375
−0.5
−0.625
−0.75
−0.875
−1
ε_{yy}
0.00638
0.0061075
0.005835
0.0055625
0.00529
0.0050175
0.004745
0.0044725
0.0042
0.0039275
0.003655
0.0033825
0.00311
0.0028375
0.002565
0.0022925
0.00202
ε_{yy}
0.047
0.0457
0.0444
0.0431
0.0418
0.0405
0.0392
0.0379
0.0366
0.0353
0.034
0.0327
0.0314
0.0301
0.0288
0.0275
0.0262
ε_{yy}
0.0926
0.0902375
0.087875
0.0855125
0.08315
0.0807875
0.078425
0.0760625
0.0737
0.0713375
0.068975
0.0666125
0.06425
0.0618875
0.059525
0.0571625
0.0548
ε_{yy}
0.158
0.153875
0.14975
0.145625
0.1415
0.137375
0.13325
0.129125
0.125
0.120875
0.11675
0.112625
0.1085
0.104375
0.10025
0.096125
0.092

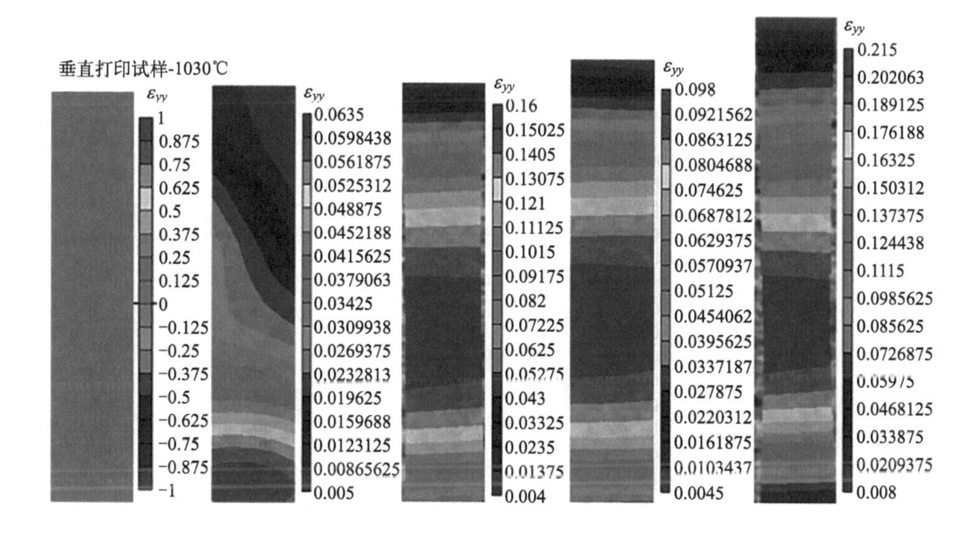
垂直打印试样-1030℃
ε_{yy}
1
0.875
0.75
0.625
0.5
0.375
0.25
0.125
0
−0.125
−0.25
−0.375
−0.5
−0.625
−0.75
−0.875
−1
ε_{yy}
0.0635
0.0598438
0.0561875
0.0525312
0.048875
0.0452188
0.0415625
0.0379063
0.03425
0.0309938
0.0269375
0.0232813
0.019625
0.0159688
0.0123125
0.00865625
0.005
ε_{yy}
0.16
0.15025
0.1405
0.13075
0.121
0.11125
0.1015
0.09175
0.082
0.07225
0.0625
0.05275
0.043
0.03325
0.0235
0.01375
0.004
ε_{yy}
0.098
0.0921562
0.0863125
0.0804688
0.074625
0.0687812
0.0629375
0.0570937
0.05125
0.0454062
0.0395625
0.0337187
0.027875
0.0220312
0.0161875
0.0103437
0.0045
ε_{yy}
0.215
0.202063
0.189125
0.176188
0.16325
0.150312
0.137375
0.124438
0.1115
0.0985625
0.085625
0.0726875
0.05975
0.0468125
0.033875
0.0209375
0.008

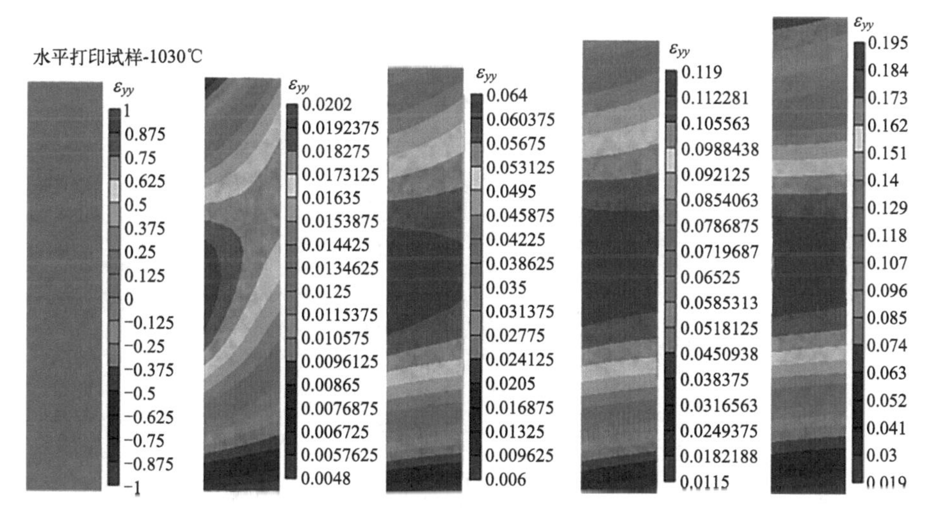
水平打印试样-1030℃
ε_{yy}
1
0.875
0.75
0.625
0.5
0.375
0.25
0.125
0
−0.125
−0.25
−0.375
−0.5
−0.625
−0.75
−0.875
−1
ε_{yy}
0.0202
0.0192375
0.018275
0.0173125
0.01635
0.0153875
0.014425
0.0134625
0.0125
0.0115375
0.010575
0.0096125
0.00865
0.0076875
0.006725
0.0057625
0.0048
ε_{yy}
0.064
0.060375
0.05675
0.053125
0.0495
0.045875
0.04225
0.038625
0.035
0.031375
0.02775
0.024125
0.0205
0.016875
0.01325
0.009625
0.006
ε_{yy}
0.119
0.112281
0.105563
0.0988438
0.092125
0.0854063
0.0786875
0.0719687
0.06525
0.0585313
0.0518125
0.0450938
0.038375
0.0316563
0.0249375
0.0182188
0.0115
ε_{yy}
0.195
0.184
0.173
0.162
0.151
0.14
0.129
0.118
0.107
0.096
0.085
0.074
0.063
0.052
0.041
0.03
0.019

图 4-39

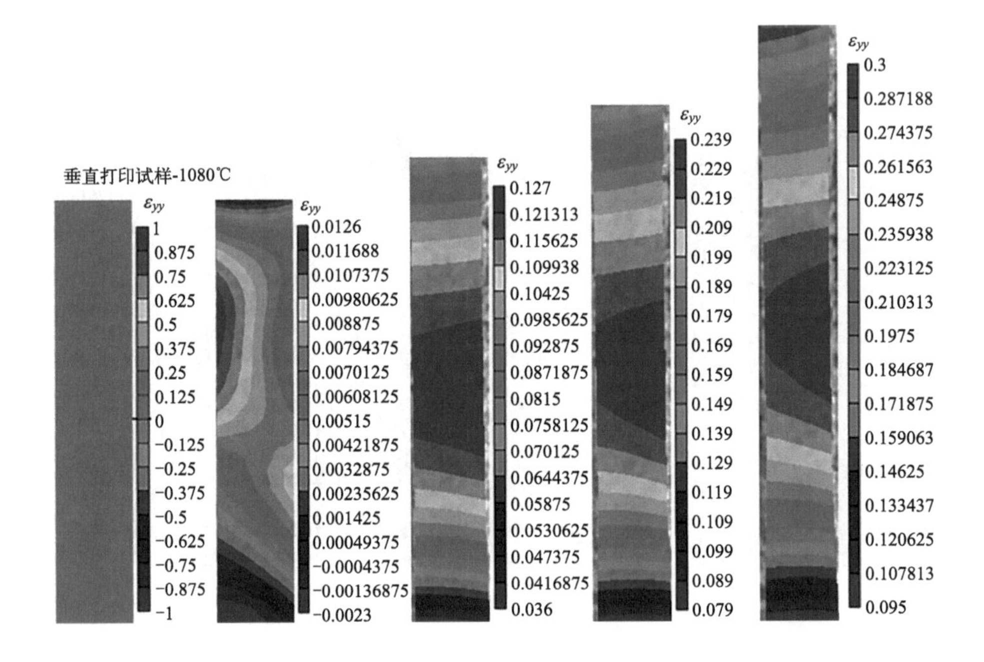
垂直打印试样-1080℃
εyy
1
0.875
0.75
0.625
0.5
0.375
0.25
0.125
0
−0.125
−0.25
−0.375
−0.5
−0.625
−0.75
−0.875
−1
εyy
0.0126
0.011688
0.0107375
0.00980625
0.008875
0.00794375
0.0070125
0.00608125
0.00515
0.00421875
0.0032875
0.00235625
0.001425
0.00049375
−0.0004375
−0.00136875
−0.0023
εyy
0.127
0.121313
0.115625
0.109938
0.10425
0.0985625
0.092875
0.0871875
0.0815
0.0758125
0.070125
0.0644375
0.05875
0.0530625
0.047375
0.0416875
0.036
εyy
0.239
0.229
0.219
0.209
0.199
0.189
0.179
0.169
0.159
0.149
0.139
0.129
0.119
0.109
0.099
0.089
0.079
εyy
0.3
0.287188
0.274375
0.261563
0.24875
0.235938
0.223125
0.210313
0.1975
0.184687
0.171875
0.159063
0.14625
0.133437
0.120625
0.107813
0.095

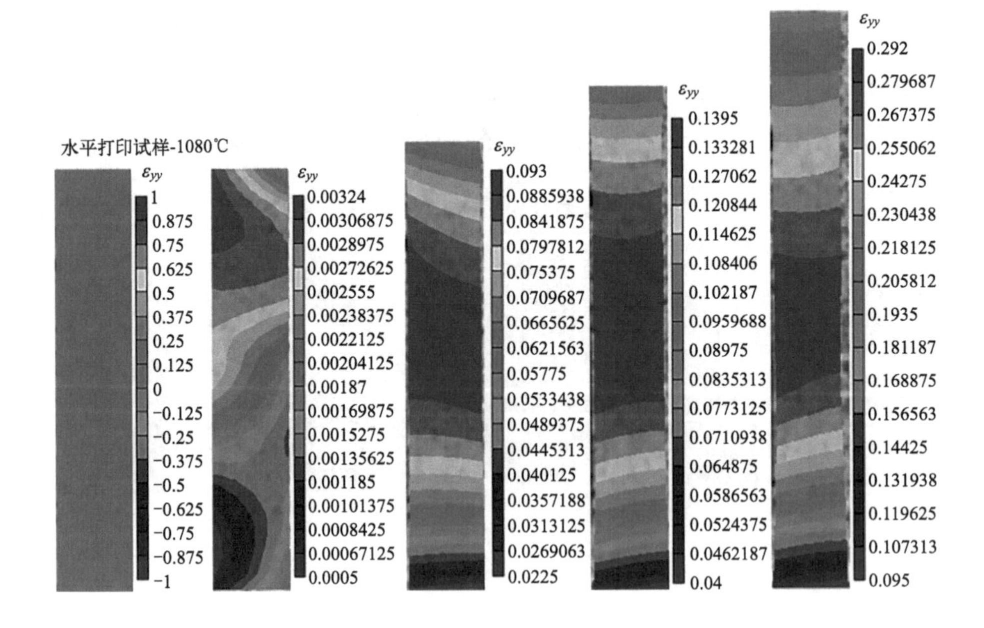
水平打印试样-1080℃
εyy
1
0.875
0.75
0.625
0.5
0.375
0.25
0.125
0
−0.125
−0.25
−0.375
−0.5
−0.625
−0.75
−0.875
−1
εyy
0.00324
0.00306875
0.0028975
0.00272625
0.002555
0.00238375
0.0022125
0.00204125
0.00187
0.00169875
0.0015275
0.00135625
0.001185
0.00101375
0.0008425
0.00067125
0.0005
εyy
0.093
0.0885938
0.0841875
0.0797812
0.075375
0.0709687
0.0665625
0.0621563
0.05775
0.0533438
0.0489375
0.0445313
0.040125
0.0357188
0.0313125
0.0269063
0.0225
εyy
0.1395
0.133281
0.127062
0.120844
0.114625
0.108406
0.102187
0.0959688
0.08975
0.0835313
0.0773125
0.0710938
0.064875
0.0586563
0.0524375
0.0462187
0.04
εyy
0.292
0.279687
0.267375
0.255062
0.24275
0.230438
0.218125
0.205812
0.1935
0.181187
0.168875
0.156563
0.14425
0.131938
0.119625
0.107313
0.095

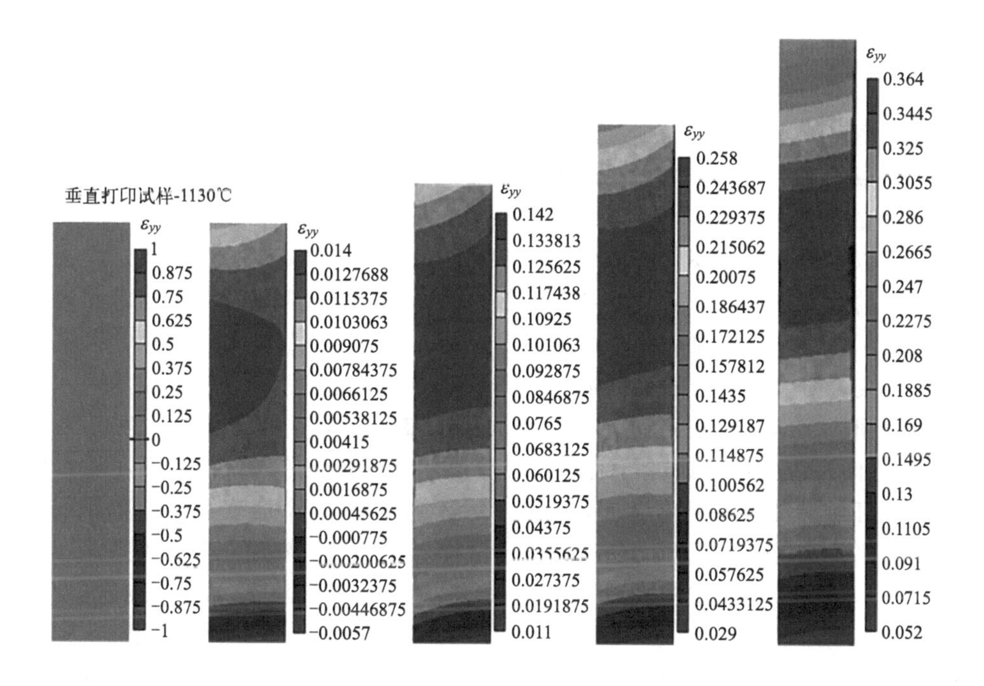

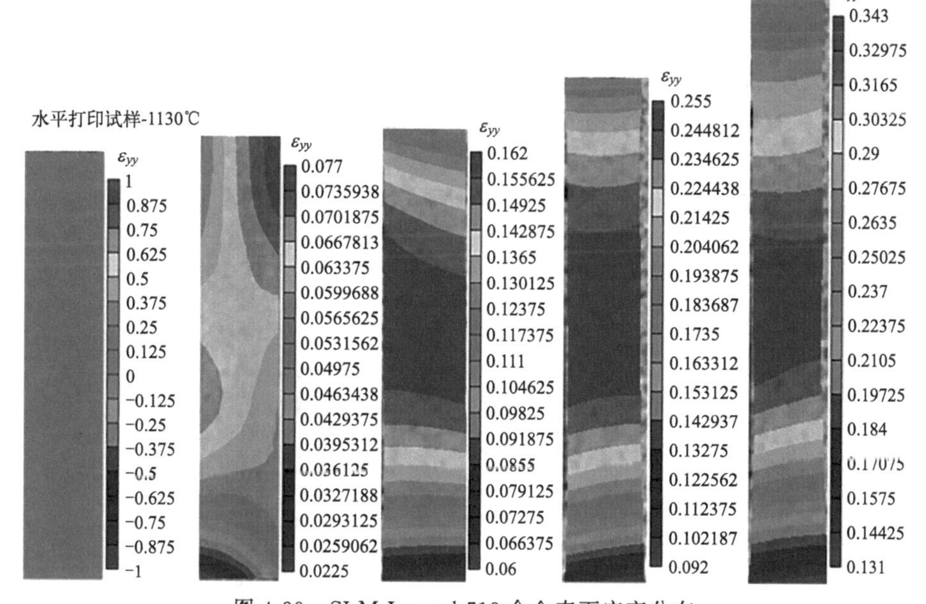

图 4-39　SLM Inconel 718 合金表面应变分布

为了对试样表面的变形进行准确分析，将试样表面分为两个区域，分别是大变形区域和小变形区域，将试样出现颈缩的区域定义为大变形区域，未出现颈缩的区域定义为小变形区域，分区示意如图 4-40（见文后彩插）所示。由应变云图可知当载荷增大到一定值时，试样的变形进入颈缩选择阶段，此时大变形区域的变形显著，损伤开始快速增加，小变形区域逐渐停止变形，此时损伤集中在大变形区域，小变形区域不再产生损伤变形。

可以看出，经过不同固溶处理的 SLM Inconel 718 变形趋势一致。均会出现明显的大变形区域，且大变形区域都出现在试样的近侧表面处。尽管固溶处理优化了 SLM Inconel 718 合金的组织性能，但由于 SLM 成形过程中组织熔化不均匀，合金内部近表面处的孔洞和缺陷仍为试样发生损伤的主要原因。

为研究 SLM Inconel 718 合金表面不同变形区域的损伤程度，对其轴向（Y 轴方向）应变场数据进行统计，以垂直打印方向原始态试样为例，从大变形区域开始沿轴向等距选取 5 个区域，每区域选取 30 个应变点，计算其不同时刻的平均应变，然后与对应时刻整个试样表面平均应变建立对应关系。其中区域 1 和区域 2 为大变形区域，区域 3、4、5 为小变形区域，如图 4-41（见文后彩插）所示。图 4-42 是 SLM Inconel 718 合金轴向 5 个区域的平均应变曲线，从图中可以看出在载荷加载初期，各区域应变基本保持一致，无明显差别，进入塑性变形阶段后，不同区域的应变有了微小的差别，位于大变形区域的 1，2 区应变略大于小变形区域的 3、4、5 区，进入颈缩阶段后各区域应变变化趋势发生显著变化，1、2 区域发生显著变形，应变均大于试样表面平均应变，区域 3、4、5 逐渐停止变形。

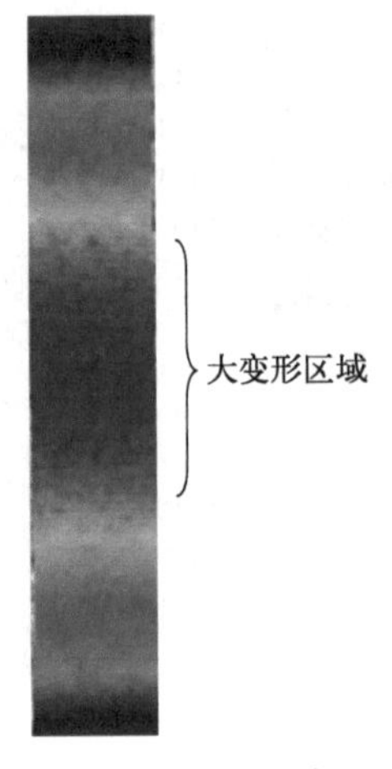

图 4-40　分区示意图

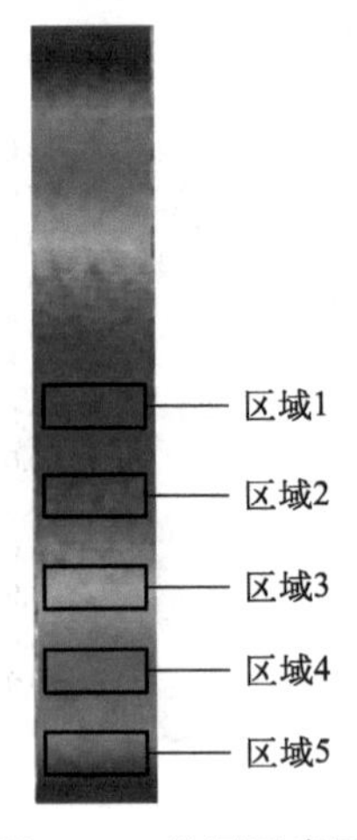

图 4-41　选区示意图

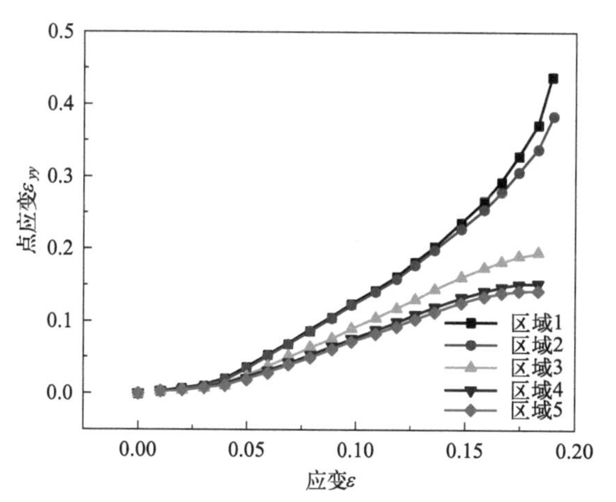

图 4-42 SLM Inconel 718 合金表面点应变曲线

SLM Inconel 718 合金在单轴载荷的作用下不断积累损伤导致试样出现应变集中现象直至失效破坏。为定量研究固溶温度对 SLM Inconel 718 合金表面损伤演化行为的影响，实现损伤从 0～1 的演变，引入平均应变因子 $\bar{\varepsilon}$。在试样断裂前最后一张应变云图上，选取 20×50，共 1000 点的点阵，确保所选点随机且均匀覆盖整个表面，计算其平均应变，同时在大变形区域内随机选取 100 个应变点，计算其平均应变。用点应变 ε_{yy} 来定义平均应变因子 $\bar{\varepsilon}$ 和损伤应变因子 D，用其来表征不同固溶温度下 SLM Inconel 718 合金拉伸损伤过程，计算方法如下：

$$\bar{\varepsilon}=\left|\frac{1}{100}\sum_{i=1}^{100}(\varepsilon_{yy})_i-\frac{1}{1000}\sum_{j=1}^{1000}(\varepsilon_{yy})_j\right| \tag{4-17}$$

式中 $\frac{1}{100}\sum_{i=1}^{100}(\varepsilon_{yy})_i$ ——拉伸大变形区域 50 个散斑点平均应变值；

$\frac{1}{1000}\sum_{i=1}^{1000}(\varepsilon_{yy})_i$ ——整体区域 1000 个散斑点平均应变值。

$$D=\frac{\bar{\varepsilon}}{\bar{\varepsilon}_{max}} \tag{4-18}$$

式中 $\bar{\varepsilon}_{max}$——ε 的最大值；

D——损伤应变因子。

图 4-43 是不同固溶温度下 SLM Inconel 718 合金大变形区域的平均应变因子变化曲线。从图中可以，在均匀变形阶段，平均应变因子均随着应变的增加而缓慢增大，进入局部变形阶段后，试样抵抗变形的能力达到临界值，平均应

变因子均快速增大。固溶温度为 1080℃和 1130℃的 SLM Inconel 718 合金进入塑性变形阶段的应变明显滞后。

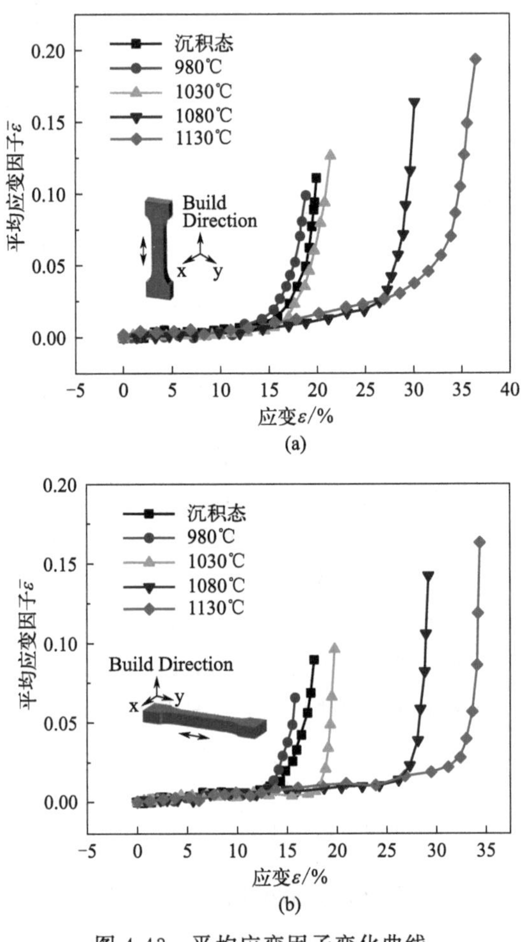

图 4-43　平均应变因子变化曲线

(a) 垂直打印试样；(b) 水平打印试样

图 4-44 是不同固溶温度下 SLM Inconel 718 合金的损伤因子拟合曲线。从图中可以看出损伤因子 D 实现了试样变形从 0～1 的演化过程。随着固溶温度的升高，损伤变形的速率变慢。

通过指数函数对损伤因子进行拟合，得到拟合方程的统一表示：

$$D=A+B\mathrm{e}^{\varepsilon/C} \tag{4-19}$$

式中　A、B、C——与退火温度相关的材料常数。

表 4-4 为拟合方程参数列表。

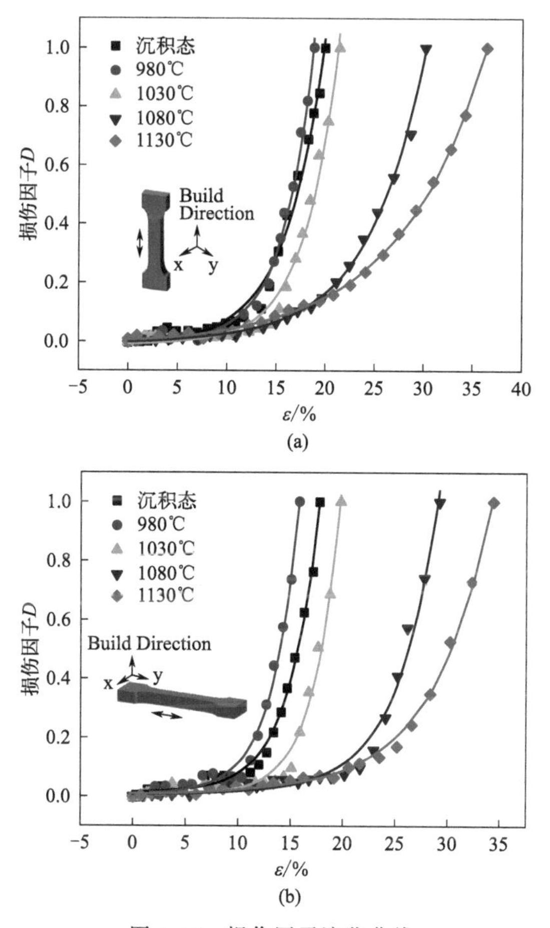

图 4-44　损伤因子演化曲线

(a) 垂直打印试样；(b) 水平打印试样

表 4-4　拟合方程参数列表

试样打印方向	系数	固溶温度				
		沉积态	980℃	1030℃	1080℃	1130℃
垂直打印试样	A	−0.00639	−0.0036	−0.00839	−0.00375	−0.00317
	B	0.00652	0.00256	0.00197	0.00529	0.00174
	C	−3.40461	−3.13514	−3.92608	−5.76743	−8.97559
水平打印试样	A	−0.01358	−0.01032	−0.00905	−0.01095	−0.01069
	B	0.00197	0.00202	0.00216	0.00492	0.00223
	C	−2.50741	−2.54416	−2.84868	−3.95002	−5.62764

试样最终在大变形区域断裂，将大变形区域参数代入损伤因子 D 的拟合方程，建立了两种打印方向下不同固溶温度的 SLM Inconel 718 合金损伤演化方程。

① 垂直打印试样。

沉积态：

$$D=-0.00639+0.00652e^{\varepsilon/-3.40461} \tag{4-20}$$

980℃：

$$D=-0.0036+0.00256e^{\varepsilon/-3.13514} \tag{4-21}$$

1030℃：

$$D=-0.00839+0.00197e^{\varepsilon/-3.92608} \tag{4-22}$$

1080℃：

$$D=-0.00375+0.00529e^{\varepsilon/-5.76743} \tag{4-23}$$

1130℃：

$$D=-0.00317+0.01743e^{\varepsilon/-8.97559} \tag{4-24}$$

② 水平打印试样。

沉积态：

$$D=-0.01358+0.00197e^{\varepsilon/-2.50741} \tag{4-25}$$

980℃：

$$D=-0.01032+0.00202e^{\varepsilon/-2.54416} \tag{4-26}$$

1030℃：

$$D=-0.00905+0.00216e^{\varepsilon/-2.84868} \tag{4-27}$$

1080℃：

$$D=-0.01095+0.00492e^{\varepsilon/-3.95002} \tag{4-28}$$

1130℃：

$$D=-0.01069+0.00223e^{\varepsilon/-5.62764} \tag{4-29}$$

对所得拟合方程求曲率，可得到曲率最大值点，定义该点为临界损伤因子 D_c。当 $0<D<D_c$ 时，SLM Inconel 718 合金处于均匀变形阶段，损伤程度较小。当 $D<D_c<1$ 时，SLM Inconel 718 合金处于局部变形阶段，损伤变形快速增加，损伤程度快速增大。从图 4-45 中可以看出，临界损伤因子 D_c 随着固溶温度的升高呈现先降低后升高的趋势，由前文的研究可知这是由于 980℃的固溶温度较低，脆性相 Laves 相并未溶解，而且依旧存在偏析现象，导致试样易发生应力集中现象而断裂，从而导致试样较其他试样提前进入快速损伤的阶段。

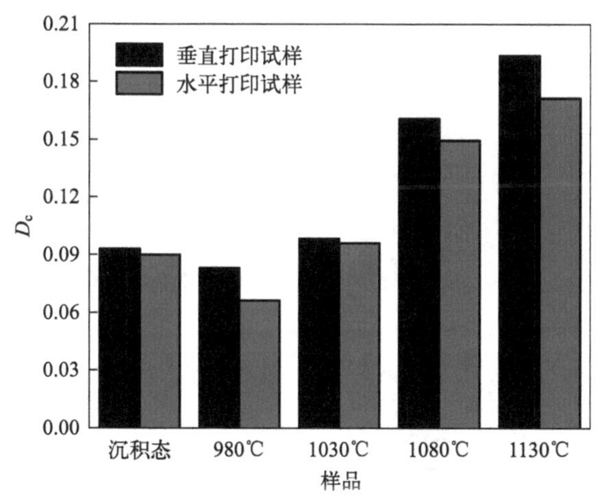

图 4-45　SLM Inconel 718 合金临界损伤因子

4.4　SLM TC4 合金表观疲劳损伤演化行为

SLM TC4 合金疲劳实验时的加载方向为轴向，对 DIC 采集得到的图像进行分析处理，得到 SLM TC4 合金在疲劳过程中表面应变云图的变化过程如图 4-46（见文后彩插）所示。图中分别为沉积态、AT1、AT2、AT3 退火状态下合金在不同疲劳寿命阶段（选取疲劳寿命的 20% 为一个阶段）的 DIC 应变云图。可以看出，在疲劳初期，试样的表面塑性变形较均匀，变形量较小。随着循环次数的增加，试样变形程度增大，云图中呈现出不同的颜色变化，试样表面出现不均匀变形，且变形不均匀程度逐步增大。随着循环次数的进一步增加，试样变形程度进一步增大，并且出现了明显的应变集中区域即大变形区域，此时 SLM TC4 合金开始进入快速损伤阶段。当大变形区域出现后，合金的变形主要集中在大变形区域，其余区域的变形逐渐停止。在短时间内大变形区域的变形程度迅速增加，使 SLM TC4 合金发生疲劳断裂。

在云图中可以看出，经过不同退火温度下的 SLM TC4 合金的表面变形趋势相同，在疲劳后期试样均会出现明显的大变形区域，且大变形区域都出现在试样近侧表面处，这是因为在 SLM TC4 合金的表面粘粉或粉末熔融不充分从而导致初始裂纹的萌生概率提高，可见合金内部近表面处的孔洞和缺陷仍在疲劳破坏过程中发挥着主导作用。

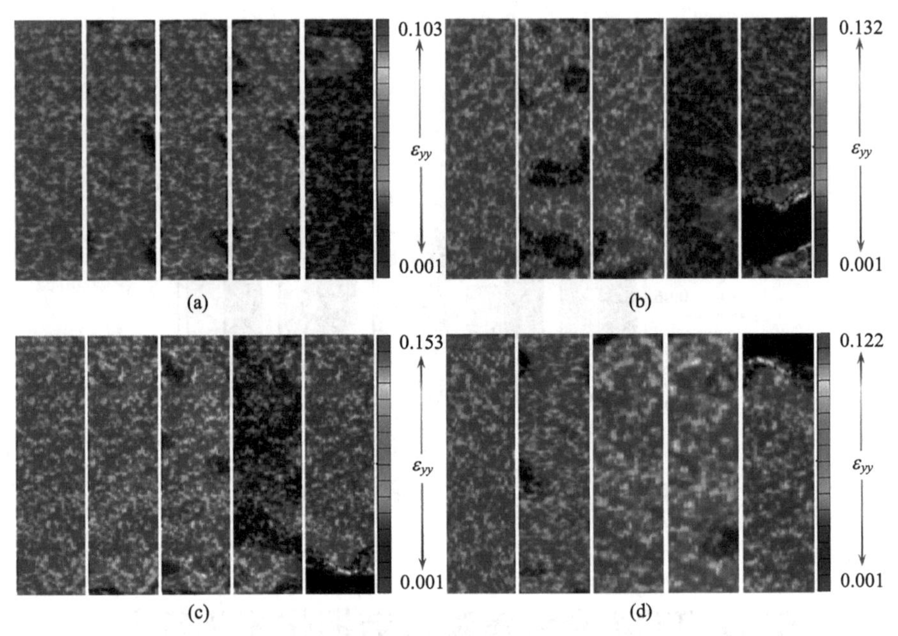

图 4-46 不同退火温度下 SLM TC4 合金的应变分布云图

(a) 沉积态；(b) AT1；(c) AT2；(d) AT3

SLM TC4 合金在疲劳载荷的作用下不断累积损伤导致合金出现不均匀塑性变形直至失效破坏。SLM TC4 合金在疲劳载荷作用下的变形是不均匀且微小的，并且不同退火温度下 SLM TC4 合金均出现了局部应变集中行为。为了定量地研究不同退火温度下 SLM TC4 合金疲劳损伤演化行为，引入平均应变因子作为损伤参量。该因子可以量化合金试样的表面不均匀程度。在 SLM TC4 合金疲劳过程表面应变云图上，定义局部应变集中的区域为疲劳大变形区域，在疲劳大变形区域随机选取 100 个点，并保证 100 个点能够覆盖整个大变形区域。在试样整个变形区域随机选取 1000 个数据点，并保证 1000 个点能够覆盖整个变形区域。

选取轴向加载方向（y 向）的应变场数据（ε_{yy}）进行统计平均，定义平均应变因子 $\bar{\varepsilon}$。

$$\bar{\varepsilon}=\frac{1}{100}\sum_{i=1}^{100}(\varepsilon_{yy})_i-\frac{1}{1000}\sum_{i=1}^{1000}(\varepsilon_{yy})_i \tag{4-30}$$

式中 $\frac{1}{100}\sum_{i=1}^{100}(\varepsilon_{yy})_i$ ——某循环次数下，试样疲劳大变形区域 100 个散斑点平均应变值；

$\frac{1}{1000}\sum_{i=1}^{1000}(\varepsilon_{yy})_i$ ——某循环次数下，试样整体区域 1000 个散斑点平均应变值。

某循环次数下，SLM TC4 合金的损伤程度越大，其变形不均匀程度越大，平均应变因子 $\bar{\varepsilon}$ 越大。100 个局部应变集中区域的数据点和 1000 个整体区域的数据点均匀覆盖了应变集中区域以及整个应变场观测区域，使数据具有代表性。此时平均应变因子 $\bar{\varepsilon}$ 就能够反应 SLM TC4 合金在疲劳过程中的表观变化状态，即用平均应变因子 $\bar{\varepsilon}$ 来定量描述金属材料表观演化规律及变化特征是合理可行的。

图 4-47 为不同退火温度下 SLM TC4 平均应变因子曲线。由图可知，试样的平均应变因子在疲劳的中前期都随着循环次数的增加在轻微上下波动，产生的疲劳损伤很小；进入疲劳后期平均应变因子呈指数增大，试样进入快速疲劳损伤阶段，在极短的循环次数内试样便发生了疲劳破坏。AT1 退火方式下平均应变因子的最大值最大，随着退火温度的升高平均应变因子的最大值逐渐降低。这与疲劳寿命性能测试结果相同。

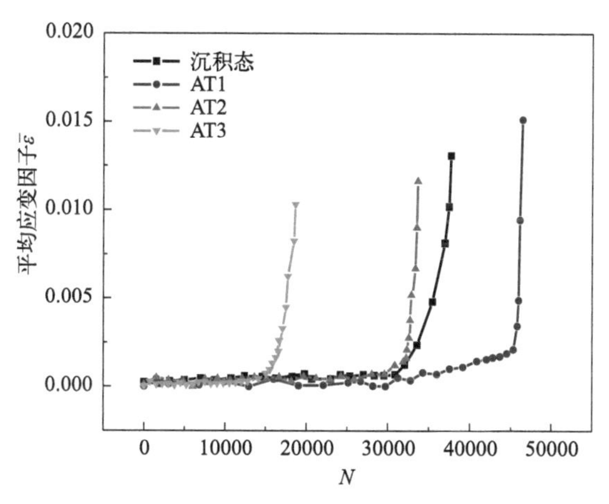

图 4-47 不同退火温度下 SLM TC4 平均应变因子

为实现损伤由 0～1 的转变，定义损伤应变因子 D_ε 来表征 SLM TC4 合金在疲劳过程中的损伤演化行为，当 $D_\varepsilon=0$ 时，SLM TC4 合金未发生损伤，当 $D_\varepsilon=1$ 时，SLM TC4 合金失效破坏。

损伤应变因子被定义为：

$$D_\varepsilon=\bar{\varepsilon}\ /\ \bar{\varepsilon}_{\max} \tag{4-31}$$

式中 $\bar{\varepsilon}_{\max}$——$\bar{\varepsilon}$ 的最大值；

D_ε——损伤应变因子。

图 4-48 为损伤因子变化曲线。从图中可以看出，不同退火温度下试样的疲劳损伤演化趋势相同，在疲劳前期，该阶段 SLM TC4 合金损伤程度小，损伤累积缓慢，D_ε 缓慢增加，占 SLM TC4 合金疲劳寿命的主要部分。经过一定循环次数达到临界值后，开始快速增加。在疲劳后期，损伤积累迅速，损伤程度较大，此阶段 SLM TC4 合金性能急剧劣化。在较短的循环次数内，D_ε 就到达 1，SLM TC4 合金发生失效破坏。退火温度越高，损伤应变因子越早发生快速增加，损伤越早进入快速损伤阶段。

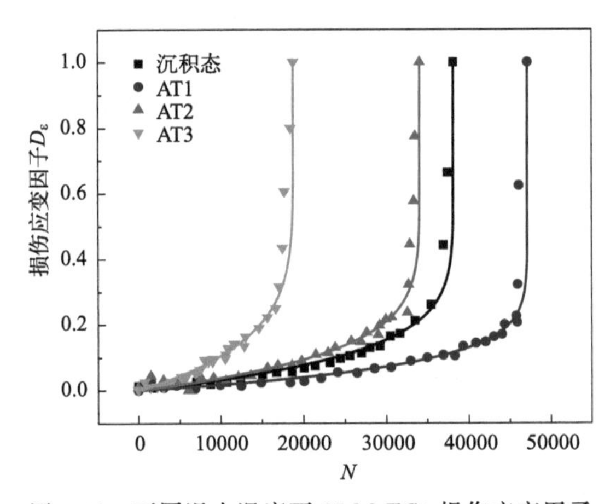

图 4-48　不同退火温度下 SLM TC4 损伤应变因子

根据损伤力学理论，对损伤应变因子 D_ε 进行拟合，拟合方程如下所示。

沉积态：

$$D_\varepsilon=1-\left(1-\frac{n}{38160}\right)^{1/(0.892+1)} \tag{4-32}$$

AT1 退火态 SLM TC4 合金：

$$D_\varepsilon=1-\left(1-\frac{n}{47169}\right)^{1/(0.861+1)} \tag{4-33}$$

AT2 退火态 SLM TC4 合金：

$$D_\varepsilon=1-\left(1-\frac{n}{34084}\right)^{1/(0.899+1)} \tag{4-34}$$

AT3 退火态 SLM TC4 合金：

$$D_\varepsilon=1-\left(1-\frac{n}{18815}\right)^{1/(0.933+1)} \tag{4-35}$$

同样地对图 4-48 中的损伤应变因子拟合曲线并求其曲率，可以找到曲率的最大点，定义这个点的纵坐标为临界损伤因子 D_{c1}，当 $0<D_\varepsilon<D_{c1}$ 时，对应疲劳缓慢发展阶段，当 $D_{c1}<D_\varepsilon<1$ 时，SLM TC4 出现明显的局部应变集中现象，合金损伤程度快速增加。图 4-49 展示了不同退火温度下 SLM TC4 合金 DIC 表征下的临界损伤因子 D_{c1} 图，可以看出临界损伤因子随着退火温度的升高而降低，临界损伤因子越大，试样疲劳寿命越高，疲劳性能越好。

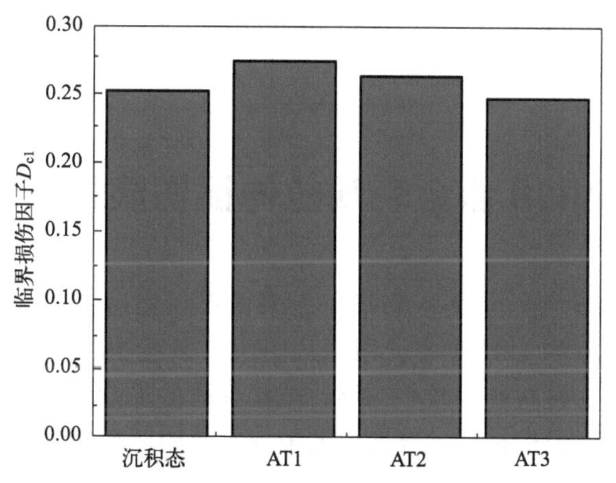

图 4-49　不同退火温度下 SLM 成形 TC4 临界损伤因子 D_{c1}

为了确定疲劳损伤演化方程的参数 m 随退火温度的变化情况，令 $a'=1/(m+1)$，将参数 a'进行拟合，拟合结果如图 4-50 所示。从图中可以看出参数 a'随着退火温度的升高先升高后降低。

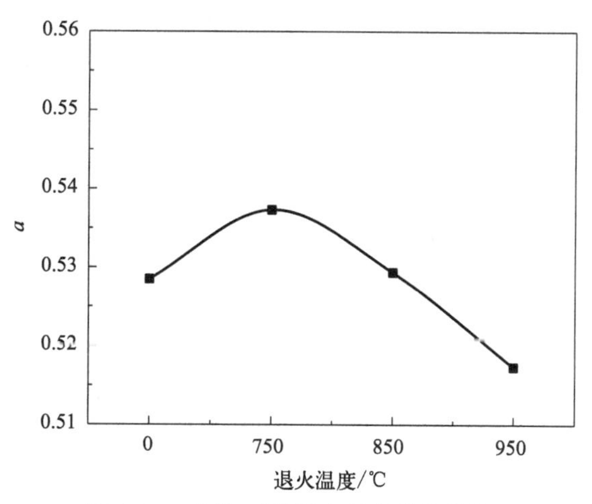

图 4-50　参数 a'随退火温度变化曲线

拟合公式为：

$$a'=b_0+cT^2 \tag{4-36}$$

将式(4-36) 代入式(4-32) 中就得到了不同退火温度下的疲劳损伤演化方程。

$$D_\varepsilon=1-\left(1-\frac{n}{N}\right)^{b_0+cT^2} \tag{4-37}$$

式中 b_0、c——模型参数；

T——退火温度。

4.5 Cu-Ni19 合金表观拉伸损伤演化行为

图 4-51 和图 4-52（见文后彩插）为未退火和经过 873K 退火处理后试样在不同真应变阶段的 DIC 应变云图。从图中可以看出，试样在加载初期，材料处于弹性阶段，材料产生微小变形；随着载荷的逐渐增大，材料进入塑性变形阶段，塑性变形发生扩散，应变云图呈现不同的颜色变化，这一阶段整个试样仍以均匀变形为主；载荷继续增大，变形进入颈缩选择状态，大变形区域开始出现，小变形区域变形减缓。大变形区域变形显著，小变形区域变形逐渐停

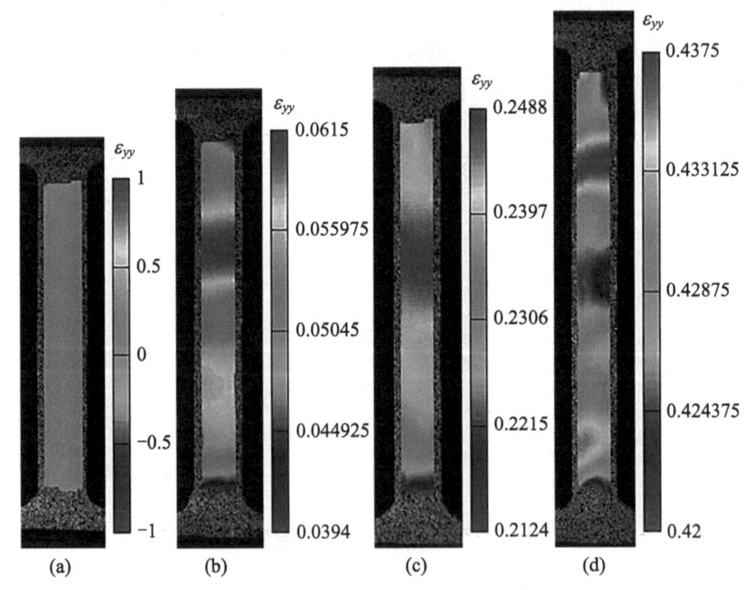

图 4-51 未退火试样表面应变分布云图

(a) $\varepsilon_{yy}=0.007$；(b) $\varepsilon_{yy}=0.061$；(c) $\varepsilon_{yy}=0.248$；(d) $\varepsilon_{yy}=0.437$

止，此时损伤主要产生在大变形区域，小变形区域不再产生损伤变形。退火处理对试样的表面应变影响较大，退火试样与未退火试样都出现了大变形区域，退火试样的塑性变形比未退火试样变形更加显著。分区示意如图 4-53 所示，大变形区表示颈缩区域，小变形区表示非颈缩区域。

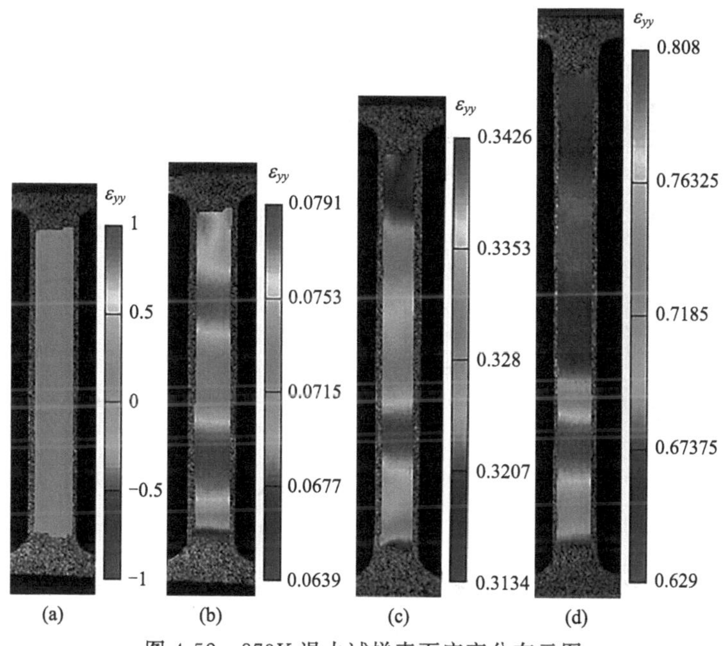

图 4-52　873K 退火试样表面应变分布云图

(a) $\varepsilon_{yy}=0.007$；(b) $\varepsilon_{yy}=0.079$；(c) $\varepsilon_{yy}=0.342$；(d) $\varepsilon_{yy}=0.808$

试样加载方向为轴向（y 方向），选取该方向应变场数据进行统计。图 4-54（见文后彩插）为 873K 退火试样表面选点分布图，从大变形区域中心开始沿 y 方向等距离选取五个点计算其不同时刻的应变，并与对应时刻下试样的整个表面平均应变进行对比分析。图 4-55 是试样选取点的应变与对应时刻下整个试样的表面平均应变关系曲线。从图中可以看出，当 Cu-Ni19 合金处于弹性变形阶段时，各点的应变变化趋势相同；进入塑性变形阶段后，各点应变变化趋势开始产生微小的差别，材料仍以均匀变形为主；进入局部变形阶段，各点应变变化趋势发生显著的变化，大变形区域变形显著，小变

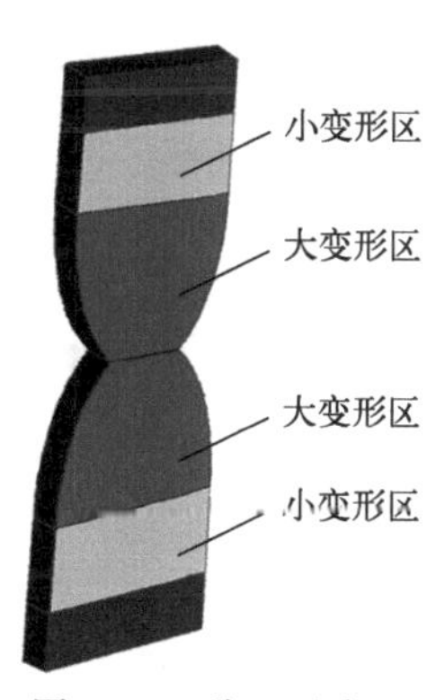

图 4-53　分区示意图

形区域停止变形。图 4-56 是试样经过 873K 退火后大变形区域与小变形区域的微观组织。从图中可以看出，试样发生塑性变形后，晶粒沿着变形方向被拉长，大变形区的晶粒变形更加显著，这是由于位错的密度增大和发生交互作用，大量位错堆积在局部地区，相互缠结，形成不均匀分布的结果。

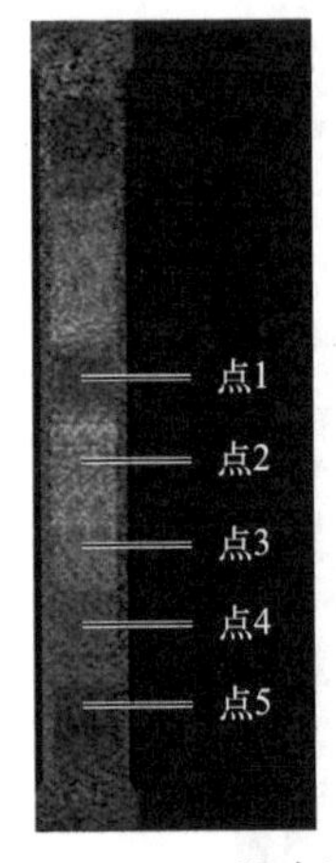

图 4-54　873K 退火试样表面选点分布图

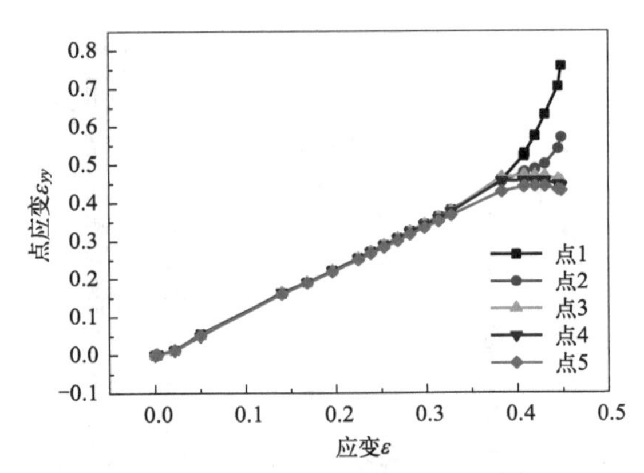

图 4-55　873K 退火试样表面不同位置点的应变变化曲线

(a)

(b)

图 4-56　873K 退火试样大变形区与小变形区的微观组织

(a) 小变形区域；(b) 大变形区域

为了定量地研究损伤过程，在应变场随机选取 2500 个散斑点的应变，同时在大变形区和小变形区分别随机选取 100 个点的应变进行统计平均计算。利用试样表面的纵向点应变 ε_{yy}、平均应变因子 $\bar{\varepsilon}$、损伤应变因子 D 来表征不同退火温度下 Cu-Ni19 合金拉伸损伤过程，选取大变形区和小变形区应变分布特征来描述损伤演变过程。不同区域 100 个散斑点的应变均值与 2500 个整体区域散斑点的应变均值之差来表示平均应变因子 $\bar{\varepsilon}$。

$$\bar{\varepsilon}=\left|\frac{1}{100}\sum_{i=1}^{100}(\varepsilon_{yy})_i-\frac{1}{2500}\sum_{i=1}^{2500}(\varepsilon_{yy})_i\right| \tag{4-38}$$

式中 $\frac{1}{100}\sum_{i=1}^{100}(\varepsilon_{yy})_i$——不同区域 100 个散斑点的平均点应变值；

$\frac{1}{2500}\sum_{i=1}^{2500}(\varepsilon_{yy})_i$——整体区域 2500 个散斑点平均点应变值。

损伤应变因子被定义为：

$$D=\bar{\varepsilon}/\bar{\varepsilon}_{max} \tag{4-39}$$

式中 $\bar{\varepsilon}_{max}$——$\bar{\varepsilon}$ 的最大值；

D——损伤应变因子。

图 4-57 和图 4-58 分别是不同退火温度下 Cu-Ni19 合金试样表面大变形区和小变形区的平均应变因子变化曲线。由图可知，在大变形区和小变形区平均应变因子都随着应变的增大在均匀变形阶段缓慢增大，在局部变形阶段快速增大，大变形区平均应变因子较大。

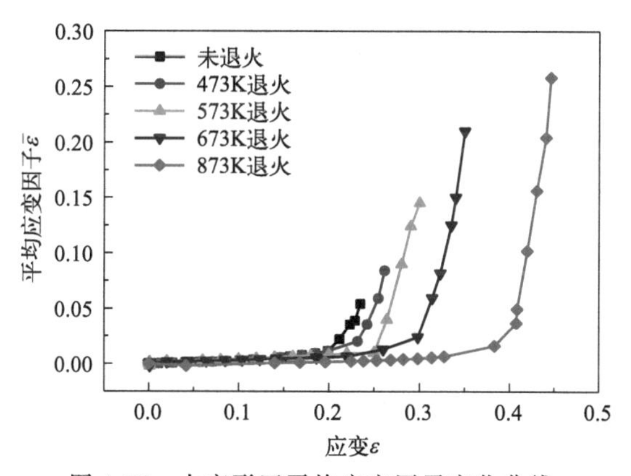

图 4-57 大变形区平均应变因子变化曲线

图 4-59 和图 4-60 是不同退火温度下 Cu-Ni19 合金大变形区和小变形区损伤因子演变曲线。从图中可以看出，Cu-Ni19 合金试样的损伤因子随着应变的增加而增大，随着退火温度的升高，损伤变形的速度变慢。图 4-61 是相同退火温度下大变形区和小变形区损伤因子演变曲线，由图可知，大变形区比小变形区先进入快速损伤阶段。

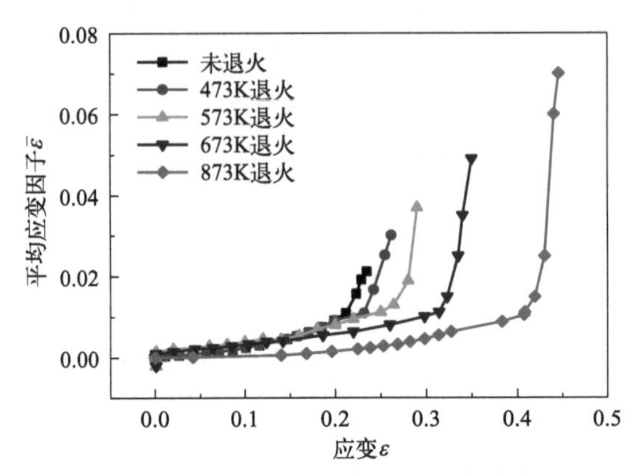

图 4-58　小变形区平均应变因子变化曲线

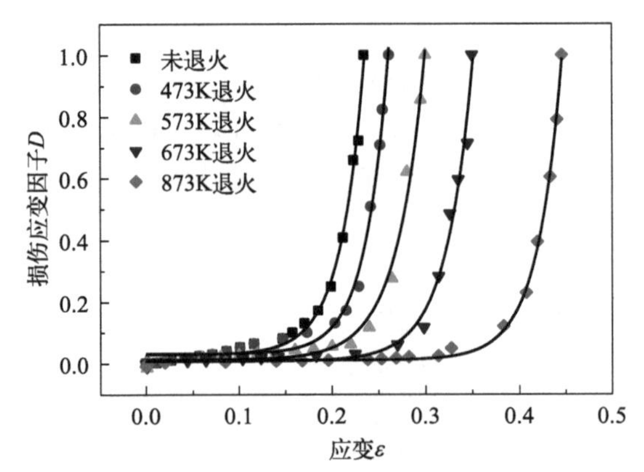

图 4-59　大变形区损伤因子演变曲线

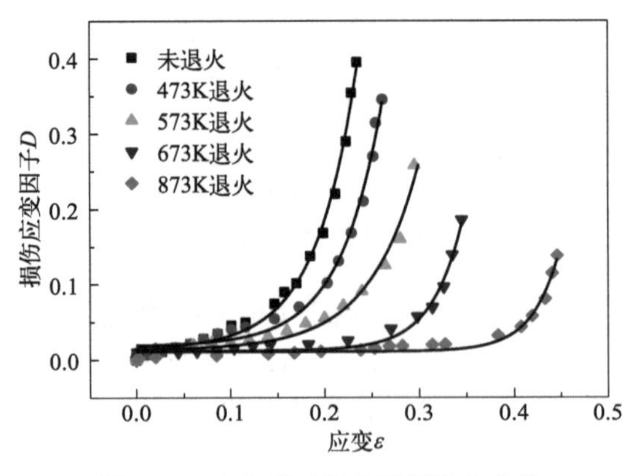

图 4-60　小变形区损伤因子演变曲线

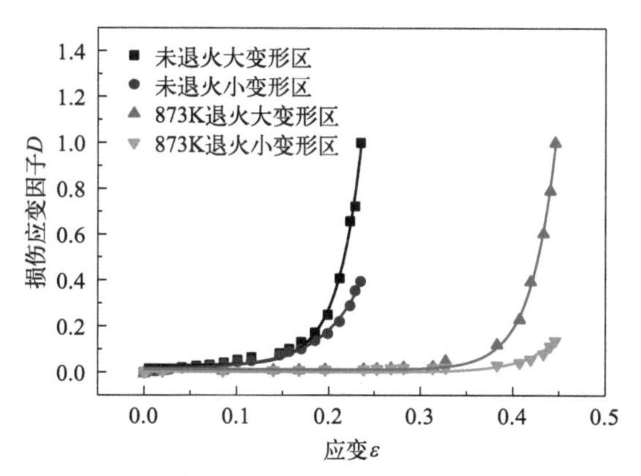

图 4-61　大变形区和小变形区损伤因子演变曲线

图 4-59 和图 4-60 的损伤拟合公式为：

$$D=y_0+A_1\mathrm{e}^{\frac{\varepsilon-\varepsilon_0}{t_1}} \tag{4-40}$$

图 4-62 和图 4-63 分别是退火温度对大变形区和小变形区临界应变与临界损伤因子的影响曲线。临界应变是区分材料处于均匀变形阶段和局部变形阶段的应变临界值，当应变值小于临界应变值，材料处于均匀变形阶段，损伤均匀化，属于微小损伤；当应变值大于临界应变值，材料处于局部变形阶段，损伤集中化，属于严重损伤。从图中可以看出，随着退火温度的升高，临界应变增大，临界损伤因子减小。在相同退火温度下，小变形区的临界应变相对于大变形区的临界应变较小，小变形区的临界损伤因子相对于大变形区的临界损伤因子较大，这是由于在大变形区发生晶粒破碎，位错密度增加，产生加工硬化现象，使得大变形区域损伤急剧增加。

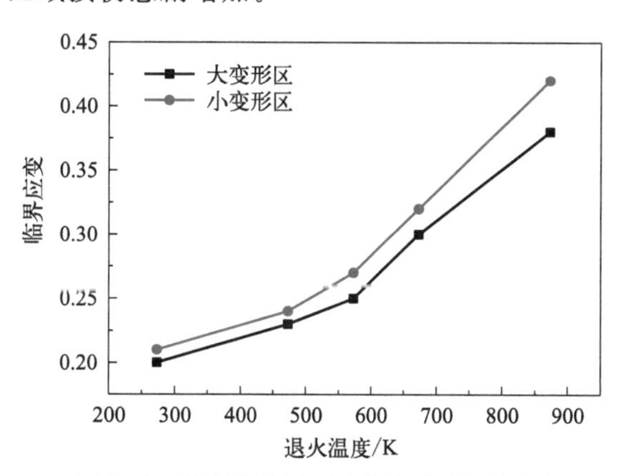

图 4-62　临界应变随退火温度的变化曲线

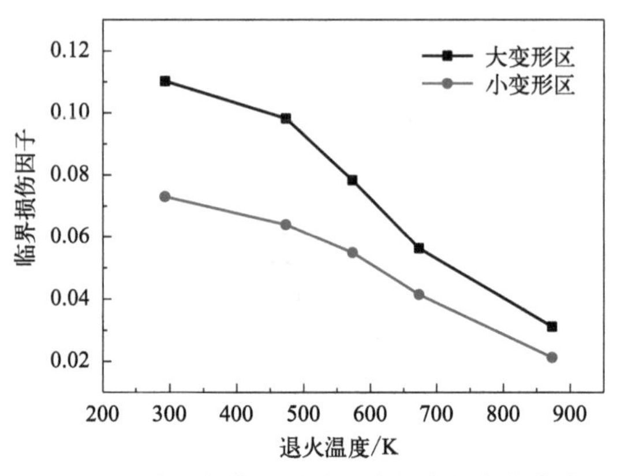

图 4-63 临界损伤因子随退火温度的变化曲线

表 4-5 为拟合公式(4-40) 中的参数列表，图 4-64 和图 4-65 分别是大变形区的参数 y_0 和小变形区的参数 ε_0 随退火温度的变化曲线。从图中可以看出参数 ε_0 随退火温度的升高而增大，参数 y_0 随退火温度的升高而减小。

表 4-5 拟合公式的参数列表

变形区	系数	未退火	473K	573K	673K	873K
大变形区	y_0	0.02966	0.03239	0.01365	0.00872	0.01176
	ε_0	0.07831	0.13459	0.15839	0.18861	0.24194
	A_1	0.00247	0.00634	0.00188	0.00132	0.00525
	t_1	0.02168	0.02511	0.03051	0.02912	0.02714
小变形区	y_0	0.01472	0.01375	0.01283	0.01209	0.01091
	ε_0	0.16913	0.05382	0.40755	0.55512	0.25642
	A_1	0.08442	0.02961	0.02783	0.06513	0.02554
	t_1	0.04416	0.04423	0.05163	0.03231	0.02879

拟合公式分别为：

$$\varepsilon_0 = 2.79\times10^{-4}T - 4.62\times10^{-4} \tag{4-41}$$

$$y_0 = -6.73\times10^{-6}T + 0.01674 \tag{4-42}$$

分别将公式(4-41)、公式(4-42) 代入公式(4-40) 可以得到不同退火温度下不同区域的损伤演变方程。

大变形区损伤演变方程：

$$D = y_0 + A_1 e^{\frac{\varepsilon-(2.79\times10^{-4}T-4.62\times10^{-4})}{t_1}} \tag{4-43}$$

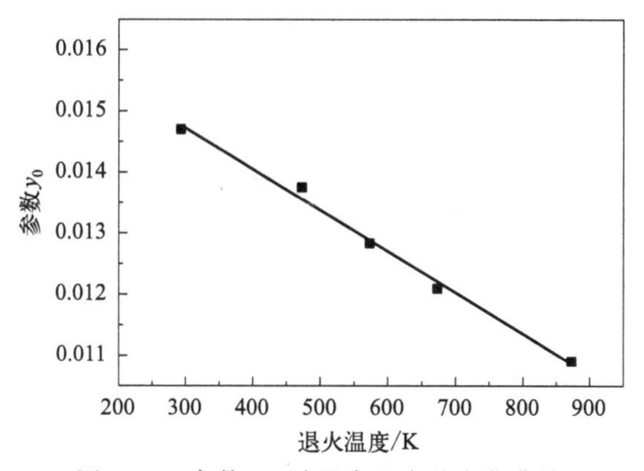

图 4-64　参数 y_0 随退火温度的变化曲线

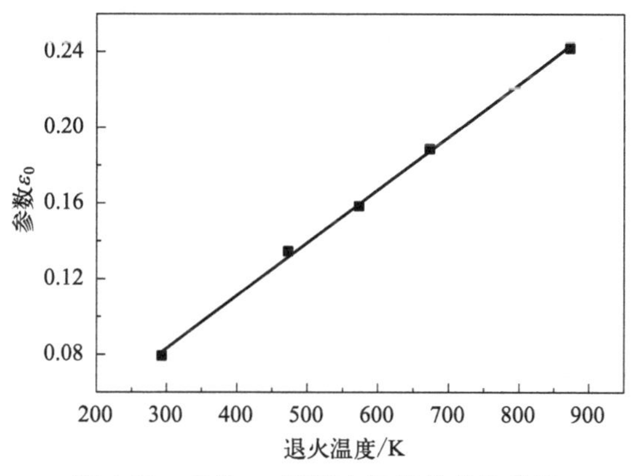

图 4-65　参数 ε_0 随退火温度的变化曲线

小变形区损伤演变方程：

$$D=-6.73\times10^{-6}T+0.01674+A_1\mathrm{e}^{\frac{\varepsilon-\varepsilon_0}{t_1}} \tag{4-44}$$

根据式(4-43)、式(4-44) 建立了 Cu-Ni19 合金退火温度与损伤因子之间的关系。式(4-43)、式(4-44) 可以准确地反映 Cu-Ni19 合金不同退火温度下不同区域的损伤演变规律。

第5章 基于弹性模量的金属疲劳损伤演化

5.1 SLM TC4合金疲劳损伤

疲劳损伤是工程结构或构件在循环载荷的作用下，其内部的微观孔洞不断地形核、长大、聚集直至形成裂纹，裂纹不断扩展最终导致材料的破坏与失效。在循环加载的过程中，材料的强度与韧性下降，使材料的使用寿命缩短，这些性能上的劣化行为即为损伤。损伤的本质是微结构的缺陷。微缺陷的形核和发展被定义为损伤的演化过程。损伤力学运用连续介质力学，通过引入场变量描述材料的损伤状态。从热力学原理出发，推导出损伤本构方程和损伤演化规律。

损伤变量可以直接定义为微裂纹和微孔洞占据整个体块的体积分数。在实际应用中，研究者更倾向于采用模量、残余应力等即时力学参数与原始力学参数的比值作为损伤变量。然而，这些损伤变量很少是直接从热力学推导出来的。在一定温度条件下，具有脆性破坏的弹性材料的亥姆霍兹自由能可表示为：

$$\varphi=\varphi(\varepsilon,D) \tag{5-1}$$

式中 φ——亥姆霍兹自由能；

ε——当前应变；

D——损伤因子。

采用应变等效假设，损伤材料的亥姆霍兹自由能表达式为：

$$\varphi=\varphi(\varepsilon,D)=\frac{1}{2}\times\frac{1}{\rho}(1-D)\varepsilon:E_0:\varepsilon=(1-D)\varphi_0 \tag{5-2}$$

式中 ρ——物质的密度；

E_0——初始弹性模量；

φ_0——初始亥姆霍兹自由能。

将亥姆霍兹自由能引入克劳修斯-迪昂不等式：

$$\dot{\varphi}=\sigma:\dot{\varepsilon}-\rho\dot{\varphi}=\left(\sigma-\rho\frac{\partial\varphi}{\partial\varepsilon}\right):\dot{\varepsilon}-\rho\frac{\partial\varphi}{\partial D}\dot{D}\geqslant 0 \tag{5-3}$$

式中　σ——当前应力；

$\dot{\varepsilon}$——ε 的梯度；

$\dot{\varphi}$——φ 的梯度；

$\dot{D}$——D 的梯度。

损伤本构模型可由热力学第一定律得到：

$$\sigma=\rho\frac{\partial\varphi}{\partial\varepsilon}=(1-D)E_0:\varepsilon \tag{5-4}$$

损伤能量的释放速率为：

$$Y=-\rho\frac{\partial\varphi}{\partial D}=\frac{1}{2}\varepsilon:E_0:\varepsilon \tag{5-5}$$

式中，Y 为损伤能量的释放速率，对于限制 $Y\dot{D}\geqslant 0$，引入一致性条件 $F_D(Y,D)=0$。采用拉格朗日乘子法求解一致性条件：

$$\pi=Y\dot{D}-\lambda F_D(Y,D) \tag{5-6}$$

因此：

$$\dot{D}=\dot{\lambda}\frac{\partial F_D}{\partial Y} \tag{5-7}$$

式中　λ——拉格朗日乘子；

$\dot{\lambda}$——λ 的梯度。

5.1.1　SLM TC4 合金疲劳损伤模型

在 5.1 小节中推导出了损伤因子 D 的梯度，在本节中，从热力学规律推导出与动态模量相关的损伤变量，建立了控制应力模式下损伤的统一疲劳模型。

损伤的耗散势可以表示为：

$$w=\frac{1}{m+1}AY^{m+1} \tag{5-8}$$

式中　w——耗散势；

M，A——表征损伤演化的非负材料参数，可由实验数据确定。

引入微裂纹形成和扩展准则，并表示为：

$$F_D=w(Y)-R(r)=0 \tag{5-9}$$

式中　$R(r)$ ——各向同性损伤硬化函数。

得到幂数型损伤演化规律：

$$\dot{D}=\dot{\lambda}\ \frac{\partial F_D}{\partial Y}=AY^m\dot{\lambda} \tag{5-10}$$

损伤硬化变量 r 可以作为拉格朗日乘子 λ 的函数得到，表示为；

$$\dot{r}=-\dot{\lambda}\ \frac{\partial F_D}{\partial R}=\dot{\lambda} \tag{5-11}$$

在该损伤模型中，弹性模量 E 作为表征微塑性发展的硬化变量，仅受加载周期损伤的影响。由于动模量 E 与 D 呈负相关，损伤演化可表示为：

$$\dot{D}=-AY^m\dot{E} \tag{5-12}$$

为了简化损伤变量的推导，假设 Y 和 E 不相关。因此，

$$\int_0^D \mathrm{d}D=\int_{E_0}^E -AY^m\,\mathrm{d}E=-AY^m\int_{E_0}^E \mathrm{d}E \tag{5-13}$$

式中　E——当前动态模量；

E_0——原始动态模量。

然后有：

$$D=AY^m(E_0-E)+c \tag{5-14}$$

边界条件 $E=\begin{cases}E_0\rightarrow D=0\\ E=E_{\min}\rightarrow D=1\end{cases}$，代入式(5-14)，可得：

$$AY^m=\frac{1}{E_0-E_{\min}} \tag{5-15}$$

式中　$E_{\min}$——失效时的动态模量。

将式(5-15) 代入式(5-14) 中，可以得到：

$$D=\frac{E_0-E}{E_0-E_{\min}} \tag{5-16}$$

式中相关动态模量可以通过试验获得。

5.1.2　应力控制下的疲劳损伤演化

在每个循环中，模量的不可逆降低只发生在加载过程中。假设硬化变量的梯度与应力梯度成正比：

$$\dot{E}=-\dot{r}=-K\langle\dot{\sigma}\rangle \tag{5-17}$$

式中　K——与 D 相关的材料参数；

σ——加载周期内的及时应力，$\langle\dot{\sigma}\rangle=(|\sigma|+\sigma)/2$。

因此，根据式(5-12)，损伤率为：

$$\dot{D}=AK\left[\frac{1}{2}\times\frac{\sigma^{2}}{E(n)}\right]^{m}<\dot{\sigma}> \tag{5-18}$$

式中　$E(n)$ ——第 n 个循环的动态模量。

在每个应力循环中，动态模量 $E(n)$ 作为一个常数，第 n 个应力循环后减小的 $E(n)$ 可表示为 $E_0(1-D)$。一个应力循环的积分是：

$$\int_{B}^{D+\delta D/\delta n}\mathrm{d}D=\int_{0}^{\sigma_{\max}}AK\left[\frac{1}{2}\times\frac{\sigma^{2}}{E_0(1-D)}\right]^{m}\mathrm{d}\sigma \tag{5-19}$$

式中　$\sigma_{\max}$——峰值应力，是一个常数。

此外，损伤因子 D 在应力循环中也可以看作一个常数，因此：

$$\frac{\delta D}{\delta n}=\frac{AK\sigma_{\max}^{2m+1}}{(2m+1)(2E_0)^{m}(1-D)^{m}} \tag{5-20}$$

于是有：

$$\int_{0}^{D_{nt}}(1-D)^{m}\mathrm{d}D=\int_{0}^{nt}\frac{Ak\sigma_{\max}^{2m+1}}{(2m+1)(2E_0)^{m}}\mathrm{d}n \tag{5-21}$$

将边界条件 $n=\begin{cases}0\rightarrow D=0\\ N\rightarrow D=1\end{cases}$ 代入式(5-21) 中，并且：

$$N=\frac{(2m+1)(2E_0)^{m}}{(1+m)AK}\sigma_{\max}^{-(2m+1)} \tag{5-22}$$

式中　N——SLM TC4 合金在应力加载水平 $\sigma_{\max}$ 下的疲劳寿命。

最终可得：

$$D=1-\left(1-\frac{n}{N}\right)^{1/(m+1)} \tag{5-23}$$

式中　N——SLM TC4 合金在应力加载水平 $\sigma_{\max}$ 下的疲劳寿命；

n——当前疲劳循环次数；

m——表征损伤演化的材料参数。

5.1.3　基于动弹性模量的 SLM TC4 合金疲劳损伤演化研究

经过推导，已经得到动弹性模量 E 与损伤因子 D 的关系。根据不同退火温度下 SLM TC4 应力-应变曲线，确定各组疲劳试验载荷的峰谷值（$\sigma_{\max}$ 为屈服强度的 0.35，应力比 R 为 0.1），用 MTS 试验机原始疲劳数据对不同退火温度下 SLM TC4 合金疲劳损伤演化行为进行研究。

在每组应力水平下，对不少于三个试件进行了测试。循环加载过程中的平均动模量记录如图 5-1 所示。图中横坐标为当前循环次数与疲劳寿命的比值，纵坐标为动态弹性模量值（具体计算方法为当前循环次数下的应力值比上当前循环次数下的应变值）。

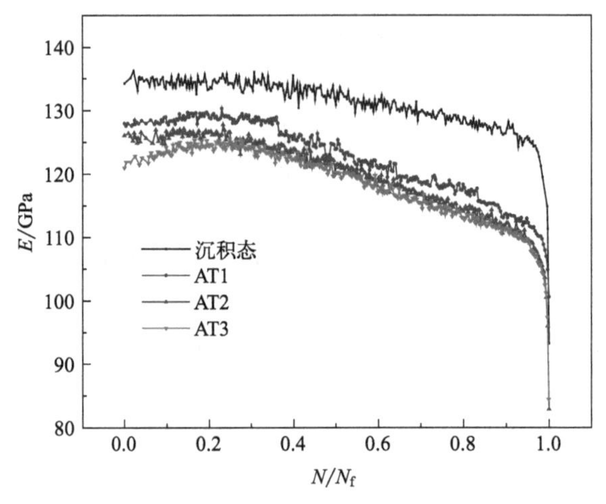

图 5-1　不同退火温度下 SLM TC4 动模量衰减规律

在图 5-1 中，可以看出动弹性模量在疲劳初期变化不大，随着循环载荷的加载而上下波动，此时 SLM TC4 合金损伤程度较小，随着循环次数的增加动弹性模量出现衰减不断下降，合金的损伤程度不断增大，直至破坏。在 SLM TC4 合金沉积态中动弹性模量衰减速率最慢，当超过断裂临界值后，动弹性模量迅速下降。三组退火态下的动弹性模量衰减速率大致相同，当超过断裂临界值后，动弹性模量都出现迅速下降趋势，但 AT1 退火态下的动弹性模量相较于其他两组下降趋势较慢。

当未开始疲劳时，选取该状态下的动模量作为初始模量，对式(5-16）采用动弹性模量作为变量计算不同退火温度下 SLM TC4 疲劳损伤，结果如图 5-2 所示。图中横坐标为当前循环次数与疲劳寿命的比值，纵坐标为损伤因子 D。

从图 5-2 中可以看出，随着循环次数的增加 SLM TC4 合金的损伤分为两个阶段，缓慢发展阶段以及快速损伤阶段。缓慢发展阶段损伤因子 D 与循环次数呈线性关系，快速损伤阶段损伤因子 D 与循环次数呈指数关系。当 SLM TC4 合金进入快速损伤阶段后，损伤因子迅速增大，合金在较短的循环次数后就发生了失效破坏。对图 5-2 中的损伤因子拟合曲线并求其曲率，可以找到曲率的最大点，定义这个点的纵坐标为临界损伤因子 D_c，其为损伤缓慢发展

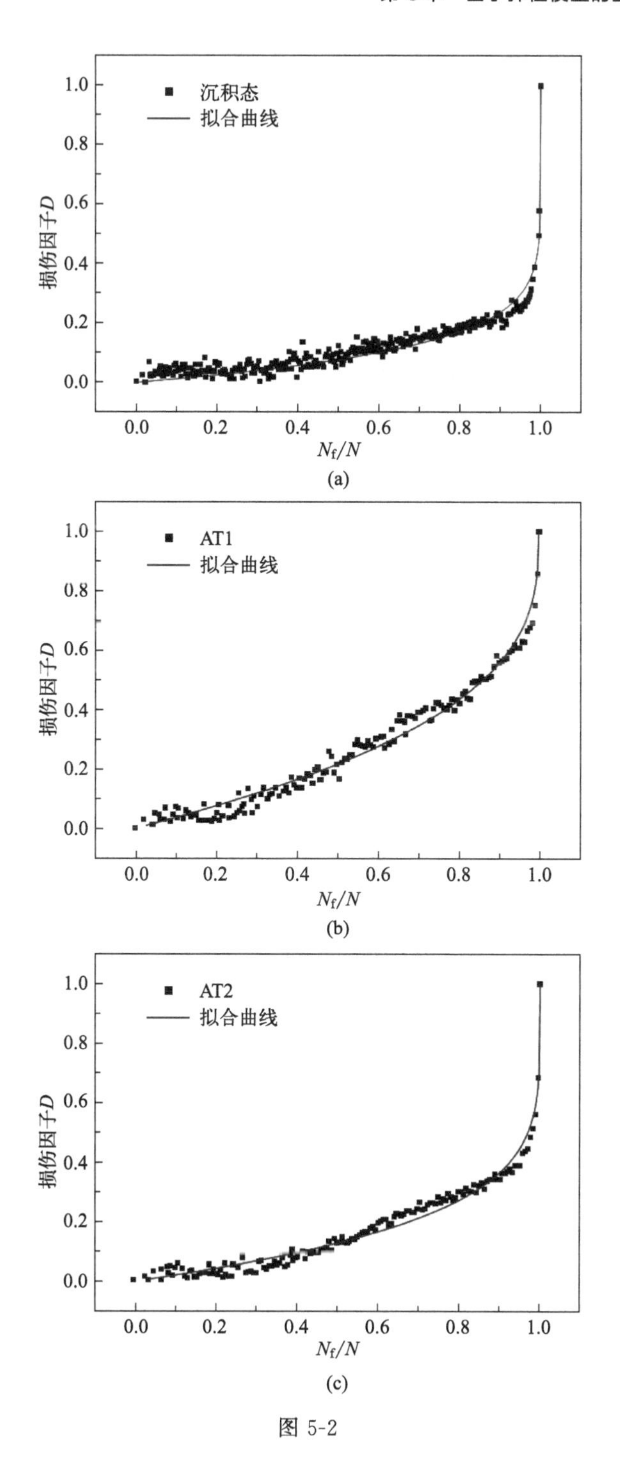

沉积态
拟合曲线
损伤因子D
1.0
0.8
0.6
0.4
0.2
0.0
0.0
0.2
0.4
0.6
0.8
1.0
N_f/N
(a)
AT1
拟合曲线
损伤因子D
N_f/N
(b)
AT2
拟合曲线
损伤因子D
N_f/N
(c)

图 5-2

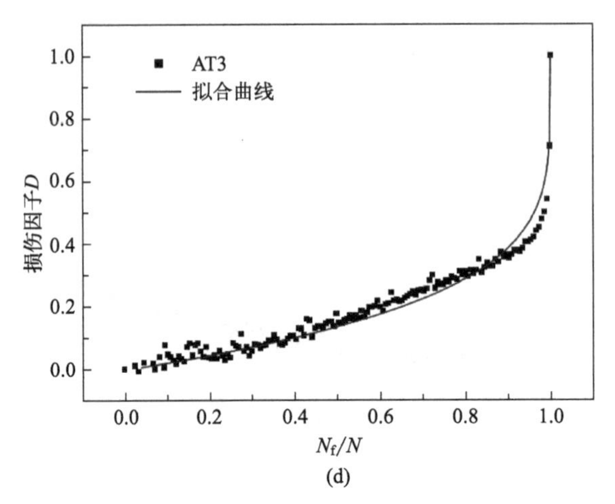

图 5-2　不同退火温度下 SLM TC4 疲劳损伤演化曲线

(a) 沉积态；(b) AT1；(c) AT2；(d) AT3

阶段到快速损伤阶段的临界值。当 $0<D<D_c$ 时，SLM TC4 合金处于损伤缓慢发展阶段，损伤程度小，损伤增长缓慢；当 $D_c<D<1$ 时，SLM TC4 合金处于快速损伤阶段，损伤程度较大，损伤增长剧烈。图 5-3 展示了不同退火温度下 SLM TC4 合金临界损伤因子 D_c，可以看出，临界损伤因子 AT1＞沉积态＞AT2＞AT3，临界损伤因子越大，材料抵抗疲劳破坏的能力越强。

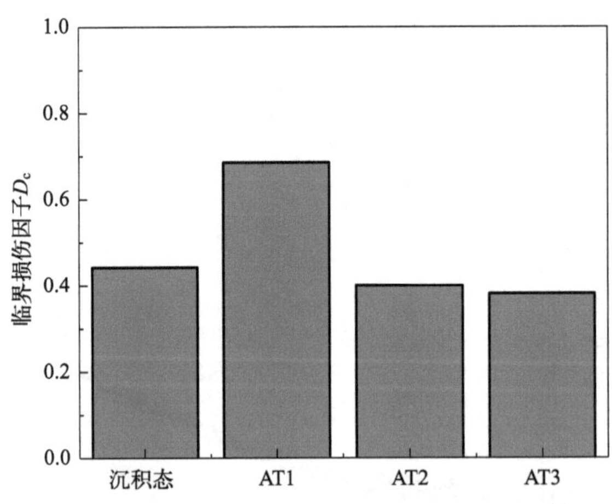

图 5-3　不同退火温度下 SLM TC4 合金临界损伤因子

用式(5-23) 疲劳损伤模型对不同退火温度下 SLM TC4 合金损伤因子 D 进行拟合，拟合结果如下。

沉积态 SLM TC4 合金：

$$D=1-\left(1-\frac{n}{31860}\right)^{1/(2.9449+1)} \tag{5-24}$$

AT1 退火态 SLM TC4 合金：

$$D=1-\left(1-\frac{n}{47169}\right)^{1/(1.8468+1)} \tag{5-25}$$

AT2 退火态 SLM TC4 合金：

$$D=1-\left(1-\frac{n}{34084}\right)^{1/(3.7125+1)} \tag{5-26}$$

AT3 退火态 SLM TC4 合金：

$$D=1-\left(1-\frac{n}{18815}\right)^{1/(4.0503+1)} \tag{5-27}$$

为了确定疲劳损伤演化方程的参数 m 随退火温度的变化情况，令 $a=1/(m+1)$，将参数 a 进行拟合，拟合结果如图 5-4 所示。从图中可以看出参数 a 随着退火温度的升高先升高后降低。

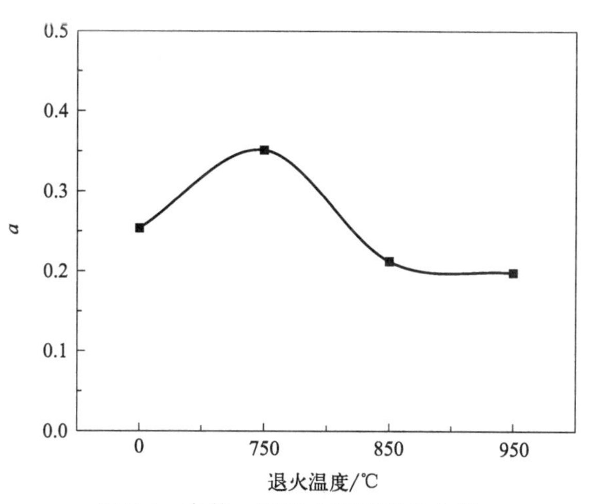

图 5-4　参数 a 随退火温度变化曲线

拟合公式为：

$$a=a_0+b\sin\left[\frac{c(T-d)}{e}\right] \tag{5-28}$$

将式(5-28) 代入式(5-23) 中就得到了不同退火温度下的疲劳损伤演变方程。

$$D=1-\left(1-\frac{n}{N}\right)^{a0+b\sin\left[\frac{c(T-d)}{e}\right]} \tag{5-29}$$

式中　a_0、b、c、d、e——模型参数；

T——退火温度。

式(5-29) 建立了 SLM TC4 合金退火温度与损伤因子之间的关系，可以准确地反映 SLM TC4 合金不同退火温度下的疲劳损伤演变规律。

5.2 SLM Inconel 718 合金疲劳损伤

根据 Lemaitre 等的定义，材料的损伤可以用弹性模量的递减来表示，如式(5-30) 所示。

$$D=1-\frac{E}{E_0} \tag{5-30}$$

式中 E_0——材料未损伤时的初始弹性模量；

E——受外加载荷影响后材料的实际弹性模量。

随着材料损伤程度的不断增加，材料的刚度即 E 弹性模量不断减小。

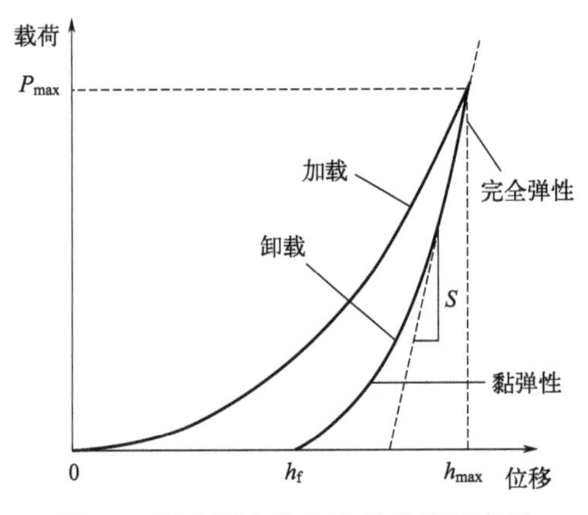

图 5-5 纳米压痕载荷-位移曲线示意图

弹性模量的演化由纳米压痕试验测得。纳米压痕技术通过实时监测加载和卸载过程中载荷和位移的变化，从而得到载荷位移曲线。通过载荷位移曲线计算金刚石压头与被测材料之间的接触面积 A、卸载曲线的初始刚度 S 以及其他能够从曲线中得到的参量，通过公式最终计算出被测材料的弹性模量。如图 5-5 为一个标准的纳米压痕试验载荷位移曲线。在加载阶段，随着载荷的不断增加，被压材料发生相应的弹塑性变形，当载荷达到最大时，接触面积达到最大。在卸载阶段，随着载荷的撤离，被压材料发生部分弹性回复，塑性变形保留形成卸载后的压痕。最后依据载荷位移曲线得到被压材料的相关力学性能。

通过 O&P 法可用如下函数拟合载荷位移曲线的卸载部分

$$P=B(h-h_f)^m \tag{5-31}$$

式中 P——卸载过程中的载荷值；

B，m——经验参数。

卸载曲线的初始斜率即为被压材料的接触刚度，对上式微分计算可得：

$$S=\left(\frac{\mathrm{d}P}{\mathrm{d}h}\right)_{h=h_{max}}=Bm(h_{max}-h_f)^{m-1} \tag{5-32}$$

Oliver等采用Berkovich压头进行了大量的实验，分析了大量的实验数据，最后得出Berkovich压头下纳米压痕实验的压痕投影面积A为：

$$A=24.5h^2 \tag{5-33}$$

通过计算初始卸载刚度和接触压痕投影面积可由式(5-34)和式(5-35)确定材料的弹性模量值：

$$E_r=\frac{1}{\beta}\times\frac{\sqrt{\pi}}{2}\times\frac{S}{\sqrt{A_c}} \tag{5-34}$$

$$\frac{1}{E_r}=\frac{1-\nu^2}{E}+\frac{1-\nu_i^2}{E_i} \tag{5-35}$$

式中 β——和压头几何形状有关的参数，对于Berkovich压头$\beta=1.034$；

E_r——约化弹性模量；

E——被测材料的弹性模量；

ν——被测材料的泊松比；

E_i——金刚石压头的弹性模量，$E_i=1140\text{GPa}$；

ν_i——金刚石压头的泊松比，$\nu_i=0.07$。

由纳米压痕得到SLM Inconel 718合金在疲劳过程中的弹性模量的变化。图5-6为SLM Inconel 718合金在不同循环周次下的弹性模量值，由图可以看出，在疲劳初期，SLM Inconel 718合金的弹性模量几乎没有变化。此时合金的损伤程度较小。随着疲劳次数的不断增加，SLM Inconel 718合金的弹性模量不断下降，合金内部的损伤不断增大，直至破坏。

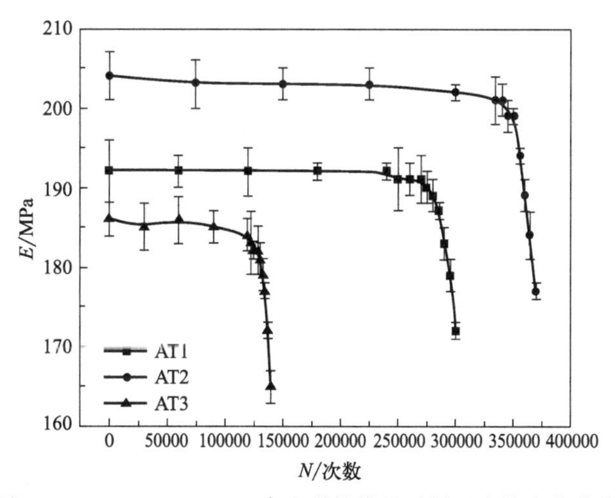

图5-6 SLM Inconel 718合金弹性模量随循环次数变化曲线

损伤破坏值一般以 1 为准则，为了实现损伤由 0～1 的变化，对式(5-30)进行归一化处理。定义纳米压痕试验下的损伤因子 D_e：

$$D_e=\frac{E_0-E}{E_0-E_f} \tag{5-36}$$

式中 E_0——材料未损伤时的初始弹性模量；

E——受外加载荷影响后材料的实际弹性模量；

E_f——材料断裂失效时的弹性模量。

SLM Inconel 718 合金损伤因子 D_e 的演化曲线如图 5-7 所示，随着循环次数增加，合金的损伤分为两个阶段，稳定发展阶段以及快速损伤阶段。当合金进入快速损伤阶段后，损伤因子迅速增大，合金失效破坏。取稳定发展阶段和快速损伤阶段的临界区分值为 D_{ec}，当 $0<D<D_{ec}$ 时，SLM Inconel 718 合金处于损伤稳定发展阶段，受损轻微，损伤增长缓慢；当 $D_{ec}<D<1$ 时，SLM Inconel 718 合金处于快速损伤阶段，损伤严重，损伤增长剧烈。图 5-8 展示了 SLM Inconel 718 合金纳米压痕试验下的临界损伤因子 D_{ec}，可以看出，临界损伤因子 AT2＞AT1＞AT3。

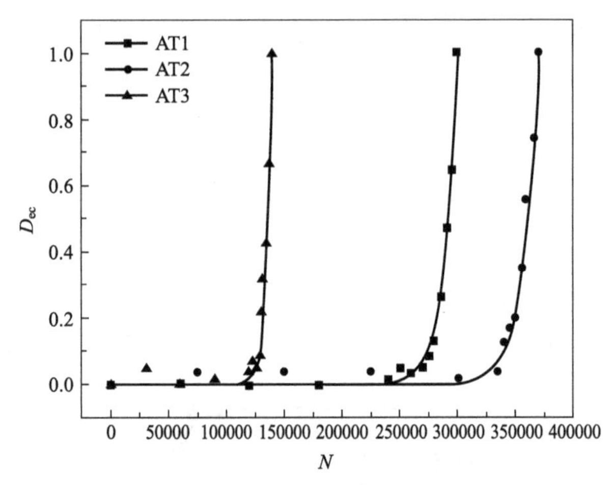

图 5-7 SLM Inconel 718 合金纳米压痕损伤演化曲线

用 Chaboche 的损伤模型对 SLM Inconel 718 合金的损伤因子 D_e 进行拟合，拟合方程如下。

AT1 处理态 SLM Inconel 718 合金：

$$D_e=1-\left[1-\left(\frac{N}{300237}\right)^{24.8}\right]^{0.99} \tag{5-37}$$

AT2 处理态 SLM Inconel 718 合金：

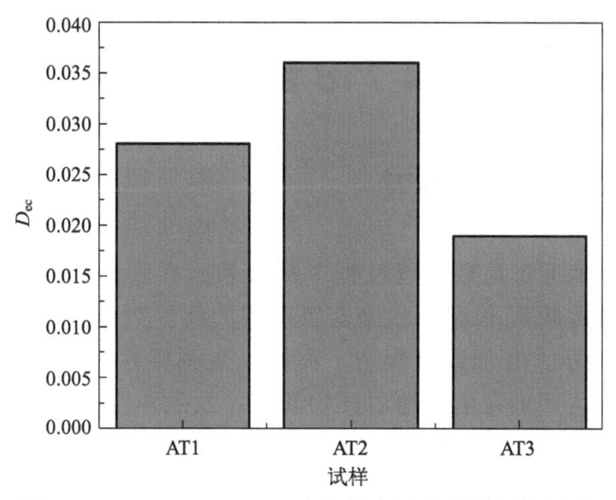

图 5-8　SLM Inconel 718 合金纳米压痕临界损伤因子

$$D_e=1-\left[1-\left(\frac{N}{370124}\right)^{26.5}\right]^{0.93} \tag{5-38}$$

AT3 处理态 SLM Inconel 718 合金：

$$D_e=1-\left[1-\left(\frac{N}{139958}\right)^{26.8}\right]^{0.89} \tag{5-39}$$

图 5-9 为 SLM Inconel 718 合金在纳米压痕试验下疲劳损伤演化方程的拟合参数 a 和 b 随热处理温度的变化曲线。可以看出随着热处理温度的不断增加，参数 a 的值不断增大，参数 b 的值不断减小。

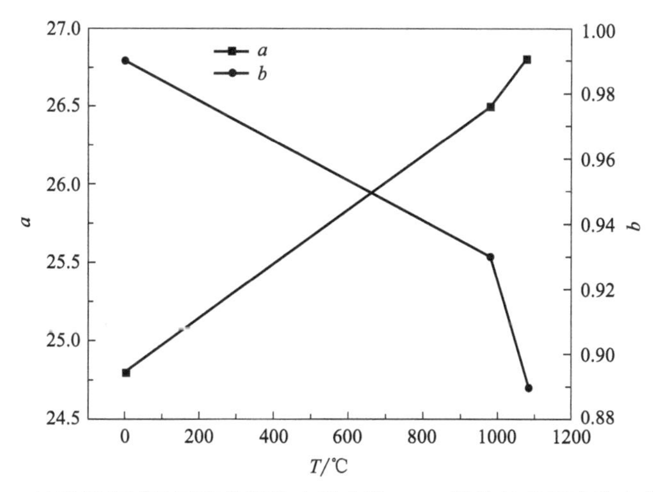

图 5-9　纳米压痕试验下损伤演化方程参数 a、b 随热处理温度的变化曲线

5.3 SLM Inconel 718 合金拉伸损伤

5.3.1 纳米压痕技术原理

纳米压痕技术通过加载卸载过程中载荷和试样表面位移的变化得到载荷-位移曲线，并通过载荷-位移曲线来获得所需的实验数据。纳米压痕载荷-位移曲线如图 5-10 所示。在加载过程中，材料发生弹塑性变形，当载荷达到最大值时，位移同样达到最大值，随后开始卸载，发生弹性回复，而塑性变形保留形成卸载后的压痕，根据载荷-位移曲线可得到最大压入深度 h_{max}，最终的压痕深度 h_f，通过计算可得到接触刚度 S 和压头接触面积 A 等参数，进而求得弹性模量。1992 年 Oliver 和 Pharr 共同提出了著名的基于仪器化压痕试验机测量被测材料弹性模量的经典方法，即 Oliver-Pharr 法。

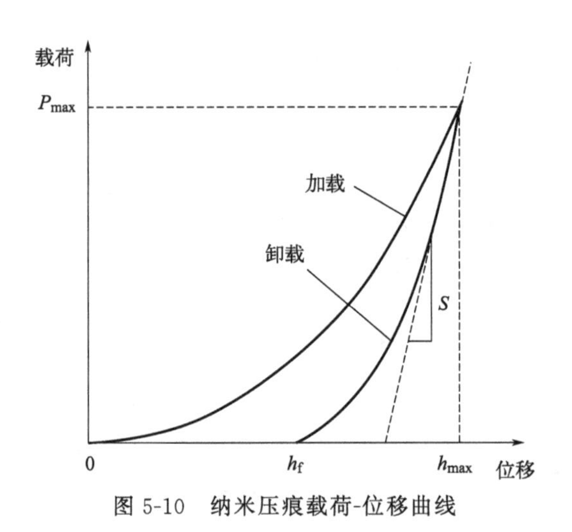

图 5-10　纳米压痕载荷-位移曲线

为了计算接触刚度 S，Oliver-Pharr 法推荐利用最小二乘法对卸载段进行幂律方程式拟合，即：

$$P=\alpha(h-h_f)^m \tag{5-40}$$

式中　P——卸载过程中的载荷值；

α，m——经验参数。

随后对方程式(5-40) 进行微分，从而得到接触刚度 S 的值：

$$S=\left(\frac{\mathrm{d}p}{\mathrm{d}h}\right)_{h=h_{\max}}=\alpha m(h_{\max}-h_{\mathrm{f}})^{m-1} \tag{5-41}$$

对于一个确定几何形状的压头来说，接触面积 A 是接触深度 h_{c} 的函数，本实验采用的是标准的 Berkovich 压头，Berkovich 压头尖端形状为正三棱锥，棱面的中心线夹角为 65.3°，侧面棱边与中心线夹角 77.05°，等效半锥角 70.32°，Berkovich 压头示意如图 5-11 所示。

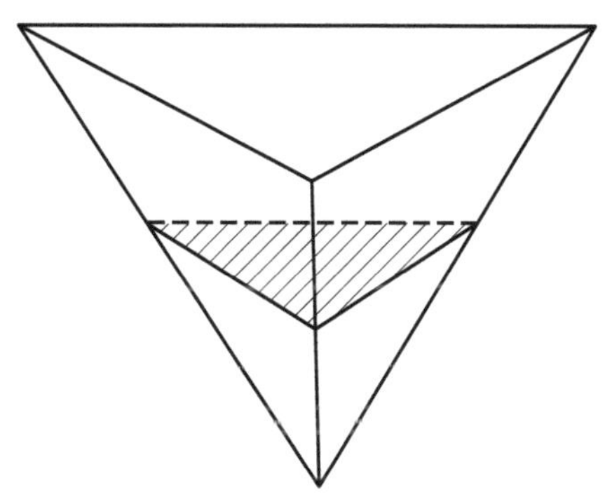

图 5-11　Berkovich 压头示意图

Oliver 与 Pharr 通过大量实验，得到了 Berkovich 压头的接触面积为：

$$A=24.5h^2 \tag{5-42}$$

结合式(5-41) 与式(5-42)，则有接触刚度、弹性模量和投影接触面积三者间的关系：

$$E_{\mathrm{r}}=\frac{1}{\beta}\times\frac{\sqrt{2}}{\pi}\times\frac{S}{\sqrt{A_{\mathrm{c}}}} \tag{5-43}$$

式中　S——接触刚度；

A——接触投影面积；

β——和压头几何形状有关的参数。

对于 Berkovich 压头，$\beta=1.034$；E_{r} 表示约化模量，约化模量用于描述非刚性压头对载荷-位移曲线响应的影响，约化模量 E_{r} 的定义为：

$$\frac{1}{E_{\mathrm{r}}}=\frac{1-\nu^2}{E^2}+\frac{1-\nu_{\mathrm{i}}^2}{E_{\mathrm{i}}^2} \tag{5-44}$$

式中　E——被测材料的弹性模量；

ν——被测材料的泊松比；

E_{i}——金刚石压头的弹性模量，$E_{\mathrm{i}}=1140\mathrm{GPa}$；

ν_{i}——金刚石压头的泊松比，$\nu_{\mathrm{i}}=0.07$。

通过式(5-43) 与式(5-44) 可计算出 SLM Inconel 718 合金的弹性模量。

5.3.2 SLM Inconel 718 合金弹性模量

图 5-12 为 SLM Inconel 718 合金弹性模量随宏观应变的变化趋势。两种成形方向在相同固溶温度下的 SLM Inconel 718 合金弹性模量随宏观应变变化趋

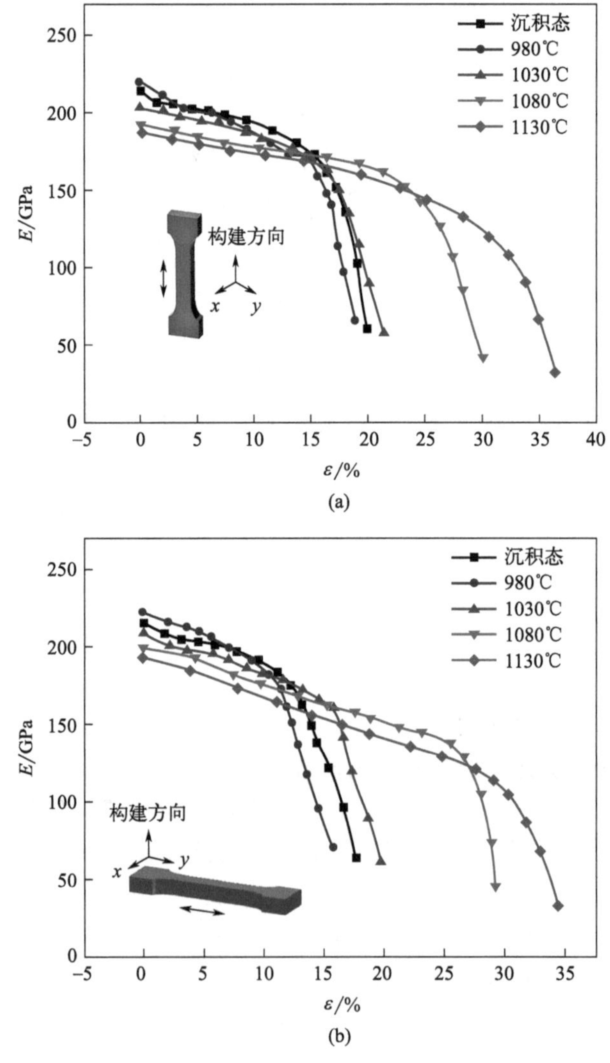

图 5-12 SLM Inconel 718 合金弹性模量随宏观应变变化曲线

(a) 垂直打印试样；(b) 水平打印试样

势基本一致。垂直和水平成形方向的试样弹性模量未表现出明显的各向异性。未变形沉积态试样弹性模量为 210GPa 左右，980℃固溶处理的未变形试样弹性模量增大，为 220GPa 左右，固溶温度继续升高，未变形试样的弹性模量降低。加载初期，SLM Inconel 718 合金的弹性模量随宏观应变增加缓慢下降，此时合金所受的损伤较小。加载后期，弹性模量随宏观应变增加开始急速下降，合金的损伤程度不断增加，直至破坏。

5.3.3 SLM Inconel 718 合金细观损伤演化分析

根据 Lemaitre 等的理论，材料的损伤可以通过弹性模量 E 来表征。随着材料损伤的不断累积，材料的弹性模量 E 也不断减小。基于弹性模量定义损伤变量如式(5-45) 所示，式中 E_0 为材料未受损伤时的弹性模量，E 为受外载荷影响后的实际弹性模量。可以发现损伤变量随弹性模量 E 的减小而增大。

$$D=1-\frac{E}{E_0} \tag{5-45}$$

为实现损伤过程从 0～1 的变化，对式(5-45) 进行归一化处理，得出基于弹性模量表征的损伤因子 D_e：

$$D_e=\frac{E_0-E}{E_0-E_f} \tag{5-46}$$

式中　E_f——试样断裂时的弹性模量。

图 5-13 为 SLM Inconel 718 合金损伤因子 D_e 的演化曲线，从图中可以看出，不同固溶温度下合金的损伤因子演化规律相似，损伤因子实现了从 0～1 的变化。加载初期，随着宏观应变的增加，损伤因子 D_e 的变化较为缓慢，试样以均匀变形为主。加载后期，随着宏观应变增加，试样进入局部变形阶段，此时损伤因子快速增加。对损伤因子随宏观应变的演化数据进行拟合，得到以下拟合方程。

(1) 垂直成形方向

沉积态：

$$D_e=-0.0639+0.00652e^{\varepsilon/-3.10461} \tag{5-47}$$

980℃：

$$D_e=-0.0036+0.00256e^{\varepsilon/-3.13514} \tag{5-48}$$

1030℃：

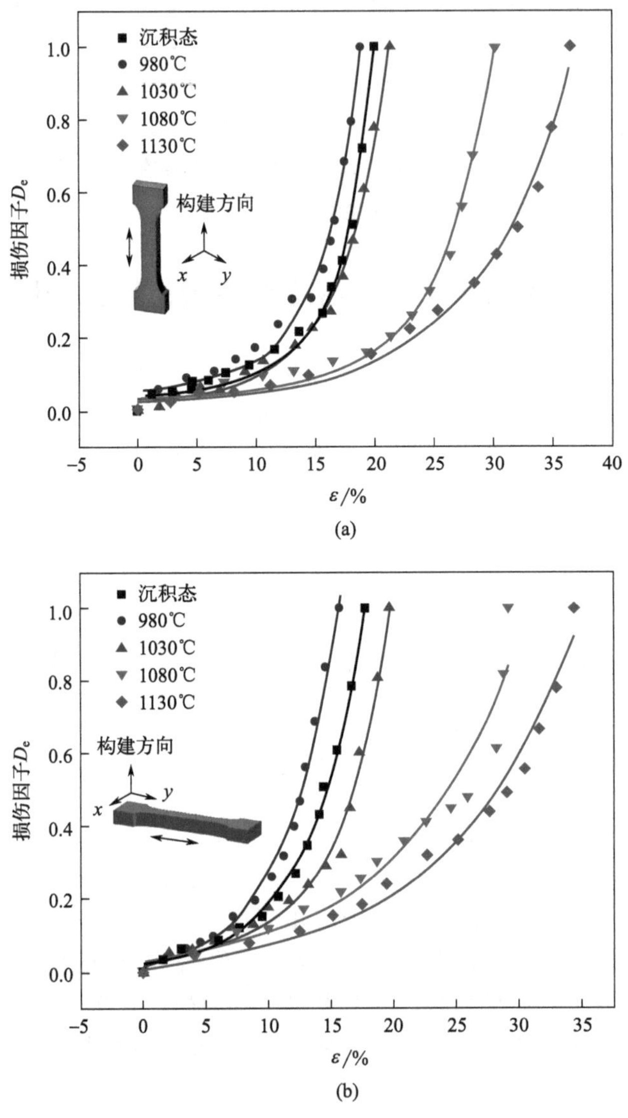

图 5-13　SLM Inconel 718 合金损伤演化曲线

（a）垂直打印试样；（b）水平打印试样

$$D_e = -0.00839 + 0.00197e^{\varepsilon/-3.92608} \tag{5-49}$$

1080℃：

$$D_e = -0.00375 + 0.00529e^{\varepsilon/-5.76743} \tag{5-50}$$

1130℃：

$$D_e=-0.00317+0.01743e^{\varepsilon/-8.97559} \tag{5-51}$$

（2）水平成形方向

沉积态：

$$D_e=-0.01358+0.00197e^{\varepsilon/-2.50741} \tag{5-52}$$

980℃：

$$D_e=-0.01032+0.002002e^{\varepsilon/-2.54416} \tag{5-53}$$

1030℃：

$$D_e=-0.00905+0.00216e^{\varepsilon/-2.84868} \tag{5-54}$$

1080℃：

$$D_e=-0.01095+0.11492e^{\varepsilon/-3.95002} \tag{5-55}$$

1130℃：

$$D_e=-0.01069+0.00223e^{\varepsilon/-5.62764} \tag{5-56}$$

统一表示为：

$$D_\varepsilon=A+Be^{\varepsilon/C} \tag{5-57}$$

式中　A，B，C——与退火温度相关的材料常数。

拟合方程常数列表如表 5-1 所示。

表 5-1　拟合方程材料常数列表

试样成形方向	系数	沉积态	980℃	1030℃	1080℃	1130℃
垂直成形	A	−0.00639	−0.0036	−0.00839	−0.00375	−0.00317
	B	0.00652	0.00256	0.00197	0.00529	0.00174
	C	−3.40461	−3.13514	−3.92608	−5.76743	−8.97559
水平成形	A	−0.01358	−0.01032	−0.00905	−0.01095	−0.01069
	B	0.00197	0.00202	0.00216	0.00492	0.00223
	C	−2.50741	−2.54416	−2.84868	−3.95002	−5.62764

对拟合曲线求曲率最大值所对应的 D_e，得到 SLM Inconel 718 合金的临界损伤因子 D_{ec}（如图 5-14 所示）。当 $0<D_e<D_{ec}$ 时，SLM Inconel 718 合金处于缓慢损伤阶段；当 $D_e<D_{ec}<1$ 时，SLM Inconel 718 合金处于快速损伤阶段。由图 5-14 发现，相同固溶温度下垂直成形方向试样临界损伤因子大于水平成形试样，且两种成形方向试样的临界损伤因子均在 1130℃时达到最大值，该固溶温度下 SLM Inconel 718 拥有较好的塑性。

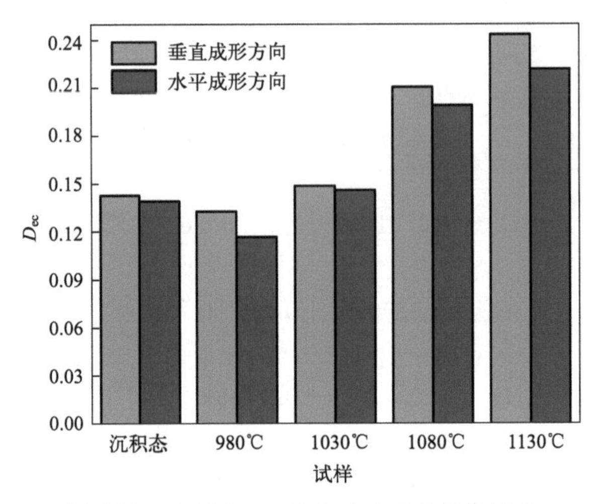

图 5-14 SLM Inconel 718 合金临界损伤因子

第6章

合金弹塑性损伤本构模型

对于大多数金属材料，研究者利用弹塑性本构模型对材料的本构关系进行研究的报道较多，主要是因为本构模型可以同时考虑材料的弹性变形和塑性变形，且新的模型与实验数据吻合较好，可以较完整地反映材料的应力-应变关系。部分研究采用幂函数模型研究材料的本构关系，幂函数模型在曲线的开始部分和结束部分都与试验曲线的塑性部分有很好的重合性，利用幂函数模型对金属材料的拉伸进行模拟，其塑性部分模拟结果优于双线性模型结果。本章将晶粒形状因子引入铜及铜合金幂函数模型中，将细观损伤变量与本构方程联系起来，揭示细观损伤演化与本构方程之间的关系。

6.1 基于形状因子的损伤本构模型

6.1.1 有效应力

对于均匀的受拉薄板，设其无损伤状态时的横截面面积为 A，损伤后的有效承载面积减小为 $\widetilde{A}$，则连续度 ξ 的物理意义为有效承载面积与无损状态的横截面面积之比，即：

$$\xi=\frac{\widetilde{A}}{A} \tag{6-1}$$

连续度 ξ 是单调递减的，假设当 ξ 达到某一临界值时，材料发生断裂。连续度 ξ 与相对形状因子 ψ 物理含义相似，都可以表征金属材料损伤劣化状态。Rabotnov 用损伤因子研究金属材料的本构方程时提出：

$$\omega=1-\xi \tag{6-2}$$

由公式(6-1) 和公式(6-2) 可得：

$$\omega=\frac{A-\widetilde{A}}{A} \tag{6-3}$$

有效应力可以定义为外加载荷 F 和有效承载面积 $\widetilde{A}$ 之比，结合公式(1-3)和公式(6-3)，有效应力 $\widetilde{\sigma}$ 表示为：

$$\widetilde{\sigma}=\frac{F}{\widetilde{A}}=\frac{P}{S-S_{\mathrm{D}}}=\frac{\sigma}{\omega} \tag{6-4}$$

于是，有效应力 $\widetilde{\sigma}$ 与损伤因子 ω 的关系可以表示为：

$$\widetilde{\sigma}=\frac{\sigma}{1-\omega} \tag{6-5}$$

对于完全无损伤状态时，损伤因子 $\omega=0$；对于有损伤状态时，损伤因子 $0<\omega<1$；对于完全丧失承载能力的状态时，$\omega=1$。损伤因子 ω 的物理含义与归一化形状因子 D_{n} 相似，且都是由 0～1 的变化，当两者为 0 时都是无损伤状态，当两者为 1 时材料丧失承载能力，于是有效应力 $\widetilde{\sigma}$ 与归一化形状因子的关系可以表示为：

$$\widetilde{\sigma}=\frac{\sigma}{1-D_{\mathrm{n}}} \tag{6-6}$$

6.1.2 损伤本构模型的建立

在损伤材料中，从微观上确定有效承载面积是非常困难的。为此，Lemaitre 提出了应变等价假设，通过这个假设可以将有效应力引入损伤材料的变形行为，进而建立无损材料与有损材料的本构关系。由公式(1-7) 和公式(6-5)，损伤材料的一维线弹性关系表示为：

$$\frac{\sigma}{(1-D)E}=\frac{\sigma}{\widetilde{E}} \tag{6-7}$$

在本章中研究的金属材料选择考虑应变强化的 Ramberg-Osgood 关系式，在原有本构模型基础上引入归一化形状因子 D_{n}，形成含损伤的本构关系：

$$\varepsilon=\left(\frac{\widetilde{\sigma}}{K}\right)^{M}=\left[\frac{\sigma}{(1-D_{\mathrm{n}})K}\right]^{M} \tag{6-8}$$

式中 K——材料的硬化系数；

M——材料的硬化指数。

公式(6-8) 还可以写出如下形式：

$$\widetilde{\sigma}=K\varepsilon^{M} \tag{6-9}$$

或

$$\sigma=(1-D_{\mathrm{n}})K\varepsilon^{M} \tag{6-10}$$

Ramberg-Osgood 本构模型是幂强化模型，与材料塑性变形部分的应力-

应变关系吻合较好，结合材料的弹性变形部分的应力-应变关系，材料的弹塑性本构模型可表示为：

$$\sigma=\begin{cases} E\varepsilon & \left(\varepsilon\leqslant\dfrac{\sigma_s}{E}\right) \\ (1-D_n)K\varepsilon^M & \left(\varepsilon>\dfrac{\sigma_s}{E}\right) \end{cases} \tag{6-11}$$

6.1.3 临界损伤因子

归一化形状因子对含损伤弹塑性模型拟合精度影响较大，需对材料的归一化形状因子拟合曲线的精度进行考察，同时材料细观临界损伤值的确定可以与宏观本构模型中的应力-应变建立关系，对于预测材料塑性变形过程中的裂纹产生具有重要意义。本章采用 Normalized Cockcroft & Latham 损伤模型对材料的临界损伤因子进行计算。该模型表达式如下：

$$D_c=\int_0^{\varepsilon_f}(\sigma_1/\bar{\sigma})\mathrm{d}\bar{\varepsilon} \tag{6-12}$$

式中　D_c——临界损伤因子；

ε_f——材料失效时的等效应变；

σ_1——拉伸时最大主应力；

$\bar{\sigma}$——等效应力；

$\bar{\varepsilon}$——等效应变。

该模型由于其计算精度高，被广泛应用于各种金属材料及其加工工艺。在单向拉伸过程中，主应力与加载方向一致，该模型中的等效应力 $\bar{\sigma}$ 和等效应变 $\bar{\varepsilon}$ 较难测定，而在拉伸过程中，材料随着应变的增加而断裂，因此采用应变 ε 替代等效应变更为合理。模型表达式可以替代为：

$$D_c=\int_0^{\varepsilon_f}(\sigma_1/\sigma_u)\mathrm{d}\varepsilon \tag{6-13}$$

式中　ε——材料的真实应变；

σ_u——颈缩开始时的应力。

σ_u 和 $\bar{\sigma}$ 都是对材料强度的体现，当颈缩现象出现时，材料开始发生快速损伤，此时 σ_u 较等效应力 $\bar{\sigma}$ 更易测定。当颈缩现象出现时，材料的归一化形状因子曲线开始快速上升，曲线的拐点即为颈缩开始的应变 ε_u，由归一化形状因子曲线可以确定 ε_u。

在单向拉伸过程中，最大拉应力是造成材料失效的主要原因。根据最大拉应力理论，只要达到最大拉应力时材料就会失效。因此，采用 σ_u 替代等效应

力 $\tilde{\sigma}$ 较为合理。将该模型进一步替换，临界损伤因子公式可写为：

$$D_{c}=\int_{0}^{\varepsilon_{f}}(\sigma_{1}/\sigma_{u})\mathrm{d}\varepsilon=\left(\frac{\sigma_{1}}{\sigma_{u}}\right)\varepsilon_{f} \tag{6-14}$$

6.2 T2纯铜的损伤本构模型

6.2.1 有效应力

为了分析材料的有效应力与应变之间的关系，研究材料的有效应力随塑性变形的变化规律，建立了不同晶粒尺度T2纯铜有效应力与应变关系曲线，如图6-1所示。由图可知，弹性阶段由于材料处于无损状态，归一化形状因子为0，材料的有效应力与其名义应力数值相同；当材料进入屈服阶段后，有效应力 $\tilde{\sigma}$ 随着塑性应变的增加而逐渐增大，且塑性应变越大，有效应力 $\tilde{\sigma}$ 增加越显著。随着晶粒尺度的增加，纯铜的有效应力增大程度变缓。

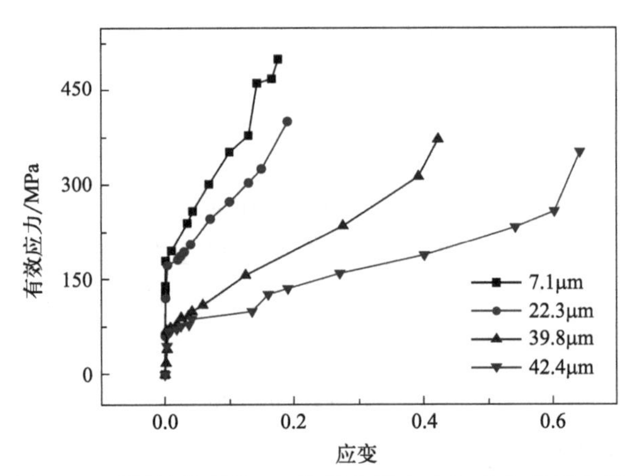

图 6-1 不同晶粒度的T2纯铜有效应力与应变关系曲线

图6-2为不同晶粒度T2纯铜有效应力 $\tilde{\sigma}$ 与归一化形状因子关系曲线。由图可知，随着归一化形状因子的增加，材料的有效应力 $\tilde{\sigma}$ 逐渐增加，在塑性变形阶段近似呈现线性增加趋势。不同晶粒度纯铜的有效应力 $\tilde{\sigma}$ 随归一化形状因子变化曲线相似。晶粒度越大，T2纯铜的有效应力值越小。纯铜的归一化形状因子增大，表明材料的损伤程度增大，晶粒度较小的T2纯铜试样由于内部晶粒尺寸相近，内部位错滑移的阻力增大，内部晶粒被拉长

程度相差较小，使得材料的承载面积减小幅度相近，而其有效应力变化相差不大。晶粒度变大后，材料发生完全再结晶，晶粒趋于圆整，内部位错阻碍减小，晶粒被拉长程度增大，使得材料的承载面积明显减小，材料变形的驱动力也减小，使得材料的有效应力显著下降。当晶粒度由 39.8μm 增加到 42.4μm 时，由于轧制结构已经消失，位错滑移的阻力显著下降，材料的塑性变形进一步增大，材料的变形驱动力及承载面积均继续减小，其有效应力减小程度趋于平缓。

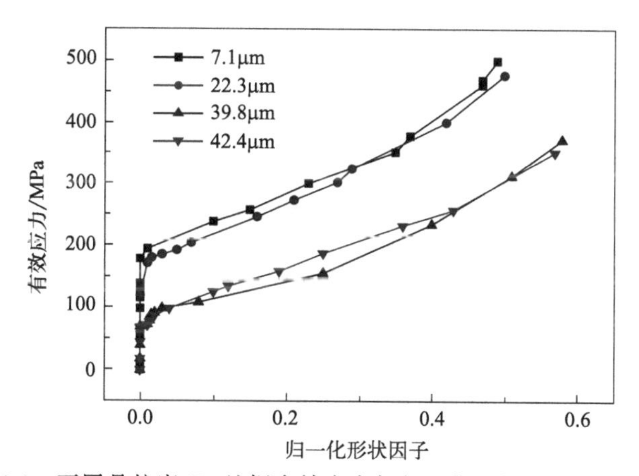

图 6-2　不同晶粒度 T2 纯铜有效应力与归一化形状因子关系曲线

6.2.2　损伤本构模型

在弹性变形阶段纯铜的应力-应变曲线符合以下方程：

$$\sigma = E\varepsilon \left(\varepsilon \leqslant \frac{\sigma_s}{E}\right) \tag{6-15}$$

在弹性变形阶段，从材料的应力-应变曲线上取出 10 个点计算其弹性模量，通过统计平均计算可以得到 T2 纯铜的弹性模量 $E=113.53\text{GPa}$。

基于图 6-1 中纯铜的有效应力与塑性应变的关系，将不同晶粒度 T2 纯铜的归一化形状因子代入幂强化本构模型中，通过 Ramberg-Osgood 关系式拟合有效应力 $\tilde{\sigma}$ 与塑性应变的曲线，如图 6-3 所示。通过拟合方程得到硬化系数 K 和硬化指数 M，如表 6-1 所示。由表可知，硬化系数 K 随着晶粒度的增大而减小，晶粒度对其影响较为显著；硬化指数 M 随着晶粒度的增加先增大后减小，变化趋势不大。结果表明，T2 纯铜硬化参数与晶粒度密切联系，其材料参数随晶粒度的增大呈现规律性变化。

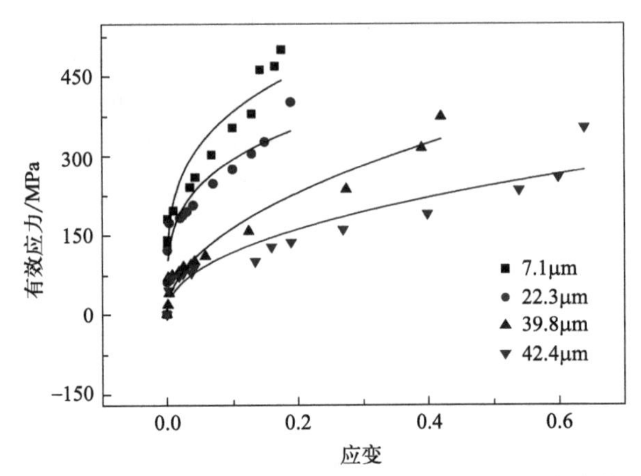

图 6-3　不同晶粒度 T2 纯铜有效应力与应变拟合曲线

表 6-1　不同晶粒度 T2 纯铜的硬化系数 *K* 及硬化指数 *M*

晶粒度/μm	材料	*K*/MPa	*M*
7.1	T2 纯铜	723.2	0.3
22.3		640.1	0.31
39.8		488.6	0.49
42.4		278.8	0.37

结合公式(6-10) 和公式(6-15)，可得不同晶粒度 T2 纯铜弹塑性损伤本构模型。

晶粒度为 7.1μm 的损伤本构方程：

$$\begin{cases} \sigma = E\varepsilon\left(\varepsilon < \dfrac{\sigma_s}{E}\right) \\ \sigma = (1-D_n)K\varepsilon^M\left(\varepsilon > \dfrac{\sigma_s}{E}\right) \end{cases} \tag{6-16}$$

式中，$E=113.53\text{GPa}$；$K=723.2\text{MPa}$；$M=0.3$。

晶粒度为 22.3μm 的损伤本构方程：

$$\begin{cases} \sigma = E\varepsilon\left(\varepsilon < \dfrac{\sigma_s}{E}\right) \\ \sigma = (1-D_n)K\varepsilon^M\left(\varepsilon > \dfrac{\sigma_s}{E}\right) \end{cases} \tag{6-17}$$

式中，$E=113.53\text{GPa}$；$K=640.1\text{MPa}$；$M=0.31$。

晶粒度为 39.8μm 的损伤本构方程：

$$\begin{cases}\sigma=E\varepsilon\left(\varepsilon<\dfrac{\sigma_s}{E}\right)\\ \sigma=(1-D_n)K\varepsilon^M\left(\varepsilon>\dfrac{\sigma_s}{E}\right)\end{cases} \tag{6-18}$$

式中，$E=113.53\text{GPa}$；$K=488.6\text{MPa}$；$M=0.49$。

晶粒度为 42.4μm 的损伤本构方程：

$$\begin{cases}\sigma=E\varepsilon\left(\varepsilon<\dfrac{\sigma_s}{E}\right)\\ \sigma=(1-D_n)K\varepsilon^M\left(\varepsilon>\dfrac{\sigma_s}{E}\right)\end{cases} \tag{6-19}$$

式中，$E=113.53\text{GPa}$；$K=278.8\text{MPa}$；$M=0.37$。

为了考察不同晶粒度 T2 纯铜幂强化本构模型的拟合精度，将其与实验曲线进行对比，如图 6-4～图 6-7 所示。在弹性变形阶段，不同晶粒度纯铜本构模型遵循胡克定律，应力和应变呈线性关系，实验值与计算值相符。在塑性变形阶段，T2 纯铜模型计算值与实验值吻合较好，由建立的本构方程计算出的应力值与其实验值进行比较，通过拟合值与实验值对比发现，不同晶粒度 T2 纯铜的幂强化本构模型应力计算值在屈服阶段能够较准确地贴合实验值，随后高于实验值，后期局部变形阶段模型计算值又低于实验值，变化规律与 600℃退火状态下应力变化规律相似。从误差方面进行分析，晶粒度为 7.1μm 时，塑性变

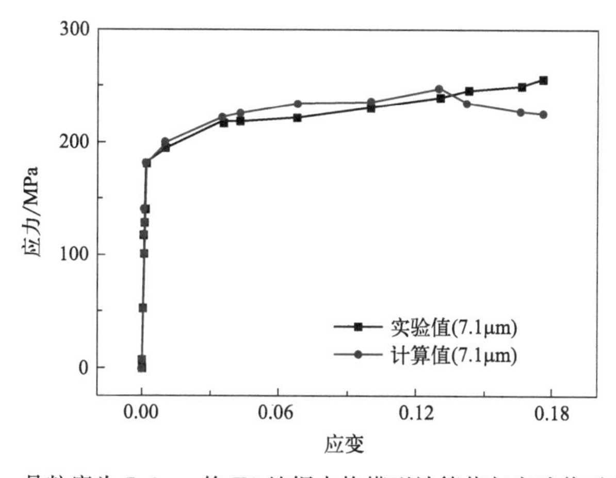

图 6-4　晶粒度为 7.1μm 的 T2 纯铜本构模型计算值与实验值对比曲线

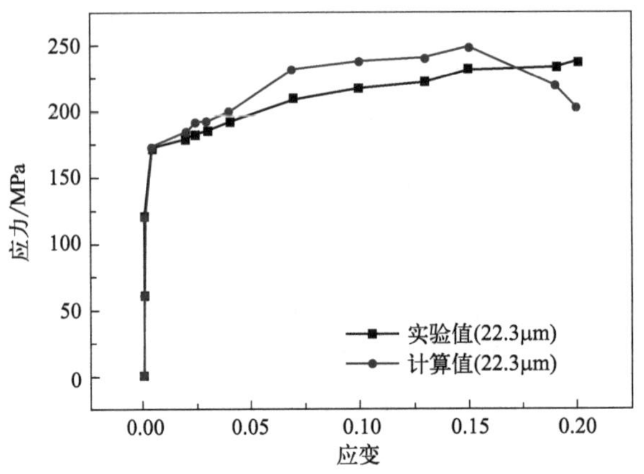

图 6-5　晶粒度为 22.3μm 的 T2 纯铜本构模型计算值与实验值对比曲线

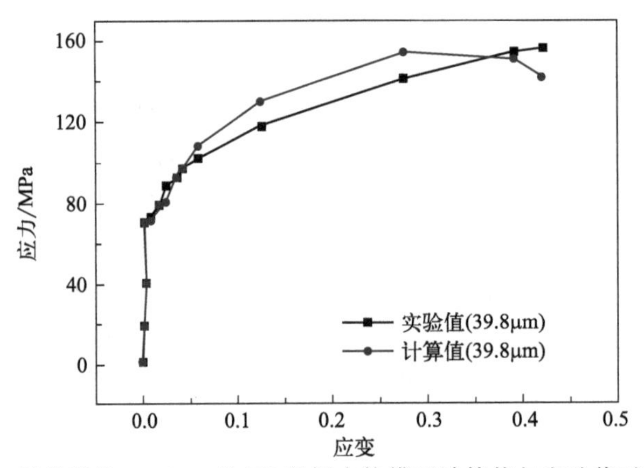

图 6-6　晶粒度为 39.8μm 的 T2 纯铜本构模型计算值与实验值对比曲线

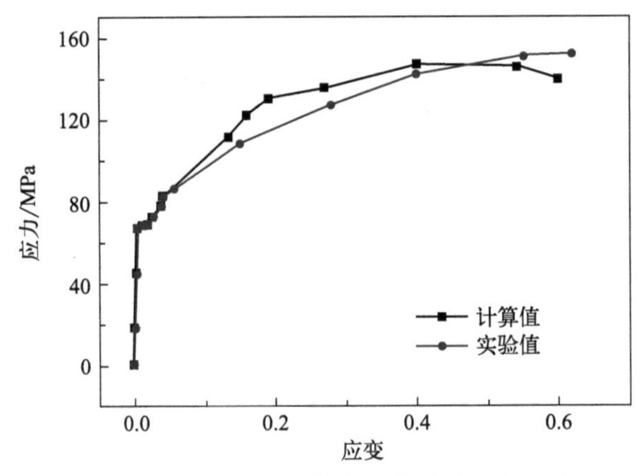

图 6-7　晶粒度为 42.4μm 的 T2 纯铜本构模型计算值与实验值对比曲线

形阶段纯铜最大误差为 11.7%，最小误差为 2.1%，平均误差为 5.7%；晶粒度为 22.3μm 时，T2 纯铜最大误差为 18.1%，最小误差为 3.7%，平均误差为 7.9%；晶粒度为 39.8μm 时，T2 纯铜最大误差为 10.1%，最小误差为 1.5%，平均误差为 5.6%；晶粒度为 39.8μm 时，T2 纯铜的最大误差为 16.1%，最小误差为 1.2%，平均误差为 5.8%。结果表明，不同晶粒度 T2 纯铜的平均误差均小于 10%，表明建立的本构方程能够较精确地预测不同晶粒度 T2 纯铜随塑性变形的流变应力。基于归一化形状因子的弹塑性模型可以较真实地反映不同晶粒度 T2 纯铜的应力-应变关系，可以将宏观应力-应变关系与形状因子建立联系。

6.2.3 临界损伤因子

基于不同晶粒度纯铜归一化形状因子拟合曲线，确定颈缩现象出现时的临界应变点。根据纯铜的应力-应变曲线，确定临界应变点对应的材料颈缩时的应力 σ_u，其颈缩位置如图 6-8～图 6-11 所示。由图可知，随着晶粒尺度的增加，纯铜的临界应变点逐渐推迟。当晶粒尺度为 42.4μm 时，临界应变点推迟到 0.34 左右。随着临界应变点的推迟，塑性变形过程延长，纯铜的快速损伤滞后发生。

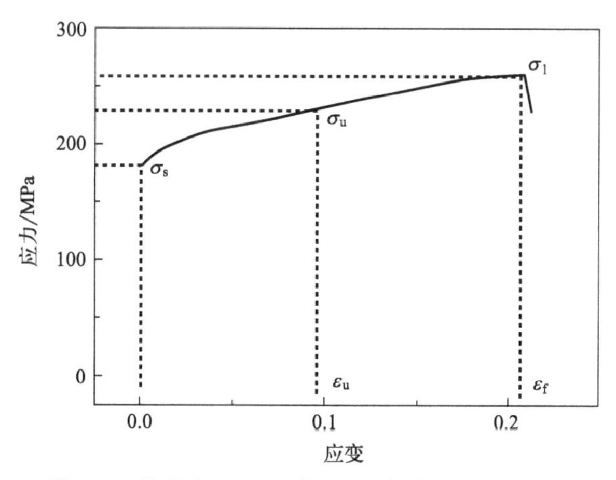

图 6-8　晶粒度 7.1μm 的 T2 纯铜应力-应变曲线

根据归一化形状因子曲线和应力-应变曲线，得到不同晶粒度 T2 纯铜的最大拉伸应力 σ_1、颈缩时应力 σ_u 和失效时应变 ε_f，如表 6-2 所示。

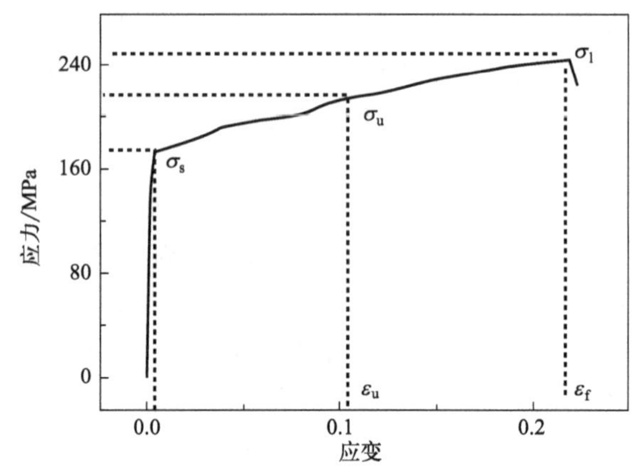

图 6-9　晶粒度 22.3μm 的 T2 纯铜应力-应变曲线

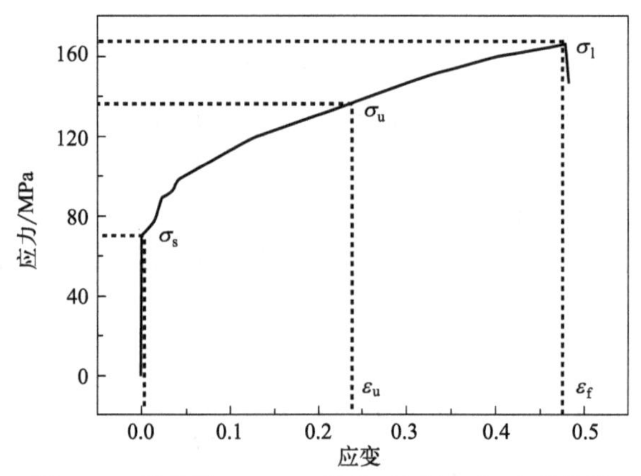

图 6-10　晶粒度 39.8μm 的 T2 纯铜应力-应变曲线

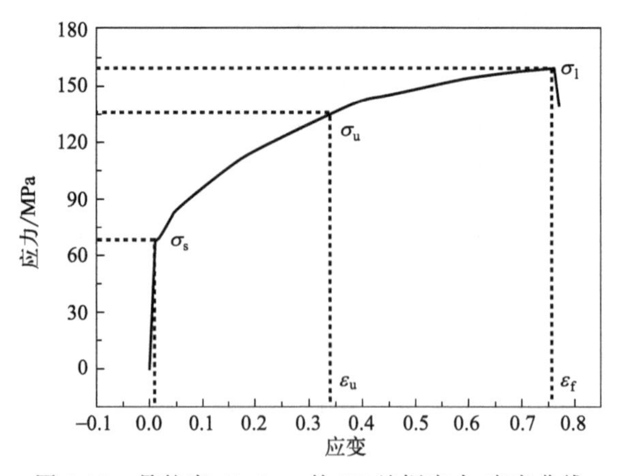

图 6-11　晶粒度 42.4μm 的 T2 纯铜应力-应变曲线

表 6-2　不同晶粒度 T2 纯铜最大拉伸应力、颈缩时应力及临界应变

材料	晶粒度/μm	颈缩应力 σ_u/MPa	临界应变 ε_u	失效应变 ε_f
纯铜	7.1	232.5	0.09	0.21
	22.3	224.1	0.11	0.22
	39.8	136.9	0.24	0.48
	42.4	127.4	0.34	0.77

基于纯铜的损伤本构模型和应力-应变实验曲线，将计算值与实验值代入公式(6-14)，可得不同晶粒度纯铜临界损伤因子的实验值与计算值，如图 6-12 所示。由图可知，随着晶粒尺度的增大，纯铜的临界损伤因子逐渐增加，而且在晶粒尺度为 39.8μm 时出现明显增加的现象。通过损伤模型计算得到的临界损伤值与实验数据计算得到的损伤值吻合较好，最大误差为 8.3%，最小误差为 4.3%，平均误差为 6.3%，进一步验证了该损伤本构模型的有效性。

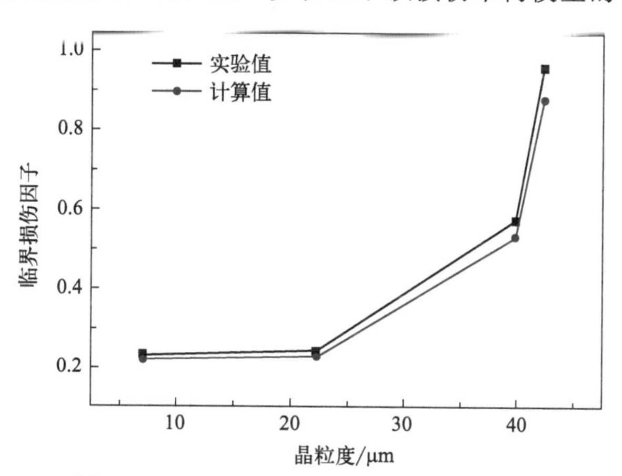

图 6-12　不同晶粒度 T2 纯铜临界损伤因子

6.3　H62 铜合金的损伤本构模型

6.3.1　有效应力

图 6-13 为 H62 铜合金有效应力与塑性应变关系曲线。由图可知，弹性阶段由于材料处于无损状态，归一化形状因子为 0，材料的有效应力与其名义应力数值相同；当材料进去屈服阶段后，铜合金的有效应力 $\tilde{\sigma}$ 随着塑性应变的

增加而逐渐增大，规律与纯铜相似。当晶粒尺度为35.6μm时，有效应力$\tilde{\sigma}$出现明显的缓慢增加现象，且晶粒度越大增加程度越缓慢。

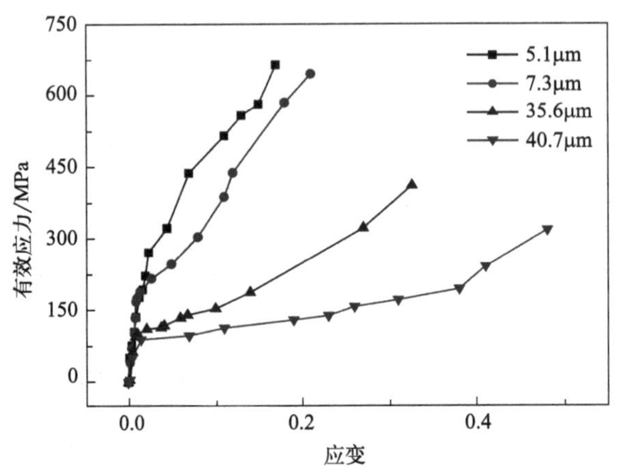

图6-13 不同晶粒度的H62铜合金有效应力与应变关系曲线

所选H62铜合金与T2纯铜均属于均质金属材料薄板，且变形形式相同，均属于单向拉伸，因此有效应力公式(6-6)同样适用于H62铜合金薄板。图6-14为不同晶粒度H62铜合金有效应力$\tilde{\sigma}$与归一化形状因子关系曲线。由图可知，随着归一化形状因子的增加，材料的有效应力$\tilde{\sigma}$逐渐增加，在塑性变形阶段近似呈线性增加趋势。晶粒度较小时，H62铜合金的有效应力$\tilde{\sigma}$随归一化形状因子变化曲线相似。晶粒度达到35.6μm时，H62铜合金的有效应力值明显减小，曲线变化趋势与T2纯铜类似。

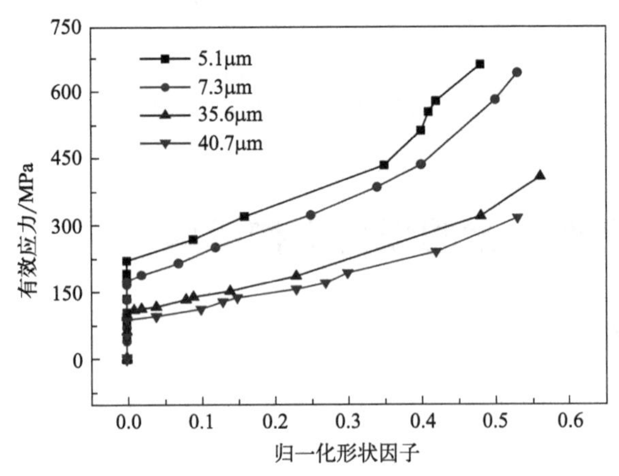

图6-14 不同晶粒度H62铜合金有效应力与归一化形状因子关系曲线

归一化形状因子增大，表明材料的损伤程度增大，晶粒度较小的 H62 铜合金由于内部晶粒尺寸相近，内部细小的晶粒及轧制结构使得内部位错滑移的阻力增大，随着损伤程度加大内部晶粒被拉长程度相差较小，材料的承载面积减小幅度相近，其有效应力变化相差不大。当晶粒度变大后，材料发生完全再结晶，晶粒变大趋于圆整，内部位错阻碍减小，由于双相结构存在，内部的 β 相使得晶粒被拉长程度较相同状态下的 T2 纯铜要小，材料的承载面积减小程度随之下降。晶粒度相近的情况下，材料的有效应力较 T2 纯铜有效应力更大。

6.3.2 损伤本构模型

Ramberg-Osgood 硬化关系式是幂强化模型，与材料塑性变形部分的应力-应变关系吻合较好，结合材料的弹性变形部分的应力-应变关系，H62 铜合金的弹塑性本构模型依然可以采用 T2 纯铜的弹塑性模型，其模型可表示为：

$$\sigma=\begin{cases}E\varepsilon\left(\varepsilon\leqslant\dfrac{\sigma_{\mathrm{s}}}{E}\right)\\(1-D_{\mathrm{n}})K\varepsilon^{M}\left(\varepsilon>\dfrac{\sigma_{\mathrm{s}}}{E}\right)\end{cases}\tag{6-20}$$

在弹性变形阶段 H62 铜合金的应力-应变曲线符合以下方程：

$$\sigma=E\varepsilon\left(\varepsilon\leqslant\frac{\sigma_{\mathrm{s}}}{E}\right)\tag{6-21}$$

在每个曲线上取出 10 个点计算弹性模量，通过统计平均计算得到 H62 铜合金的弹性模量 $E=102.71\mathrm{GPa}$。

基于 Ramberg-Osgood 硬化关系式，建立不同晶粒度 H62 铜合金的有效应力 $\tilde{\sigma}$ 与应变的拟合曲线，如图 6-15 所示。

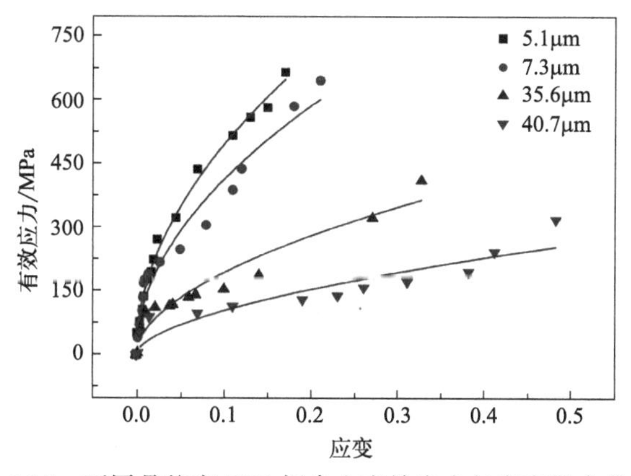

图 6-15　不同晶粒度 H62 铜合金有效应力与应变拟合曲线

通过不同晶粒度铜合金 Ramberg-Osgood 拟合方程，可以得到不同晶粒度材料的硬化系数 K 和硬化指数 M，如表 6-3 所示。由表可知，硬化系数 K 随着晶粒度的增大而减小，晶粒度对其影响较为显著；硬化指数 M 随着晶粒度的增大变化趋势不大，晶粒度对其硬化指数 M 影响较小。结果表明，H62 铜合金硬化系数与晶粒度密切联系，且随晶粒度的改变呈现规律性变化。

表 6-3 不同晶粒度 H62 铜合金的硬化系数 K 及硬化指数 M

晶粒度/μm	材料	K/MPa	M
5.1	H62 铜合金	1588.2	0.5
7.3		1321.6	0.5
35.6		665.2	0.53
40.7		384.4	0.57

结合公式(6-20)，可得不同晶粒度 H62 铜合金的弹塑性损伤本构模型。

晶粒度为 5.1μm 的损伤本构方程：

$$\begin{cases} \sigma = E\varepsilon \left(\varepsilon < \dfrac{\sigma_s}{E}\right) \\ \sigma = (1-D_n)K\varepsilon^M \left(\varepsilon > \dfrac{\sigma_s}{E}\right) \end{cases} \tag{6-22}$$

式中，E=102.71GPa；K=1588.2MPa；M=0.5。

晶粒度为 7.3μm 的损伤本构方程：

$$\begin{cases} \sigma = E\varepsilon \left(\varepsilon < \dfrac{\sigma_s}{E}\right) \\ \sigma = (1-D_n)K\varepsilon^M \left(\varepsilon > \dfrac{\sigma_s}{E}\right) \end{cases} \tag{6-23}$$

式中，E=102.71GPa；K=1321.6MPa；M=0.5。

晶粒度为 35.6μm 的损伤本构方程：

$$\begin{cases} \sigma = E\varepsilon \left(\varepsilon < \dfrac{\sigma_s}{E}\right) \\ \sigma = (1-D_n)K\varepsilon^M \left(\varepsilon > \dfrac{\sigma_s}{E}\right) \end{cases} \tag{6-24}$$

式中，E=102.71GPa；K=665.2MPa；M=0.53。

晶粒度为 40.7μm 的损伤本构方程：

$$\begin{cases}\sigma = E\varepsilon \left(\varepsilon < \dfrac{\sigma_s}{E}\right) \\ \sigma = (1-D_n)K\varepsilon^M \left(\varepsilon > \dfrac{\sigma_s}{E}\right)\end{cases} \tag{6-25}$$

式中，$E=102.71\text{GPa}$；$K=384.4\text{MPa}$；$M=0.57$。

为了考察不同晶粒度 H62 铜合金弹塑性幂强化本构模型的拟合精度，将其与实验曲线进行对比，如图 6-16～图 6-19 所示。在弹性变形阶段，不同晶粒尺度本构模型遵循胡克定律，应力和应变呈现线性关系，实验值与计算值相符。在塑性变形阶段，不同晶粒度 H62 铜合金模型计算值与实验值

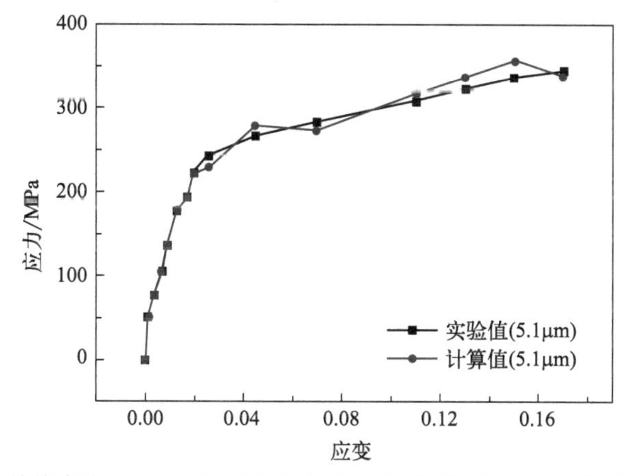

图 6-16　晶粒度为 5.1μm 的 H62 铜合金本构模型计算值与实验值对比曲线

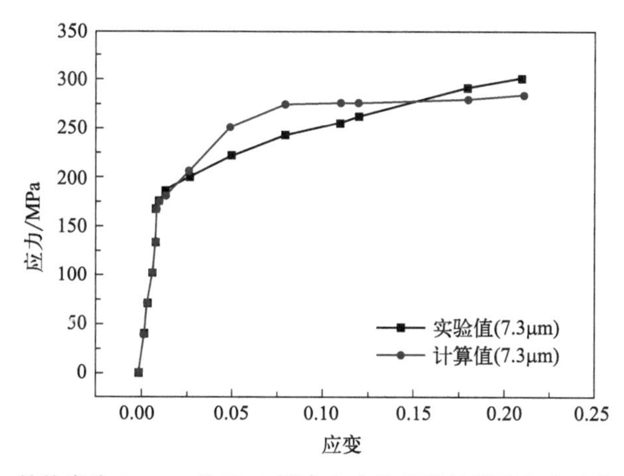

图 6-17　晶粒度为 7.3μm 的 H62 铜合金本构模型计算值与实验值对比曲线

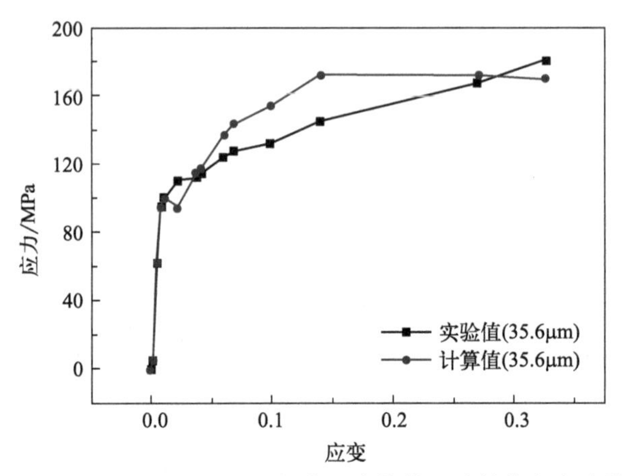

图 6-18 晶粒度为 35.6μm 的 H62 铜合金本构模型计算值与实验值对比曲线

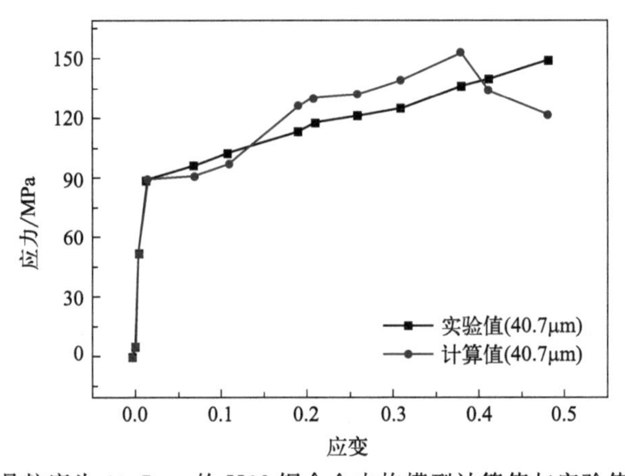

图 6-19 晶粒度为 40.7μm 的 H62 铜合金本构模型计算值与实验值对比曲线

吻合较好。由建立的本构方程计算出的应力值与其实验值进行比较，由塑性阶段的幂强化模型方程计算得到的应力值与实验值比较发现，H62 铜合金的幂强化本构模型应力计算值在屈服阶段能够较准确地贴合实验值，整个塑性变形阶段应力的计算值与实验值吻合较好。从误差方面进行分析，晶粒度为 5.1μm 时，塑性变形阶段 H62 铜合金最大误差为 5.9%，最小误差为 1.1%，平均误差为 3.8%；晶粒度为 7.3μm 时，H62 铜合金最大误差为 13.5%，最小误差为 1.6%，平均误差为 6.7%；晶粒度为 35.6μm 时，H62 铜合金最大误差为 18.6%，最小误差为 1.7%，平均误差为 8.6%；晶粒度为 40.7μm 时，H62 铜合金的最大误差 16.7%，最小误差为 2.8%，平均误差 8.7%。不同晶粒度 H62 铜合金的平均误差均小于 10%，表明建立的本构方程能够较精确地预测不同晶粒度 H62 铜合金随塑性变形的流变应力。基于归一化形状因子的弹塑性模型可以较为真实地反映不同晶粒度 H62 铜合金的应力-应变关系，可以将应力-应变关系与归一化形状因子建立联系。结果表明，新的含损伤弹塑性模型可以较为真实地反映 H62 铜合金和 T2 纯铜的应力-应变关系，且能将宏观应力-应变关系与晶界形状因子建立联系。

6.3.3 临界损伤因子

基于不同晶粒度铜合金归一化形状因子拟合曲线，确定颈缩现象出现时的临界应变点。根据铜合金的应力-应变曲线，确定临界应变点对应的材料颈缩时的应力 σ_u，其颈缩位置如图 6-20～图 6-23 所示。由图可知，随着晶粒尺度的增加，H62 铜合金的临界应变点逐渐推迟。当晶粒尺度为 35.6μm 时，临界应变点推迟到 0.17 左右。随着临界应变点的推迟，塑性变形过程延长，铜合金的快速损伤滞后发生。不同点是纯铜比铜合金的临界应变点推迟了 0.1 左右，相应的损伤变形速度更慢。

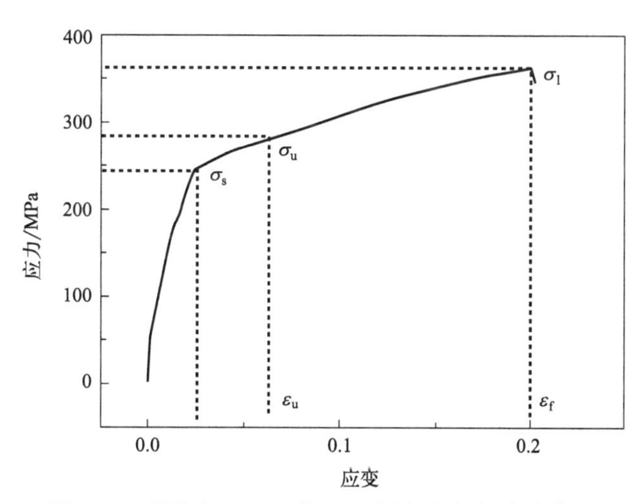

图 6-20 晶粒度 5.1μm 的 H62 铜合金应力-应变曲线

根据归一化形状因子曲线和应力-应变曲线，得到不同晶粒度 H62 铜合金的最大拉伸应力 σ_l、颈缩时应力 σ_u 和失效时应变 ε_f，如表 6-4 所示。

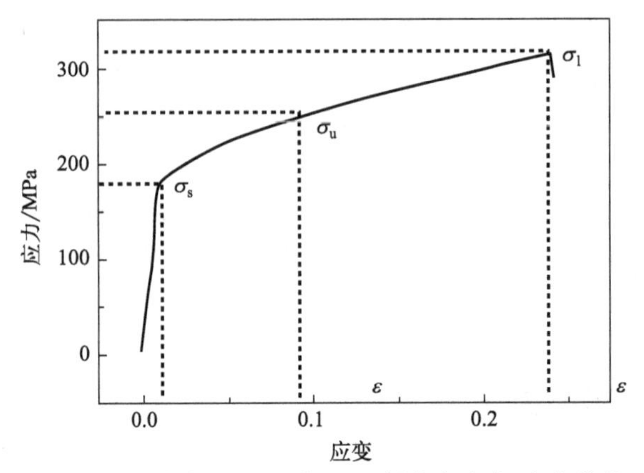

图 6-21　晶粒度 7.3μm 的 H62 铜合金应力-应变曲线

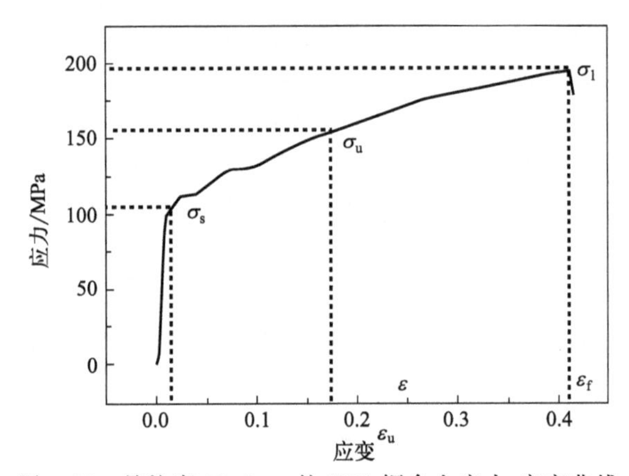

图 6-22　晶粒度 35.6μm 的 H62 铜合金应力-应变曲线

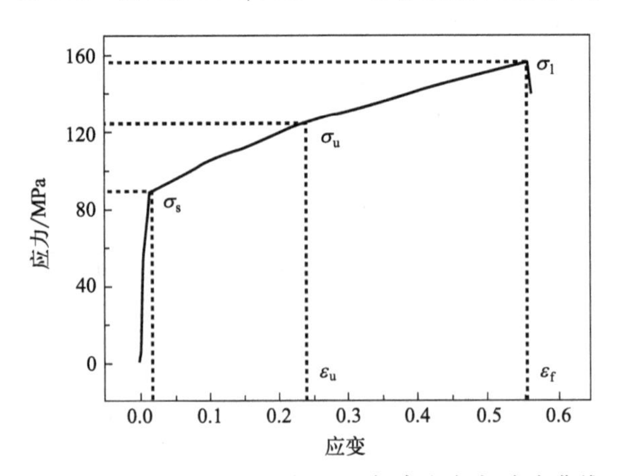

图 6-23　晶粒度 40.7μm 的 H62 铜合金应力-应变曲线

表 6-4 不同晶粒度 H62 铜合金最大拉伸应力、颈缩时应力及临界应变

材料	晶粒度 /μm	颈缩应力 σ_u/MPa	临界应变 ε_u	失效应变 ε_f
铜合金	5.1	283.7	0.065	0.20
	7.3	254.2	0.09	0.24
	35.6	152.3	1.7	0.41
	40.7	124.6	2.4	0.56

基于 H62 铜合金的损伤本构模型和应力-应变实验曲线，将计算值与实验值代入公式(6-14)，可得不同晶粒度铜合金临界损伤因子的实验值与计算值，如图 6-24 所示。由图可知，随着晶粒尺度的增大，铜合金的临界损伤因子逐渐增加，而且在晶粒尺度为 35.6μm 时出现明显增加的现象。通过损伤模型计算得到的临界损伤值与实验数据计算得到的损伤值吻合较好，最大误差为 9.4%，最小误差为 0.4%，平均误差为 5.8%。铜合金与纯铜的临界损伤因子的实验值与计算值误差均小于 10%，进一步验证了该损伤本构模型应用于铜及其合金是可行的。

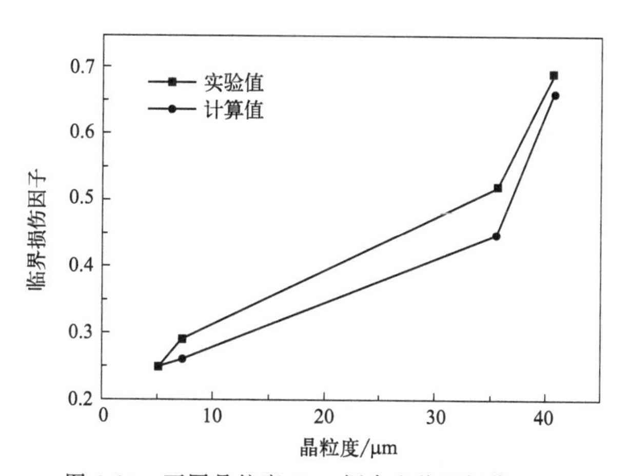

图 6-24 不同晶粒度 H62 铜合金临界损伤因子

将图 6-12 和图 6-24 整合，可得不同晶粒度 T2 纯铜和 H62 铜合金的临界损伤因子 D_c，结合两种金属材料的延伸率数据，建立晶粒度与临界损伤因子、延伸率的关系，如图 6-25 所示。由图可知，随着晶粒度的增大，纯铜和铜合金的临界损伤因子和延伸率均呈逐渐增大现象。当晶粒度较小时，临界损伤因子和延伸率增加缓慢；当晶粒度达到 22.3μm 后，材料的临界损伤因子和延伸率均开始快速增加。将纯铜和铜合金晶粒度相近的临界损伤因子进行对比，如

图 6-26 所示。结果表明，晶粒度相同条件下，材料经过合金化后，临界损伤因子出现增大现象。

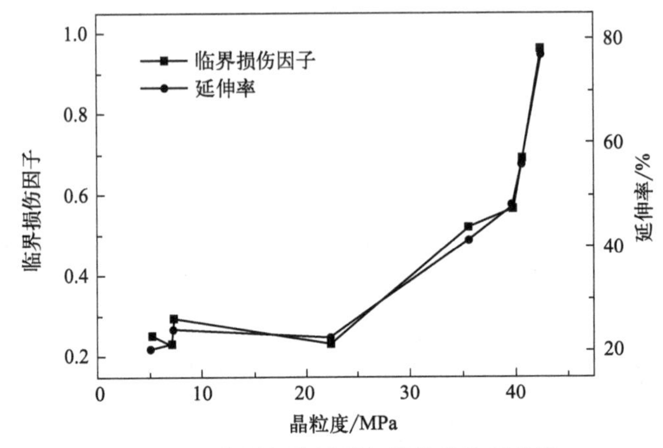

图 6-25　临界损伤因子与晶粒度关系曲线

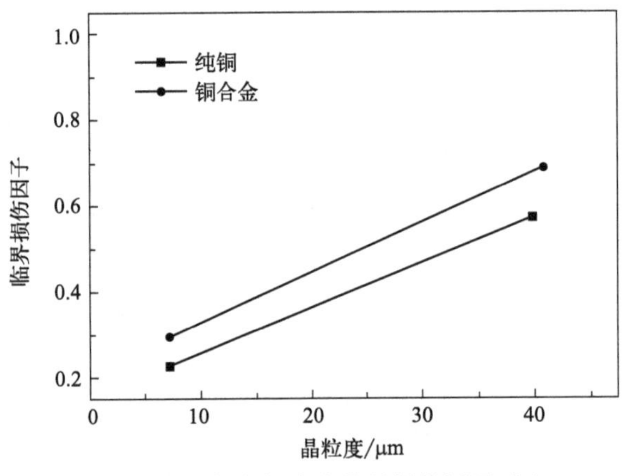

图 6-26　纯铜与铜合金临界损伤因子对比

将 T2 纯铜、H62 铜合金、7075 铝合金及 Ti600 的 Cockcroft-Latham 临界损伤因子（D_c）、TP321 奥氏体钢临界空穴扩张比（V_{GC}）及 45 号钢 Zener-Hollomon 临界损伤因子进行比较分析，如图 6-27 所示。

由图可知，不同金属材料采用 Cockcroft-Latham 准则计算得到的临界损伤因子随着材料的延伸率增加逐渐增大。采用临界空穴扩张比理论及 Zener-Hollomon 准则计算金属材料得到的临界损伤因子均随延伸率的增加而增大。由于晶粒度与材料的延伸率密切相关，延伸率随晶粒度的增加而增大。因此，可以得出临界损伤因子也随晶粒度的增加而增大。不同材料采用不同损伤演变

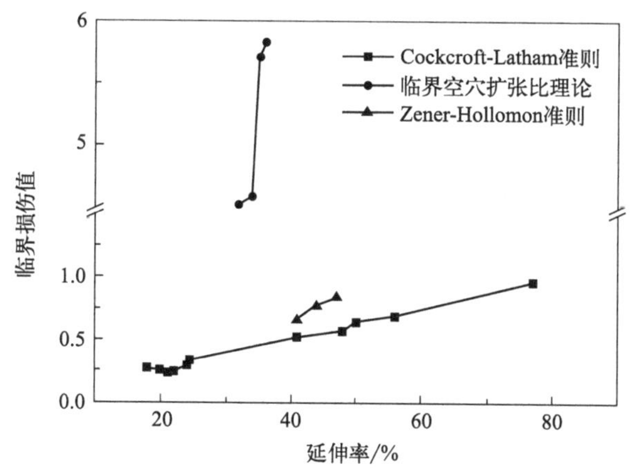

图 6-27　临界损伤因子与延伸率关系曲线

方法得到的临界损伤值均具有相似的变化规律，且采用 Cockcroft Latham 准则计算得到的临界损伤值随延伸率增加而逐渐增大，表明 T2 纯铜和 H62 铜合金由晶界损伤得到的归一化形状因子与应变曲线的准确性，间接验证了含归一化形状因子的弹塑性本构模型可以较真实地反映材料的应力-应变关系。

6.4 损伤本构模型的推广

为了进一步验证损伤本构模型对于材料变化（合金、晶粒度）的适用性，使其具有推广性，选用工程中常用的工业纯铁和低碳钢两种金属材料进行研究。通过文献的实验数据，结合 T2 纯铜与 H62 铜合金的材料参数，将工业纯铁、低碳钢与 T2 纯铜、H62 铜合金四种金属材料的晶粒度和力学性能进行对比分析，如表 6-5 所示。由表可知，晶粒尺度变大后，单相结构 T2 纯铜、工业纯铁的抗拉强度和屈服强度均小于双相结构的 H62 铜合金、低碳钢。材料合金化后，抗拉强度和屈服强度均提高。这是因为单相材料合金化后内部存在较硬第二相，阻碍组织内的位错进一步扩散，位错所受阻力增大，使得材料的屈服强度和抗拉强度升高。

表 6-5　四种金属材料的力学性能

晶粒度/μm	材料	屈服强度/MPa	抗拉强度/MPa
29.8	低碳钢	300.5	483.6
35.6	铜合金	104.1	193.2

续表

晶粒度/μm	材料	屈服强度/MPa	抗拉强度/MPa
39.8	纯铜	70.9	164.4
142.5	工业纯铁	177.2	405.7

基于公式(6-6)，建立工业纯铁、低碳钢有效应力 $\tilde{\sigma}$ 与归一化形状因子 D_n 的关系曲线，如图 6-28 所示。由图可知，工业纯铁和低碳钢在塑性变形阶段有效应力随着归一化形状因子的增大而增加，两种材料的有效应力与归一化形状因子密切相关，归一化形状因子增加，材料的损伤随之加剧，其有效应力变化规律与纯铜、铜合金相似。

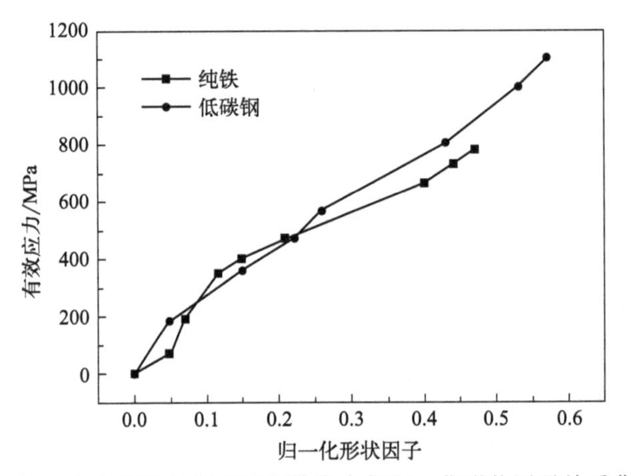

图 6-28　工业纯铁与低碳钢有效应力与归一化形状因子关系曲线

基于公式(6-9)，建立工业纯铁、低碳钢的有效应力 $\tilde{\sigma}$ 与应变的关系，如图 6-29 所示。将文献中的归一化形状因子代入损伤本构模型中，通过 Ramberg-Osgood 关系式拟合有效应力 $\tilde{\sigma}$ 与塑性应变的曲线，得到工业纯铁和低碳钢的硬化系数 K 和硬化指数 M，如公式(6-26) 和公式(6-27) 所示。

根据公式(6-11)，建立基于归一化形状因子的工业纯铁和低碳钢的弹塑性损伤本构模型。

晶粒度为 142.5μm 的工业纯铁：

$$\sigma=\begin{cases} E\varepsilon\left(\varepsilon\leqslant\dfrac{\sigma_s}{E}\right) \\ (1-D_n)K\varepsilon^M\left(\varepsilon>\dfrac{\sigma_s}{E}\right) \end{cases} \tag{6-26}$$

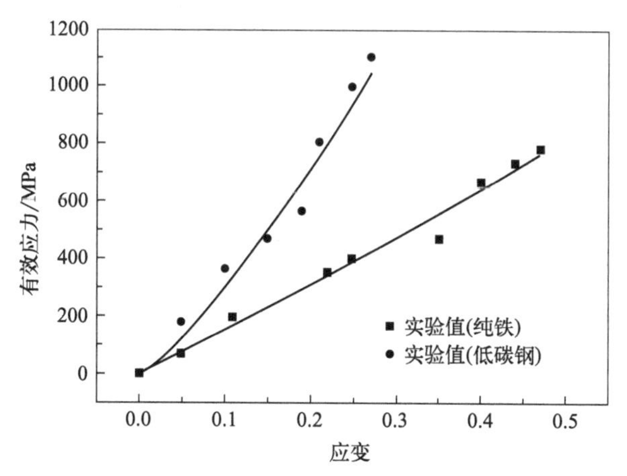

图 6-29　工业纯铁与低碳钢有效应力与应变拟合曲线

式中，$E=185.45\mathrm{GPa}$；$K=1707.1\mathrm{MPa}$；$M=1.06$。

晶粒度为 29.8μm 的低碳钢：

$$\sigma=\begin{cases}E\varepsilon\left(\varepsilon\leqslant\dfrac{\sigma_{\mathrm{s}}}{E}\right)\\(1-D_{\mathrm{n}})K\varepsilon^{M}\left(\varepsilon>\dfrac{\sigma_{\mathrm{s}}}{E}\right)\end{cases}\tag{6-27}$$

式中，$E=208.24\mathrm{GPa}$；$K=5399.2\mathrm{MPa}$；$M=1.2$。

图 6-30 是工业纯铁、低碳钢应力-应变实验数据与损伤本构模型计算结果对比。在弹性变形阶段，两种金属材料本构模型遵循胡克定律，应力和应变呈现线性关系，实验值与计算值相符。在塑性变形阶段，两种金属材料模型计算值与实验值吻合较好。由建立的本构方程计算出的应力值与其实验值进行比较发现，两种金属材料的幂强化本构模型应力计算值在塑性变形阶段能够较准确地贴合实验值。可以看出，两种金属材料的计算值与实验数据吻合较好，较为真实地反映了两种金属材料的应力-应变关系。从误差方面分析，工业纯铁的最大误差为 6.4%，最小误差为 0.2%，平均误差为 3.1%；低碳钢的最大误差为 15.4%，最小误差为 1.4%，平均误差为 5.4%。结果表明，工业纯铁和低碳钢的平均误差均小于 10%，其弹塑性模型可以较为真实地反映材料的应力-应变关系，同时又间接反映出该模型对单相和双相结构金属材料薄板应力-应变关系的适用性。基于归一化形状因子建立的损伤本构模型对于单相和双相金属材料薄板的应力-应变数据吻合较好，该模型用于反映该类薄板金属材料在拉伸过程中的应力-应变关系是可行的，它可以将单相和双相金属材料的细

观损伤与宏观应力-应变关系建立联系，对其损伤机理的研究具有重要意义。

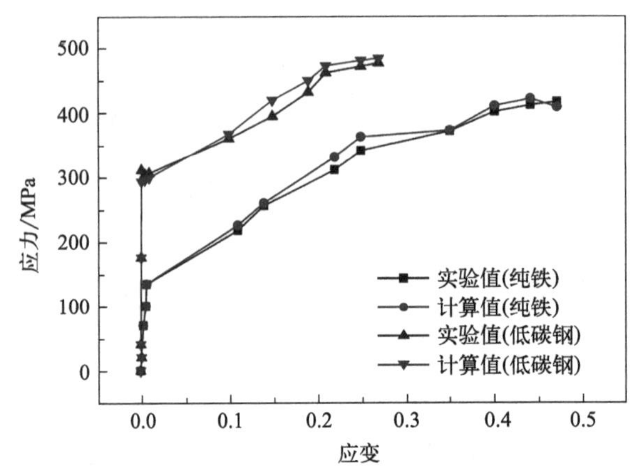

图 6-30　工业纯铁及低碳钢本构模型的计算值与实验值对比

6.5 损伤本构模型的硬化参数

通过对纯铜、铜合金、工业纯铁及低碳钢四种金属材料的损伤本构模型进行分析，发现模型中的硬化系数、硬化指数与材料变化（合金、晶粒度、强度等）相关，如图 6-31 所示。由图可知，损伤本构模型的硬化参数随材料的抗拉强度改变呈规律性变化。材料的抗拉强度越大，材料的硬化系数和硬化指数均呈现逐渐增大的现象。图 6-32 为不同晶粒度纯铜和铜合金损伤本构模型的

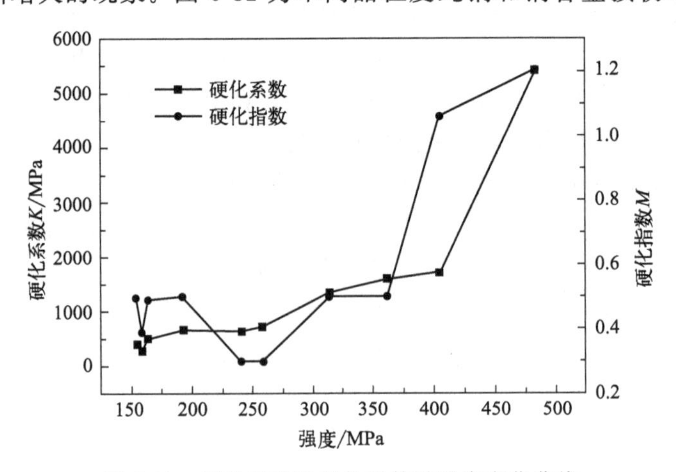

图 6-31　硬化系数及硬化指数随强度变化曲线

硬化参数随晶粒度变化曲线。铜和铜合金损伤本构模型的硬化系数均随着晶粒度的增加而逐渐减小，硬化指数随晶粒度变化较小，总体趋于平缓。材料经过合金化后，硬化系数、硬化指数均出现增大现象。小尺度晶粒度材料合金化对损伤本构模型的硬化系数影响越大。

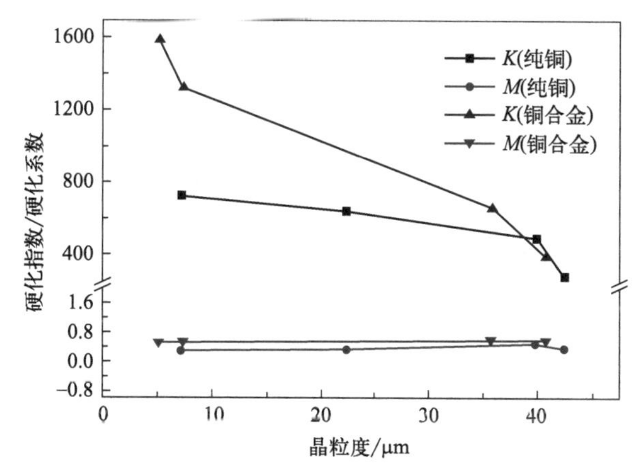

图 6-32　硬化系数 K 及硬化指数 M 随晶粒度变化曲线

参考文献

[1] Lemaitre J. 损伤力学教程 [M]. 北京：科学出版社，1996.

[2] 李兆霞. 损伤力学及其应用 [M]. 北京：科学出版社，2002.

[3] 李灏. 损伤力学基础 [M]. 济南：山东科学技术出版社，1992.

[4] 吴伟. 材料科学基础 [M]. 北京：中国铁道出版社，2015.

[5] Raabe D. 计算材料学 [M]. 北京：化学工业出版社，2002.

[6] 恩格. 金属损伤图谱 [M]. 北京：机械工业出版社，1990.

[7] 曼森. 金属疲劳损伤 [M]. 北京：国防工业出版社，1976.

[8] 吴犀甲. 金属材料寿命的演变过程 [M]. 合肥：中国科学技术大学出版社，2009.

[9] Sun X，Liu S，Bao J，et al. Selective Laser Melting：Characteristics of IN718 Powder and Microstructures of Fabricated IN718 Sample [M]. John Wiley & Sons，Ltd，2015.

[10] 颜鸣皋，陈学印. 镍基高温合金的强化 [J]. 金属学报，1964，7 (3)：308-321.

[11] 张鹏. 镍基高温合金宏微观塑变行为及性能控制 [M]. 北京：科学出版社，2022.

[12] Stoschka M，Riedler M，Stockinger M，et al. An Integrated Approach to Relate Hot Forging Process Controlled Microstructure of IN718 Aerospace Components to Fatigue Life [M]. John Wiley & Sons，Inc. 2012.

[13] 庄景云，杜金辉，邓群. 变形高温合金 GH4169 组织与性能 [M]. 北京：冶金工业出版社，2011.

[14] 赵永庆，辛社伟，陈永楠，等. 新型合金材料——钛合金 [M]. 北京：中国铁道出版社，2017.

[15] Ebara R，Endo M，Kim H J，et al. Fatigue Behavior of Ultra-Fine Grained Ti6Al4V Alloy [M]. John Wiley & Sons，Ltd，2014.

[16] 唐雨建. 考虑细观损伤的韧性断裂研究 [D]. 哈尔滨：哈尔滨工程大学，2007.

[17] 冯西桥. 脆性材料的细观损伤理论和损伤结构的安定分析 [D]. 北京：清华大学，1995.

[18] 殷健. 基于临界空穴扩张比理论的奥氏体不锈钢韧性断裂准则的实验研究 [D]. 秦皇岛：燕山大学，2017.

[19] 李彩瑞. 承压设备用钢损伤的声发射评价与 DIC 表征方法研究 [D]. 大庆：东北石油大学，2022.

[20] 韩蕊蕊. GH4169 高温合金的成型性能研究 [D]. 沈阳：东北大学，2013.

[21] 董齐. 激光熔覆 Inconel718 镍基高温合金微观力学性能研究 [D]. 秦皇岛：燕山大学，2017.

[22] 蒋军杰. 选区激光熔化成型医用 Ti-6Al-4V 合金的组织和性能研究 [D]. 重庆：重庆大学，2015.

[23] 谭玉全. 热处理对 TC4 钛合金组织、性能的影响及残余应力消除方法的研究 [D]. 重庆：重庆大学，2016.

[24] 朱桂双. 不同晶粒尺寸 TC4 钛合金高温变形行为研究 [D]. 哈尔滨：哈尔滨工业大学，2017.

[25] 黄建国. TC4 合金选区激光熔化 (SLM) 成形的微观组织及性能研究 [D]. 南昌：南昌航空大学，2018.

[26] 李磊. 铜及铜合金薄板的细观损伤演化行为研究 [D]. 呼和浩特：内蒙古工业大学，2021.

[27] 马慧莲，史志铭. 金属材料塑性变形过程中细观结构演化的几何描述 [J]. 内蒙古工业大学学报，2006，25 (4)：256-259.

[28] Tanaka E，Murakami S，Takasaki H，et al. Multiaxial experiments and constitutive modeling of

superplasticity [J]. Materials Science Forum，1999，304：631-638.

[29] 陈姗姗，李宏伟，杨合. 弹粘塑性晶界变形损伤本构模型 [J]. 塑性工程学报，2014，21 (2)：13-19＋39.

[30] 张晓川，陈金龙，富东慧. 金属微区塑性变形测试的数字图像相关方法 [J]. 机械强度，2012，34 (4)：500-504.

[31] 赵银燕，姜节胜. 表面塑性损伤的描述及其细观机理分析 [J]. 机械强度，1999，21 (3)：221-224.

[32] 黄为福，黄模佳. 准 D5 晶粒各向异性集合的弹性本构研究 [J]. 南昌大学学报（工科版），2005，27 (2)：6-11.

[33] 张群莉，张杰，李栋，等. 不同时效温度下激光增材再制造 IN718 合金层的组织与性能研究 [J]. 稀有金属材料与工程，2020，49 (08)：1785-1792.

[34] Holland S，Wang X，Fang X Y，et al. Grain Boundary Network Evolution in Inconel 718 from Selective Laser Melting to Heat Treatment [J]. Materials Science and Engineering A，2018，725：406-418.

[35] Anderson M，Thielin A，Bridier F，et al. δ Phase precipitation in Inconel718 and associated mechanical properties [J]. Materials Science and Engineering A，2017，679：48-55.

[36] 周胜田，刘均，黄宝宗. 钛合金 TC4 低周疲劳连续损伤力学研究 [J]. 机械强度，2008 (05)：798-803.

[37] Schreier H W，Sutton M A. Systematic errors in digital image correlation due to under matched subset shape functions [J]. Experimental Mechanics，2002，42 (3)：303-310.

[38] Morita T，Oka Y，Tsutsumi S. Short-time heat treatment for TC4 alloy produced by selective laser melting [J]. Materials Transactions，2022，63 (6)：854-863.

[39] 李玉海，左柏强，蔡雨升，等. 低高温双重热处理对激光选区熔化 TC4 钛合金断裂韧性影响 [J]. 稀有金属材料与工程，2022，51 (05)：1864-1872.

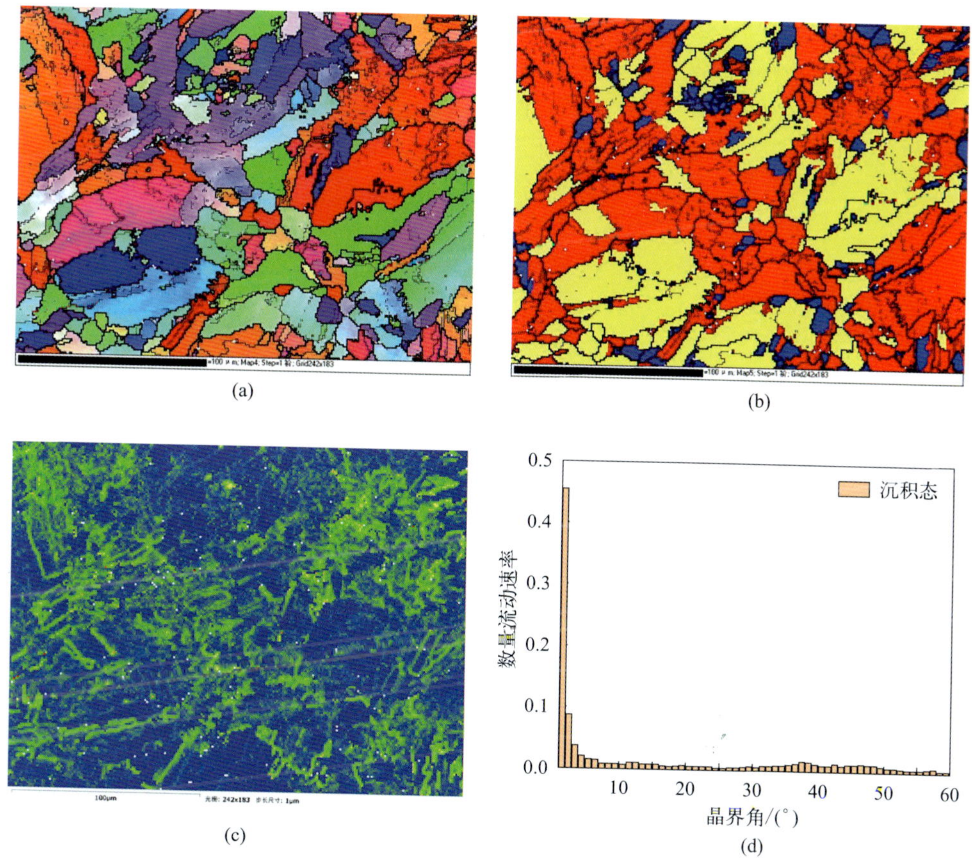

图 2-13　SLM Inconel 718 合金沉积态的 EBSD 分析图

(a) 取向成像图；(b) 再结晶分布图；(c) 局域取向差角；(d) 晶界差角图

图 2-17

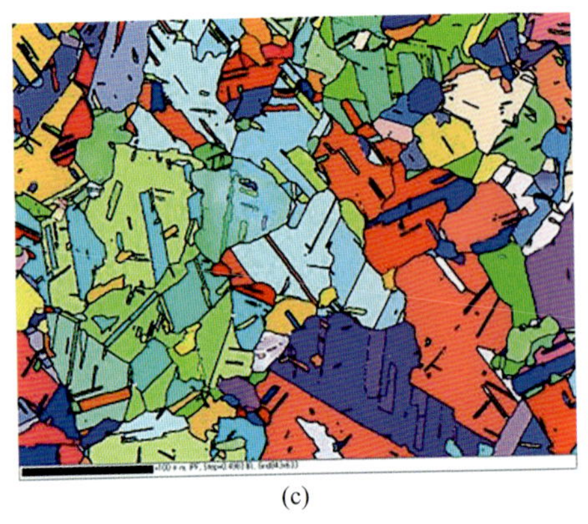

(c)

图 2-17　不同热处理态 SLM Inconel 718 合金的取向成像图

(a) AT1；(b) AT2；(c) AT3

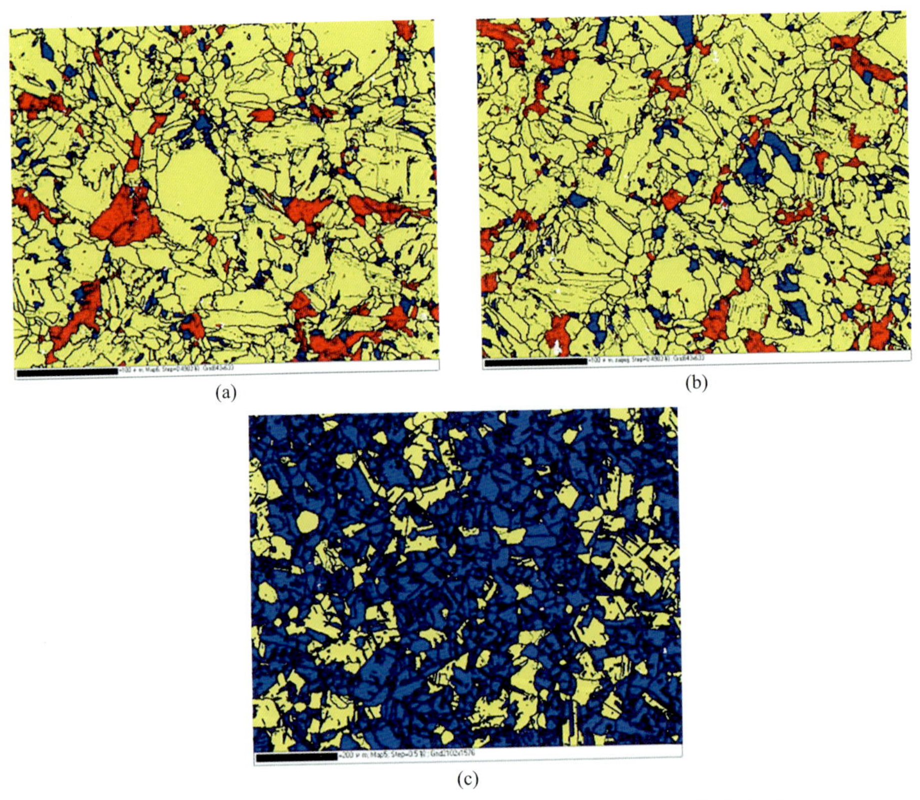

图 2-18　不同热处理态 SLM Inconel 718 合金的再结晶分布图

(a) AT1；(b) AT2；(c) AT3

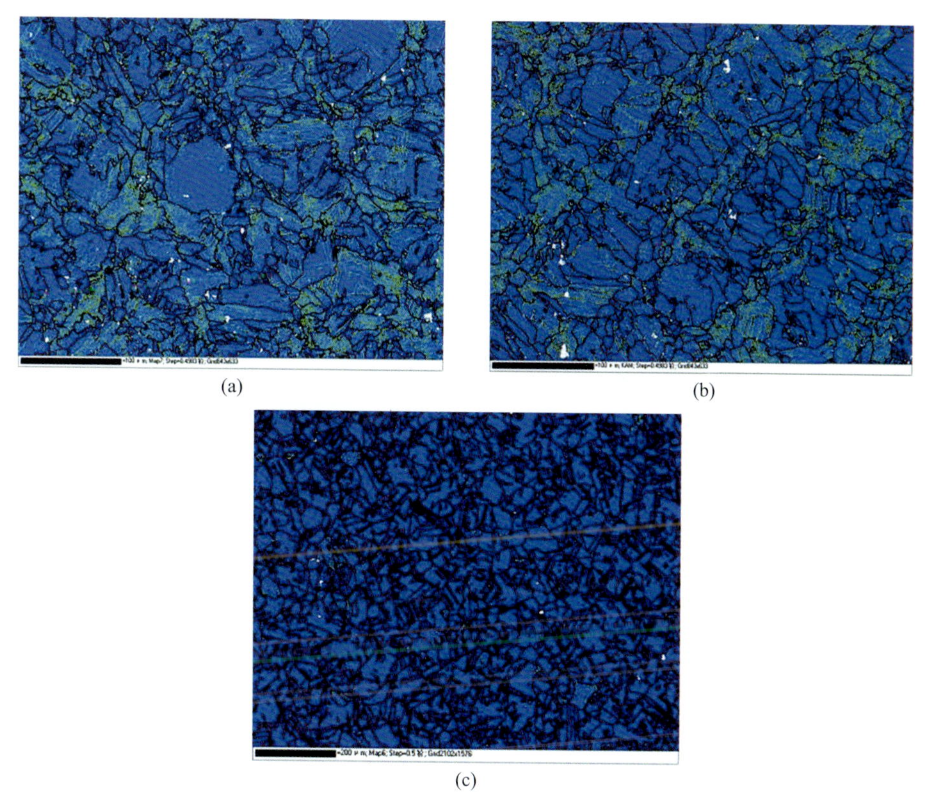

图 2-19　不同热处理态 SLM Inconel 718 合金的局域取向差分布图
(a) AT1；(b) AT2；(c) AT3

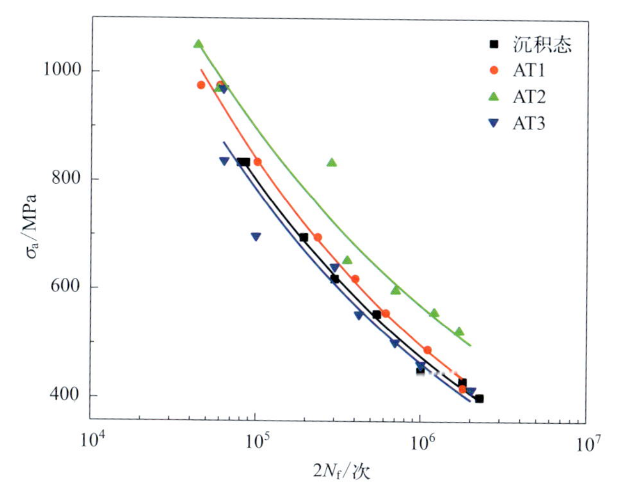

图 2-26　SLM Inconel 718 合金的疲劳寿命 S-N 曲线

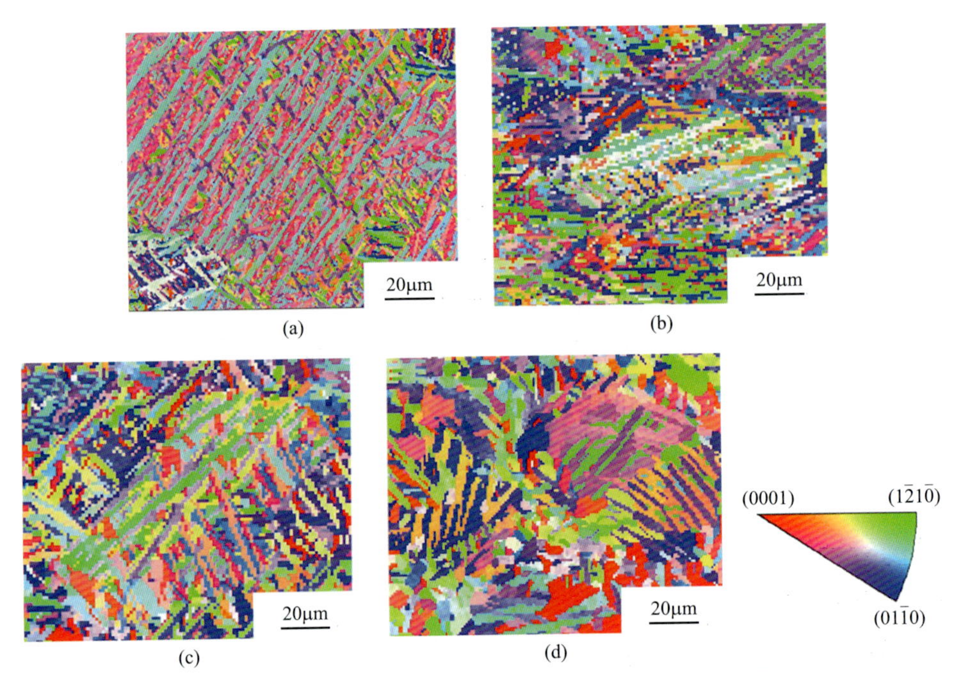

图 2-33　不同退火温度下 SLM TC4 合金取向分布图

(a) 沉积态；(b) AT1；(c) AT2；(d) AT3

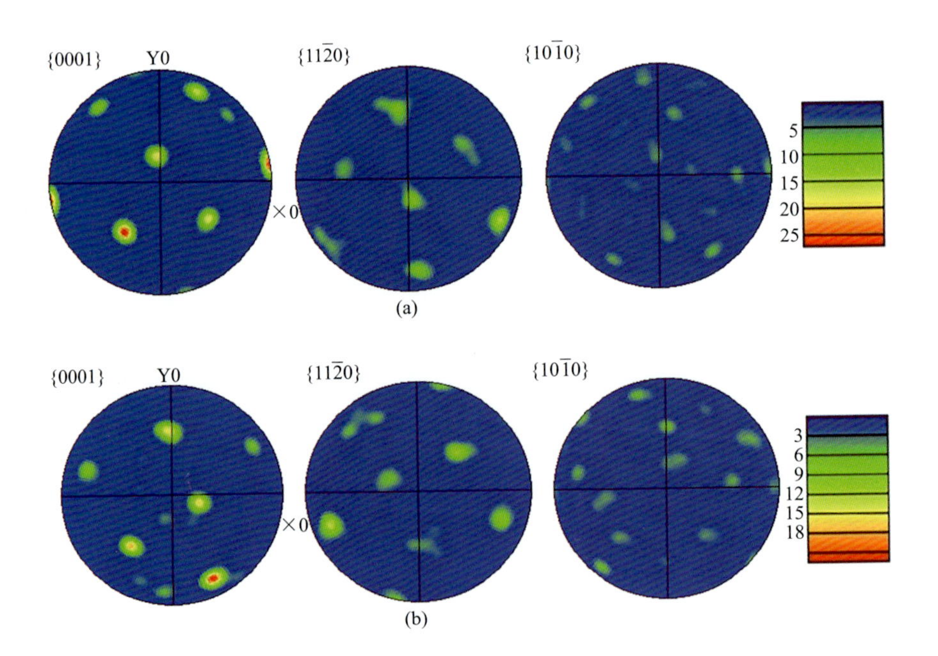

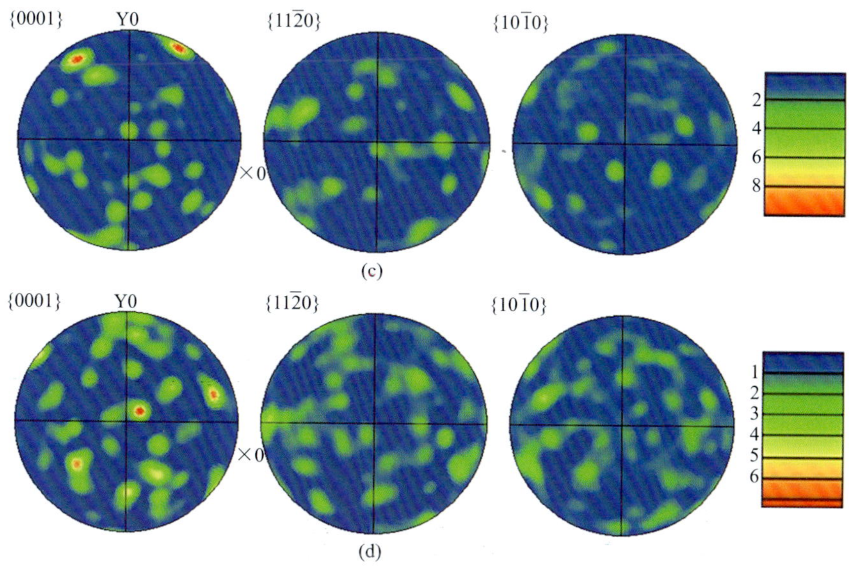

图 2-34　不同退火温度下 SLM TC4 合金 α 相极图

(a) 沉积态；(b) AT1；(c) AT2；(d) AT3

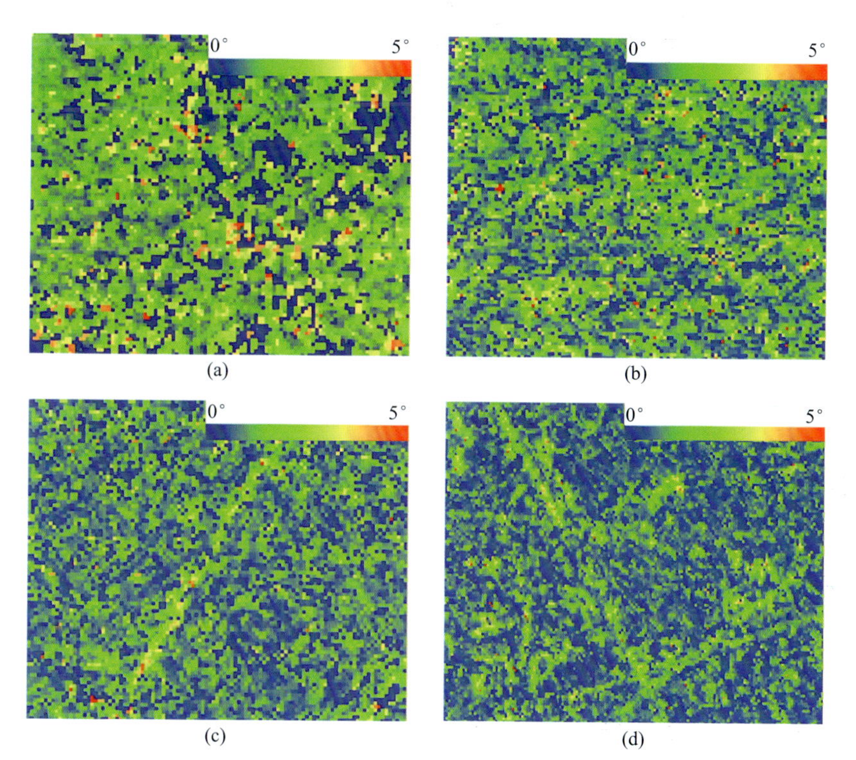

图 2-35　不同退火温度下 SLM TC4 合金局域取向差角图

(a) 沉积态；(b) AT1；(c) AT2；(d) AT3

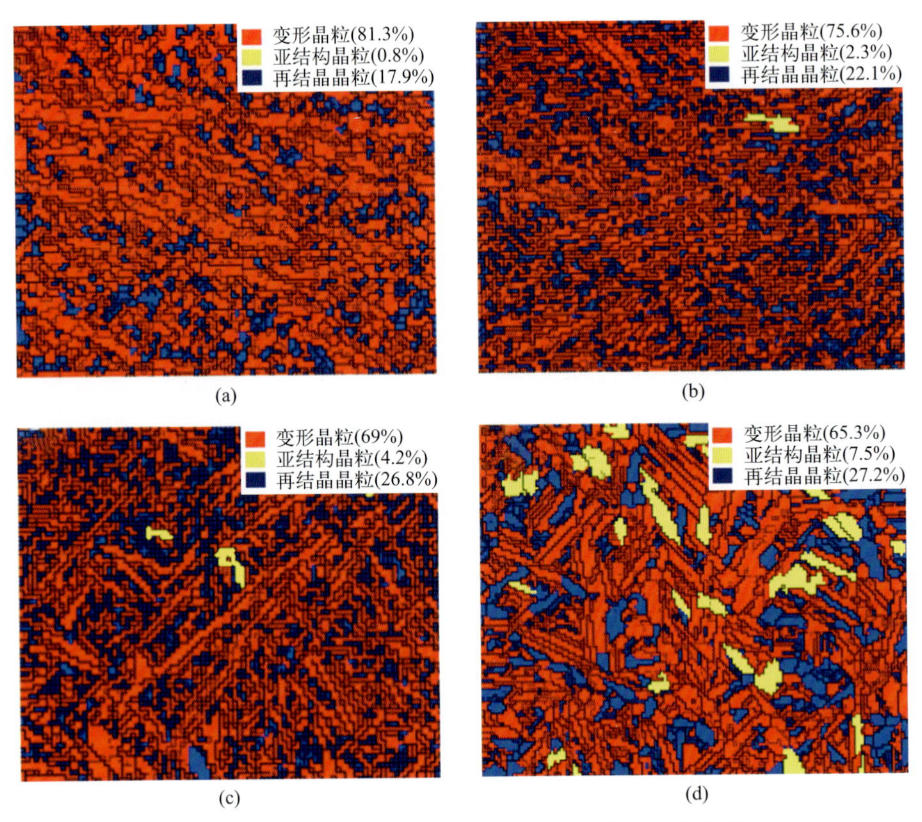

图 2-36　不同退火温度下 SLM TC4 合金再结晶分数图

(a) 沉积态；(b) AT1；(c) AT2；(d) AT3

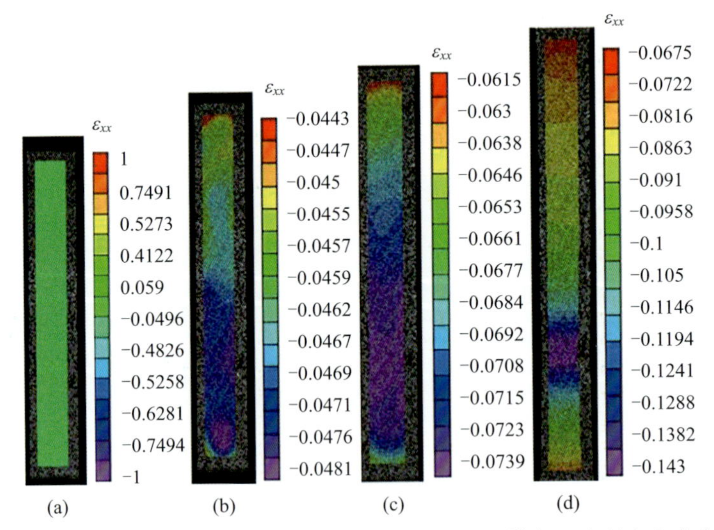

图 4-2　晶粒度为 39.8μm 的 T2 纯铜的 x 方向（横向）表观应变分布

(a) $\varepsilon_{xx}=0$；(b) $\varepsilon_{xx}=-0.048$；(c) $\varepsilon_{xx}=-0.073$；(d) $\varepsilon_{xx}=-0.143$

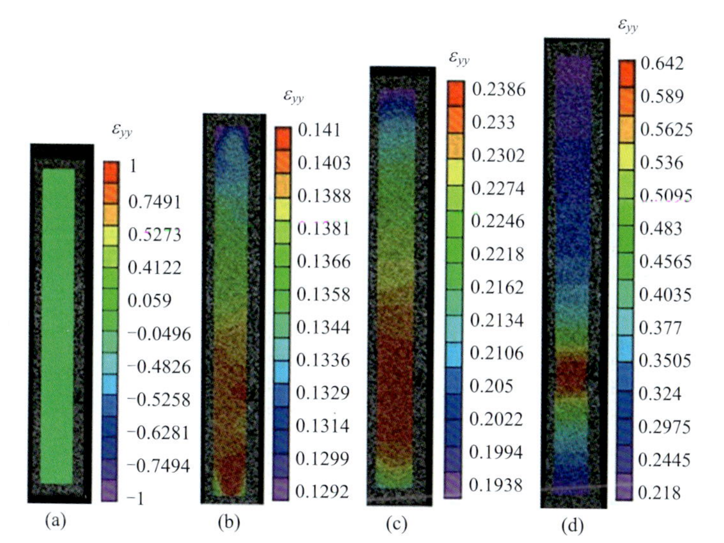

图 4-3　晶粒度为 39.8μm 的 T2 纯铜的 y 方向（轴向）表观应变分布

(a) $\varepsilon_{yy}=0$；(b) $\varepsilon_{yy}=0.141$；(c) $\varepsilon_{yy}=0.238$；(d) $\varepsilon_{yy}=0.642$

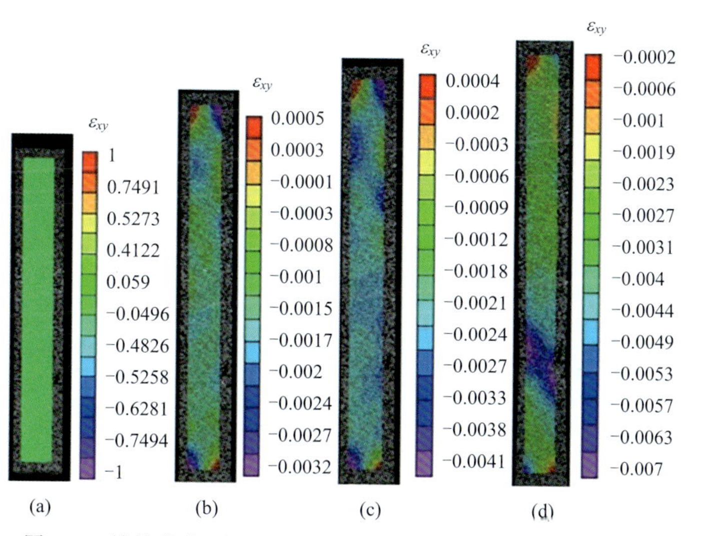

图 4-4　晶粒度为 39.8μm 的 T2 纯铜的 xy 方向表观应变分布

(a) $\varepsilon_{xy}=0$；(b) $\varepsilon_{xy}=-0.003$；(c) $\varepsilon_{xy}=-0.004$；(d) $\varepsilon_{xy}=-0.007$

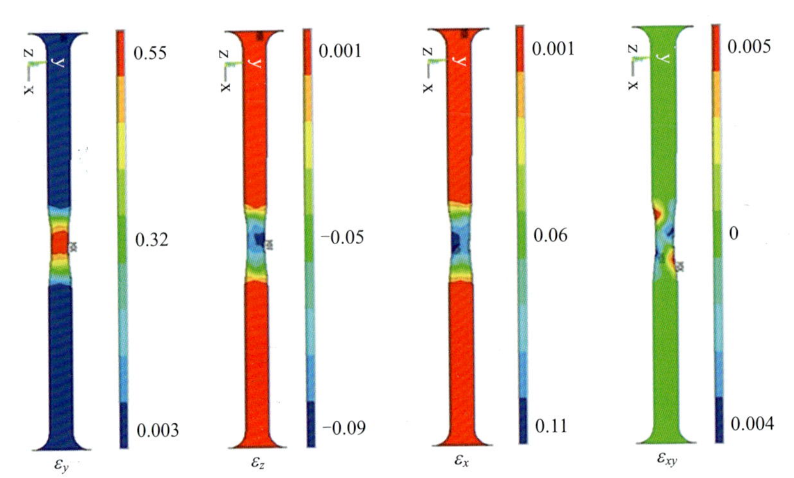

图 4-5　晶粒度为 39.8μm 的 T2 纯铜某一变形态的应变模拟结果对比

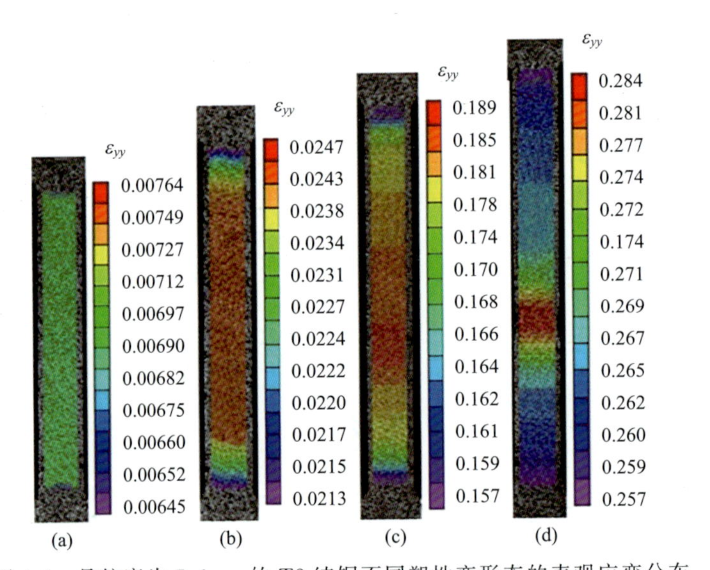

图 4-6　晶粒度为 7.1μm 的 T2 纯铜不同塑性变形态的表观应变分布

(a) $\varepsilon_{yy}=0.007$；(b) $\varepsilon_{yy}=0.024$；(c) $\varepsilon_{yy}=0.189$；(d) $\varepsilon_{yy}=0.284$

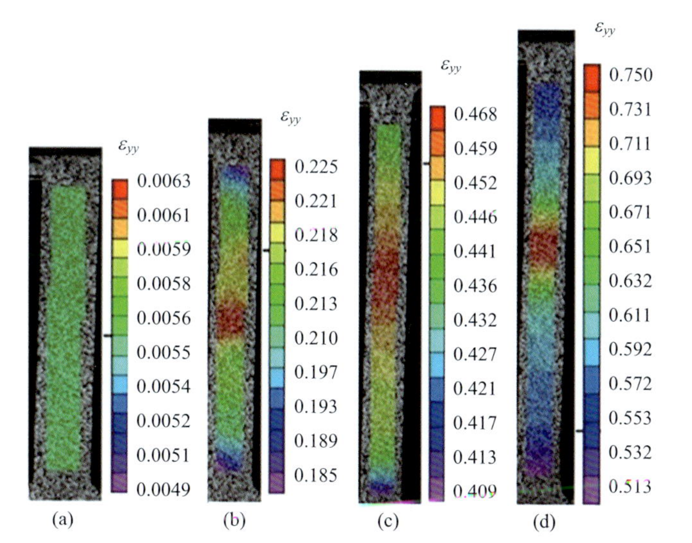

图 4-7 晶粒度为 39.8μm 的 T2 纯铜不同塑性变形态的表观应变分布

(a) $\varepsilon_{yy}=0.006$；(b) $\varepsilon_{yy}=0.225$；(c) $\varepsilon_{yy}=0.468$；(d) $\varepsilon_{yy}=0.750$

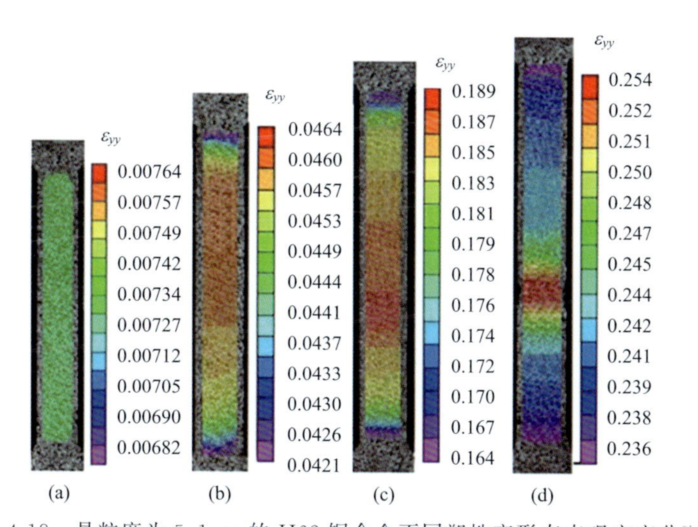

图 4-18 晶粒度为 5.1μm 的 H62 铜合金不同塑性变形态表观应变分布

(a) $\varepsilon_{yy}=0.007$；(b) $\varepsilon_{yy}=0.046$；(c) $\varepsilon_{yy}=0.189$；(d) $\varepsilon_{yy}=0.254$

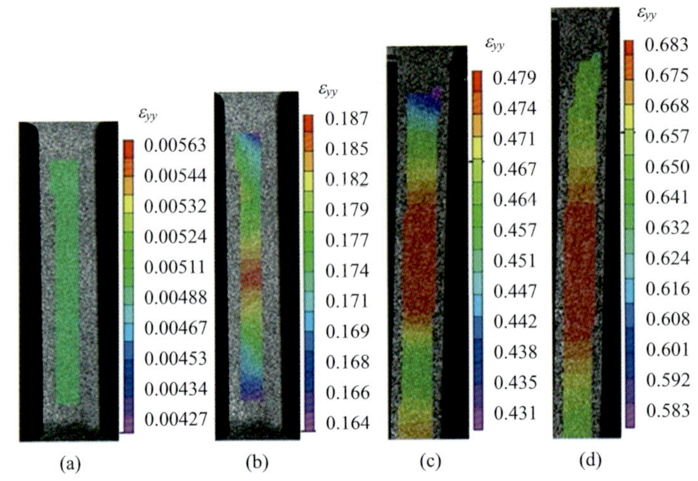

图 4-19 晶粒度为 35.6μm 的 H62 铜合金不同塑性变形态表观应变分布

(a) $\varepsilon_{yy}=0.005$；(b) $\varepsilon_{yy}=0.187$；(c) $\varepsilon_{yy}=0.479$；(d) $\varepsilon_{yy}=0.683$

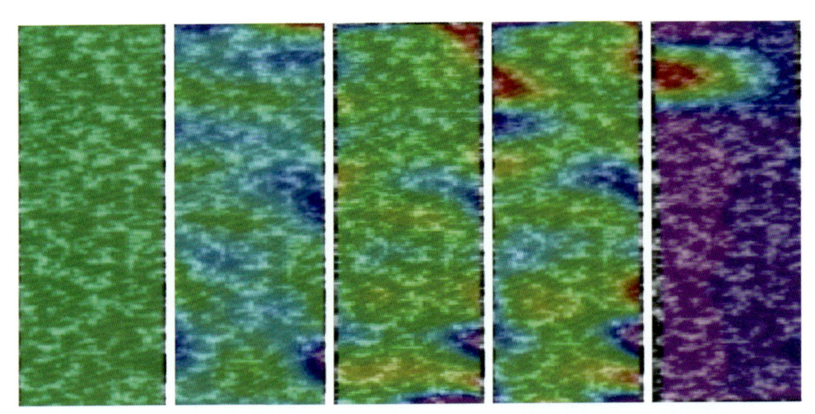

图 4-32 AT1 处理态 SLM Inconel 718 合金表面应变分布云图

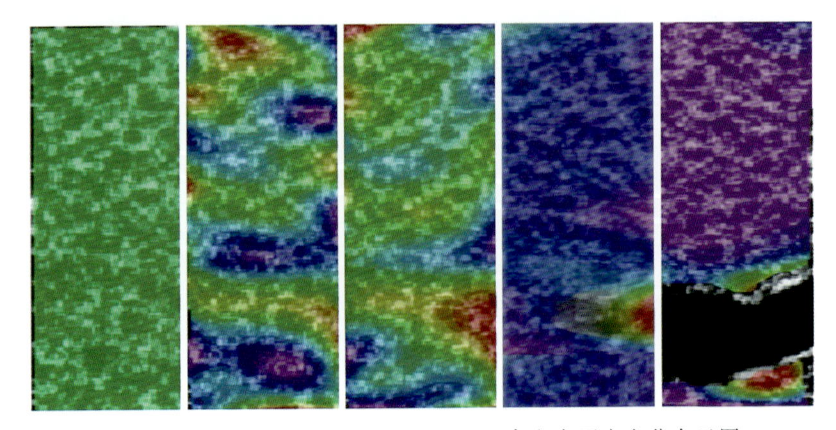

图 4-33 AT2 处理态 SLM Inconel 718 合金表面应变分布云图

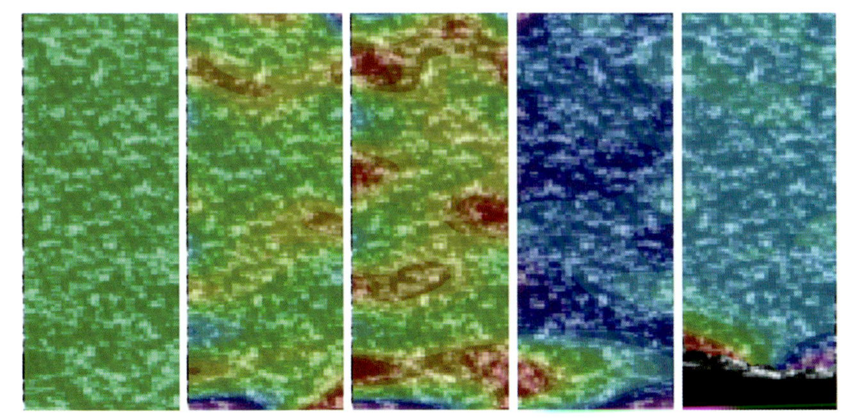

图 4-34　AT3 处理态 SLM Inconel 718 合金表面应变分布云图

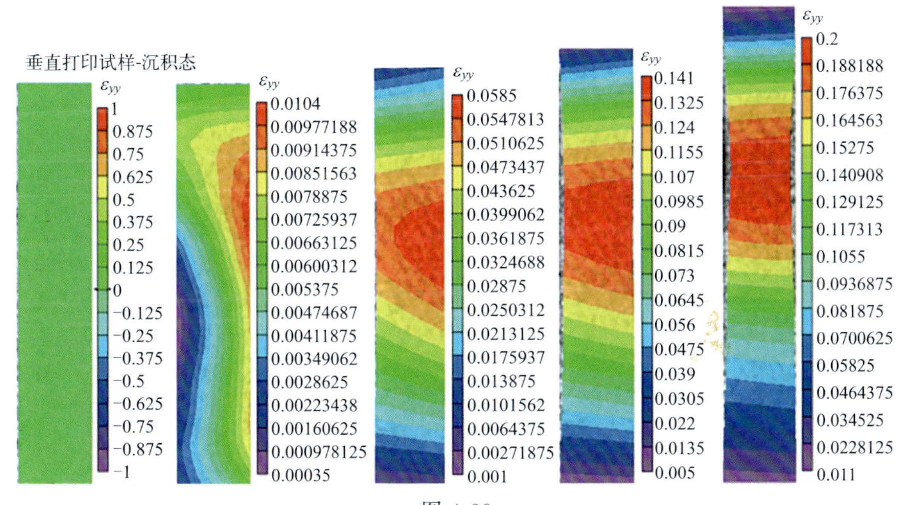

图 4-39

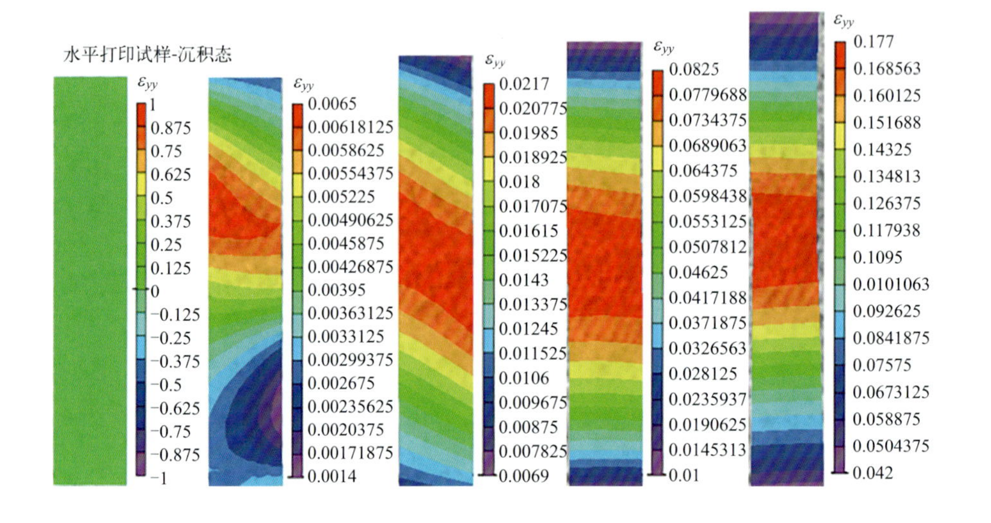
水平打印试样-沉积态
ε_{yy}
1
0.875
0.75
0.625
0.5
0.375
0.25
0.125
0
−0.125
−0.25
−0.375
−0.5
−0.625
−0.75
−0.875
−1
ε_{yy}
0.0065
0.00618125
0.0058625
0.00554375
0.005225
0.00490625
0.0045875
0.00426875
0.00395
0.00363125
0.0033125
0.00299375
0.002675
0.00235625
0.0020375
0.00171875
0.0014
ε_{yy}
0.0217
0.020775
0.01985
0.018925
0.018
0.017075
0.01615
0.015225
0.0143
0.013375
0.01245
0.011525
0.0106
0.009675
0.00875
0.007825
0.0069
ε_{yy}
0.0825
0.0779688
0.0734375
0.0689063
0.064375
0.0598438
0.0553125
0.0507812
0.04625
0.0417188
0.0371875
0.0326563
0.028125
0.0235937
0.0190625
0.0145313
0.01
ε_{yy}
0.177
0.168563
0.160125
0.151688
0.14325
0.134813
0.126375
0.117938
0.1095
0.0101063
0.092625
0.0841875
0.07575
0.0673125
0.058875
0.0504375
0.042

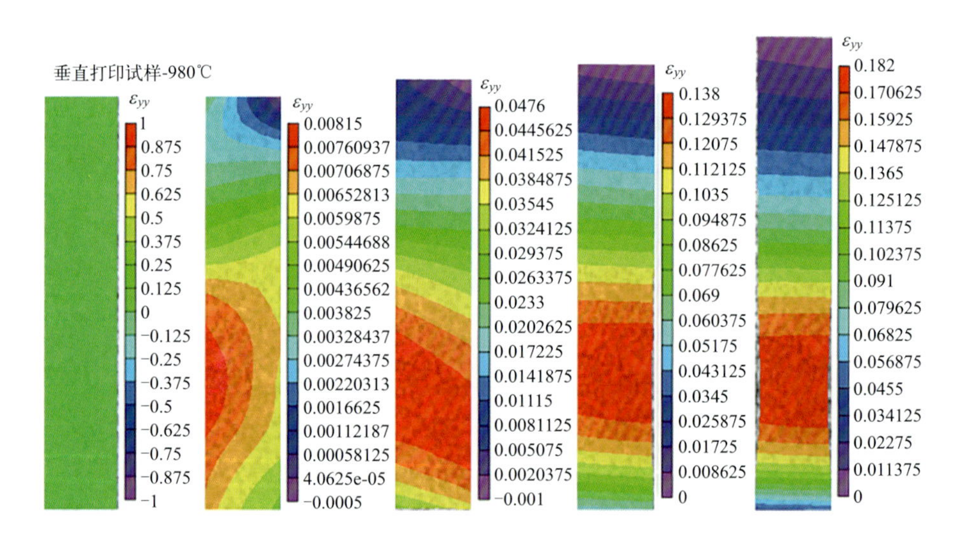
垂直打印试样-980℃
ε_{yy}
1
0.875
0.75
0.625
0.5
0.375
0.25
0.125
0
−0.125
−0.25
−0.375
−0.5
−0.625
−0.75
−0.875
−1
ε_{yy}
0.00815
0.00760937
0.00706875
0.00652813
0.0059875
0.00544688
0.00490625
0.00436562
0.003825
0.00328437
0.00274375
0.00220313
0.0016625
0.00112187
0.00058125
4.0625e-05
−0.0005
ε_{yy}
0.0476
0.0445625
0.041525
0.0384875
0.03545
0.0324125
0.029375
0.0263375
0.0233
0.0202625
0.017225
0.0141875
0.01115
0.0081125
0.005075
0.0020375
−0.001
ε_{yy}
0.138
0.129375
0.12075
0.112125
0.1035
0.094875
0.08625
0.077625
0.069
0.060375
0.05175
0.043125
0.0345
0.025875
0.01725
0.008625
0
ε_{yy}
0.182
0.170625
0.15925
0.147875
0.1365
0.125125
0.11375
0.102375
0.091
0.079625
0.06825
0.056875
0.0455
0.034125
0.02275
0.011375
0

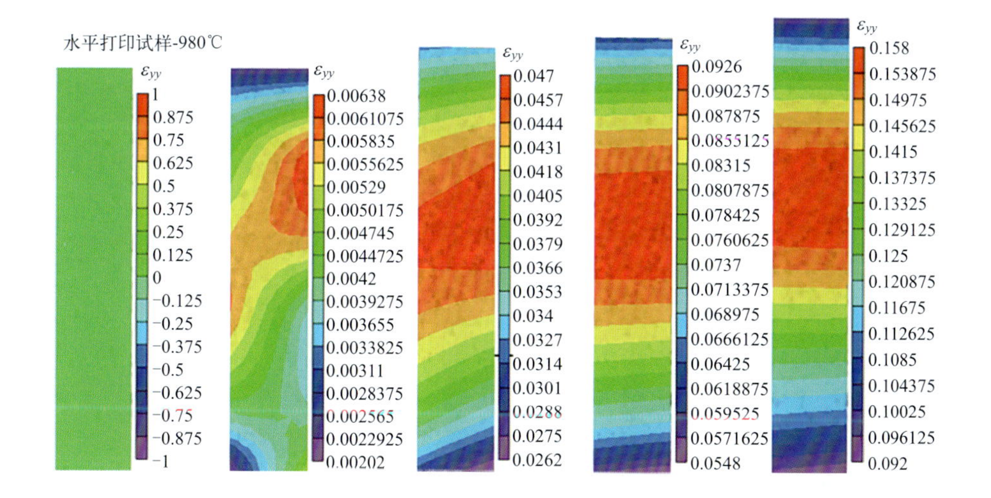
水平打印试样-980℃
ε_{yy}
1
0.875
0.75
0.625
0.5
0.375
0.25
0.125
0
−0.125
−0.25
−0.375
−0.5
−0.625
−0.75
−0.875
−1
ε_{yy}
0.00638
0.0061075
0.005835
0.0055625
0.00529
0.0050175
0.004745
0.0044725
0.0042
0.0039275
0.003655
0.0033825
0.00311
0.0028375
0.002565
0.0022925
0.00202
ε_{yy}
0.047
0.0457
0.0444
0.0431
0.0418
0.0405
0.0392
0.0379
0.0366
0.0353
0.034
0.0327
0.0314
0.0301
0.0288
0.0275
0.0262
ε_{yy}
0.0926
0.0902375
0.087875
0.0855125
0.08315
0.0807875
0.078425
0.0760625
0.0737
0.0713375
0.068975
0.0666125
0.06425
0.0618875
0.059525
0.0571625
0.0548
ε_{yy}
0.158
0.153875
0.14975
0.145625
0.1415
0.137375
0.13325
0.129125
0.125
0.120875
0.11675
0.112625
0.1085
0.104375
0.10025
0.096125
0.092

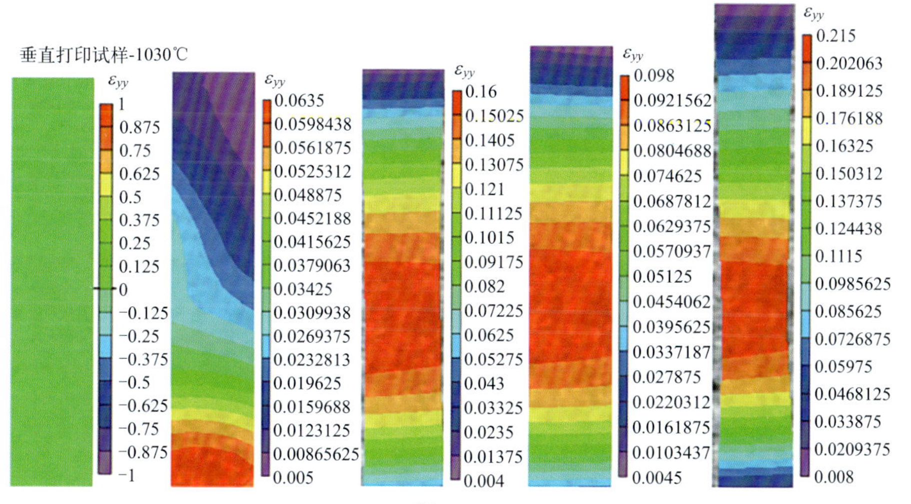
垂直打印试样-1030℃
ε_{yy}
1
0.875
0.75
0.625
0.5
0.375
0.25
0.125
0
−0.125
−0.25
−0.375
−0.5
−0.625
−0.75
−0.875
−1
ε_{yy}
0.0635
0.0598438
0.0561875
0.0525312
0.048875
0.0452188
0.0415625
0.0379063
0.03425
0.0309938
0.0269375
0.0232813
0.019625
0.0159688
0.0123125
0.00865625
0.005
ε_{yy}
0.16
0.15025
0.1405
0.13075
0.121
0.11125
0.1015
0.09175
0.082
0.07225
0.0625
0.05275
0.043
0.03325
0.0235
0.01375
0.004
ε_{yy}
0.098
0.0921562
0.0863125
0.0804688
0.074625
0.0687812
0.0629375
0.0570937
0.05125
0.0454062
0.0395625
0.0337187
0.027875
0.0220312
0.0161875
0.0103437
0.0045
ε_{yy}
0.215
0.202063
0.189125
0.176188
0.16325
0.150312
0.137375
0.124438
0.1115
0.0985625
0.085625
0.0726875
0.05975
0.0468125
0.033875
0.0209375
0.008

图 4-39

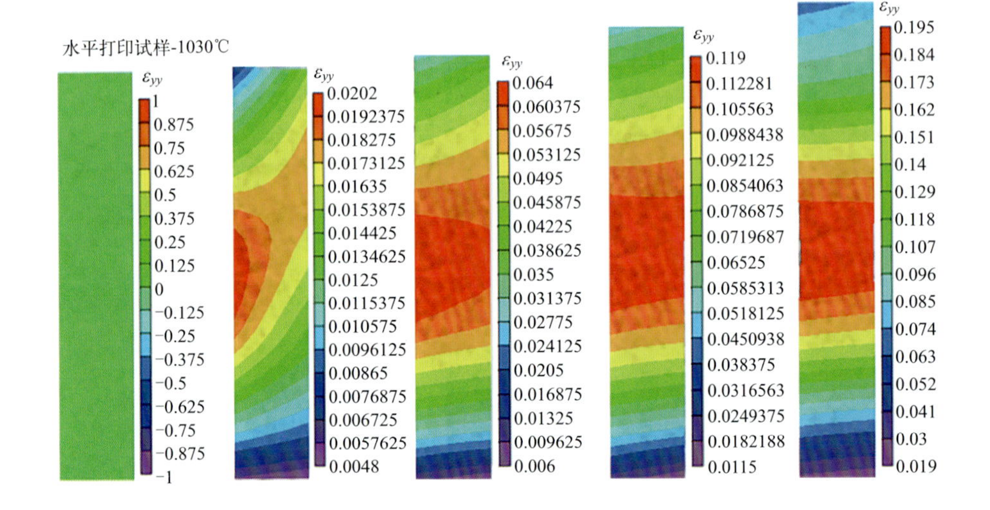
水平打印试样-1030℃
εyy
1
0.875
0.75
0.625
0.5
0.375
0.25
0.125
0
−0.125
−0.25
−0.375
−0.5
−0.625
−0.75
−0.875
−1
εyy
0.0202
0.0192375
0.018275
0.0173125
0.01635
0.0153875
0.014425
0.0134625
0.0125
0.0115375
0.010575
0.0096125
0.00865
0.0076875
0.006725
0.0057625
0.0048
εyy
0.064
0.060375
0.05675
0.053125
0.0495
0.045875
0.04225
0.038625
0.035
0.031375
0.02775
0.024125
0.0205
0.016875
0.01325
0.009625
0.006
εyy
0.119
0.112281
0.105563
0.0988438
0.092125
0.0854063
0.0786875
0.0719687
0.06525
0.0585313
0.0518125
0.0450938
0.038375
0.0316563
0.0249375
0.0182188
0.0115
εyy
0.195
0.184
0.173
0.162
0.151
0.14
0.129
0.118
0.107
0.096
0.085
0.074
0.063
0.052
0.041
0.03
0.019

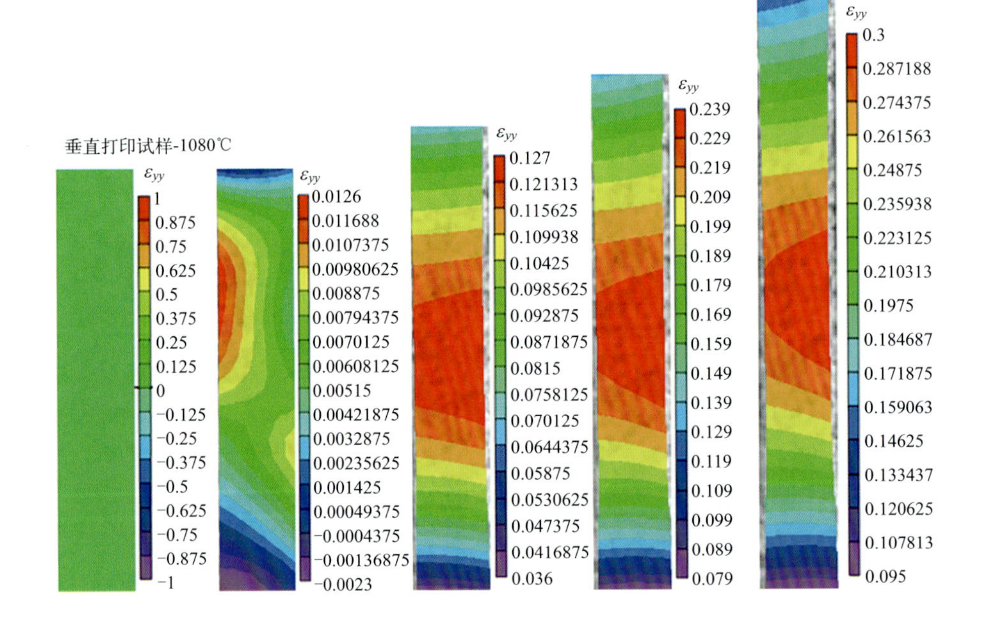
垂直打印试样-1080℃
εyy
1
0.875
0.75
0.625
0.5
0.375
0.25
0.125
0
−0.125
−0.25
−0.375
−0.5
−0.625
−0.75
−0.875
−1
εyy
0.0126
0.011688
0.0107375
0.00980625
0.008875
0.00794375
0.0070125
0.00608125
0.00515
0.00421875
0.0032875
0.00235625
0.001425
0.00049375
−0.0004375
−0.00136875
−0.0023
εyy
0.127
0.121313
0.115625
0.109938
0.10425
0.0985625
0.092875
0.0871875
0.0815
0.0758125
0.070125
0.0644375
0.05875
0.0530625
0.047375
0.0416875
0.036
εyy
0.239
0.229
0.219
0.209
0.199
0.189
0.179
0.169
0.159
0.149
0.139
0.129
0.119
0.109
0.099
0.089
0.079
εyy
0.3
0.287188
0.274375
0.261563
0.24875
0.235938
0.223125
0.210313
0.1975
0.184687
0.171875
0.159063
0.14625
0.133437
0.120625
0.107813
0.095

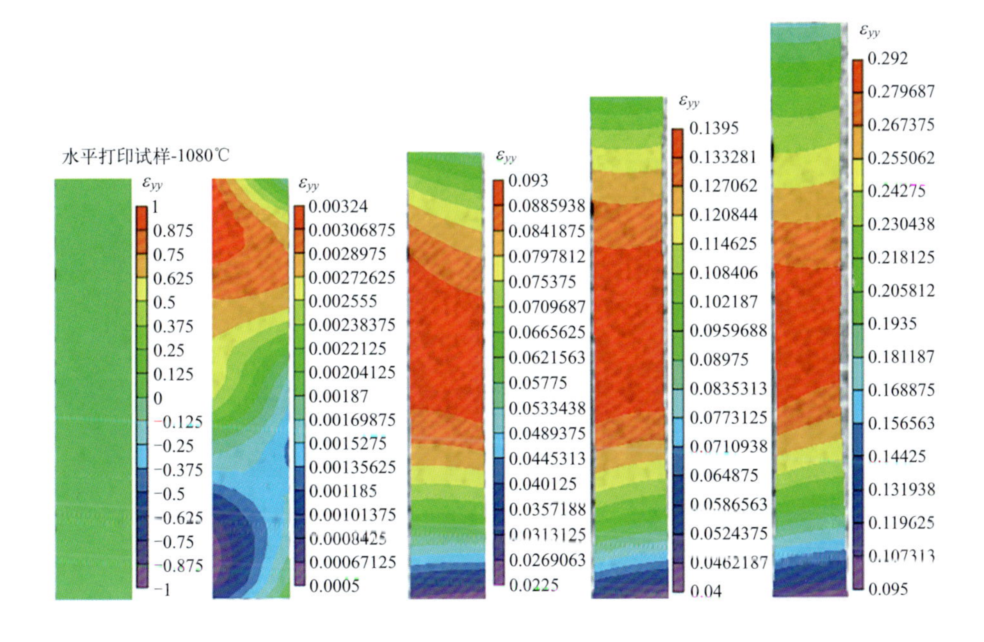
水平打印试样-1080℃
εyy
1
0.875
0.75
0.625
0.5
0.375
0.25
0.125
0
-0.125
-0.25
-0.375
-0.5
-0.625
-0.75
-0.875
-1
εyy
0.00324
0.00306875
0.0028975
0.00272625
0.002555
0.00238375
0.0022125
0.00204125
0.00187
0.00169875
0.0015275
0.00135625
0.001185
0.00101375
0.0008425
0.00067125
0.0005
εyy
0.093
0.0885938
0.0841875
0.0797812
0.075375
0.0709687
0.0665625
0.0621563
0.05775
0.0533438
0.0489375
0.0445313
0.040125
0.0357188
0.0313125
0.0269063
0.0225
εyy
0.1395
0.133281
0.127062
0.120844
0.114625
0.108406
0.102187
0.0959688
0.08975
0.0835313
0.0773125
0.0710938
0.064875
0.0586563
0.0524375
0.0462187
0.04
εyy
0.292
0.279687
0.267375
0.255062
0.24275
0.230438
0.218125
0.205812
0.1935
0.181187
0.168875
0.156563
0.14425
0.131938
0.119625
0.107313
0.095

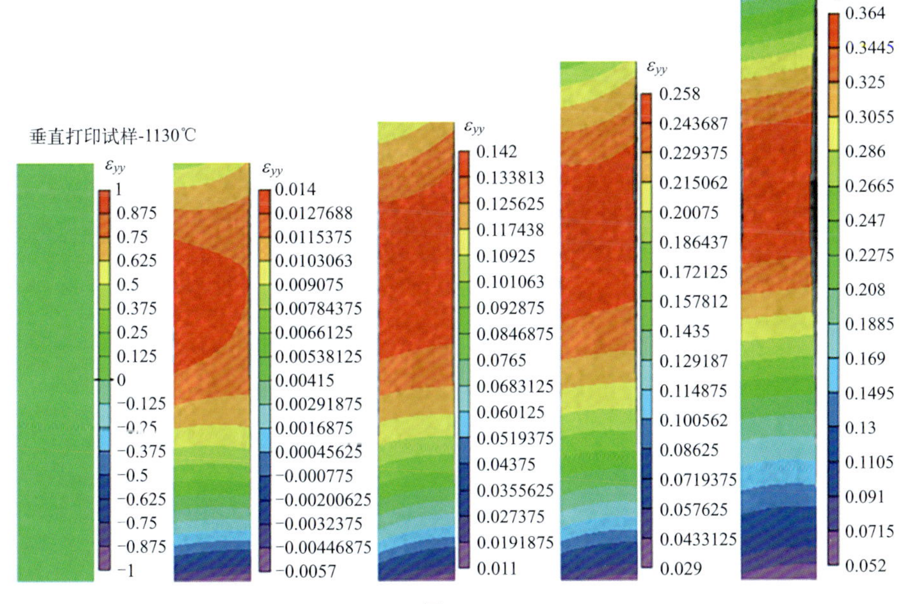
垂直打印试样-1130℃
εyy
1
0.875
0.75
0.625
0.5
0.375
0.25
0.125
0
-0.125
-0.25
-0.375
-0.5
-0.625
-0.75
-0.875
-1
εyy
0.014
0.0127688
0.0115375
0.0103063
0.009075
0.00784375
0.0066125
0.00538125
0.00415
0.00291875
0.0016875
0.00045625
-0.000775
-0.00200625
-0.0032375
-0.00446875
-0.0057
εyy
0.142
0.133813
0.125625
0.117438
0.10925
0.101063
0.092875
0.0846875
0.0765
0.0683125
0.060125
0.0519375
0.04375
0.0355625
0.027375
0.0191875
0.011
εyy
0.258
0.243687
0.229375
0.215062
0.20075
0.186437
0.172125
0.157812
0.1435
0.129187
0.114875
0.100562
0.08625
0.0719375
0.057625
0.0433125
0.029
εyy
0.364
0.3445
0.325
0.3055
0.286
0.2665
0.247
0.2275
0.208
0.1885
0.169
0.1495
0.13
0.1105
0.091
0.0715
0.052

图 4-39

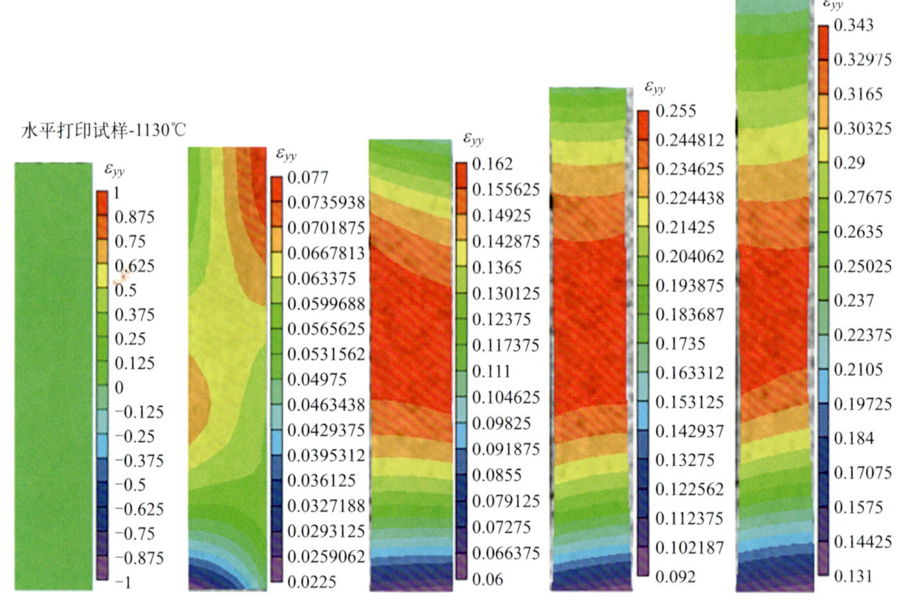

图 4-39　SLM Inconel 718 合金表面应变分布

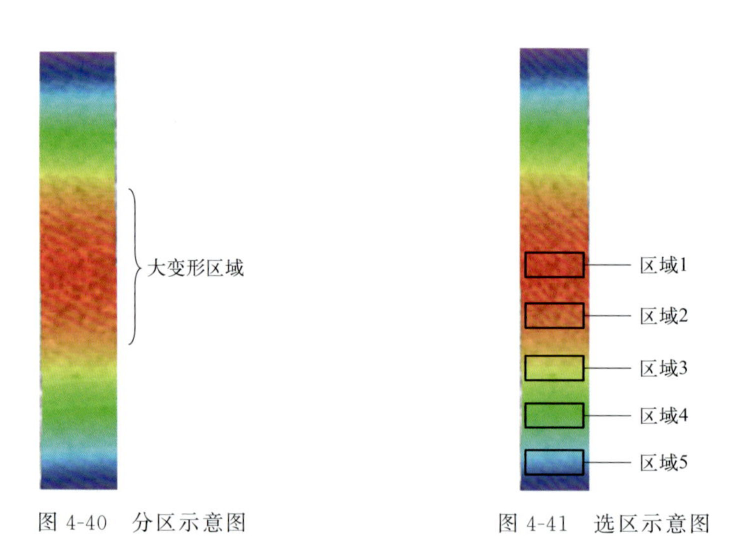

图 4-40　分区示意图

图 4-41　选区示意图

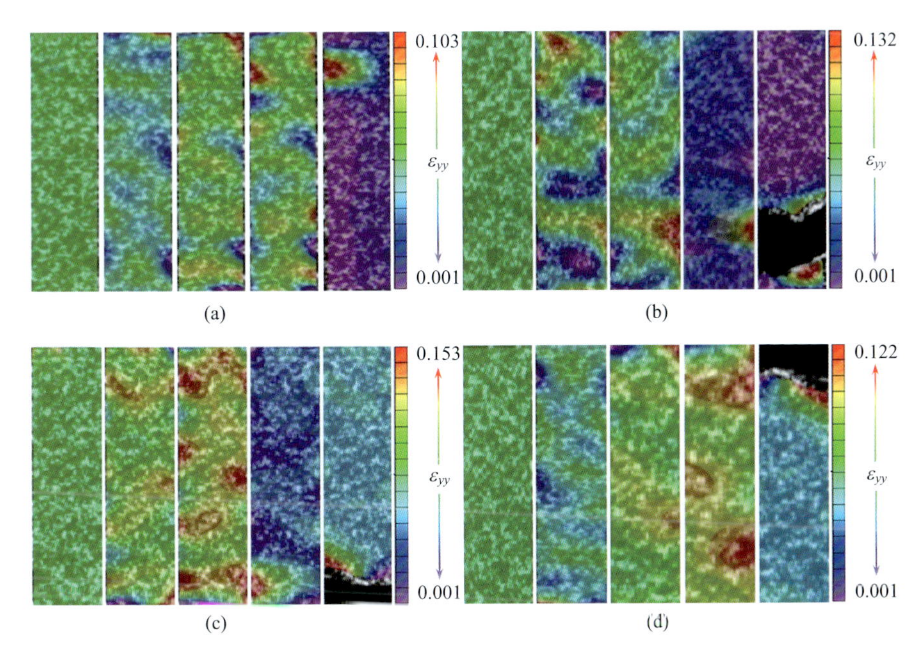

图 4-46　不同退火温度下 SLM TC4 合金的应变分布云图

(a) 沉积态；(b) AT1；(c) AT2；(d) AT3

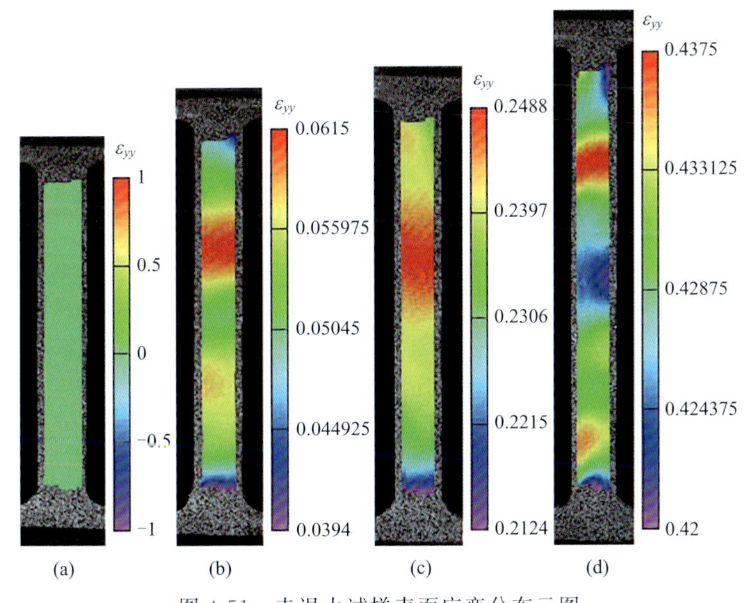

图 4-51　未退火试样表面应变分布云图

(a) $\varepsilon_{yy}=0.007$；(b) $\varepsilon_{yy}=0.061$；(c) $\varepsilon_{yy}=0.248$；(d) $\varepsilon_{yy}=0.437$

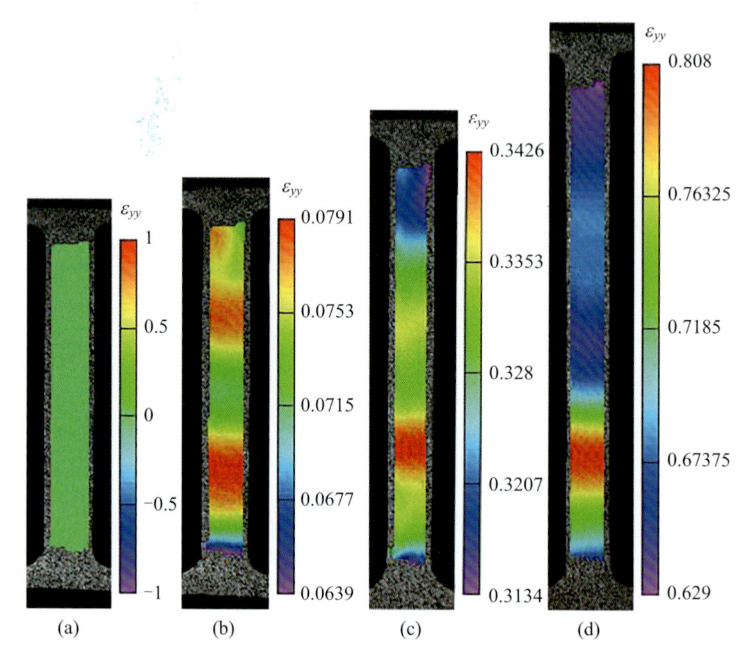

图 4-52　873K 退火试样表面应变分布云图

(a) ε_{yy}=0.007；(b) ε_{yy}=0.079；(c) ε_{yy}=0.342；(d) ε_{yy}=0.808

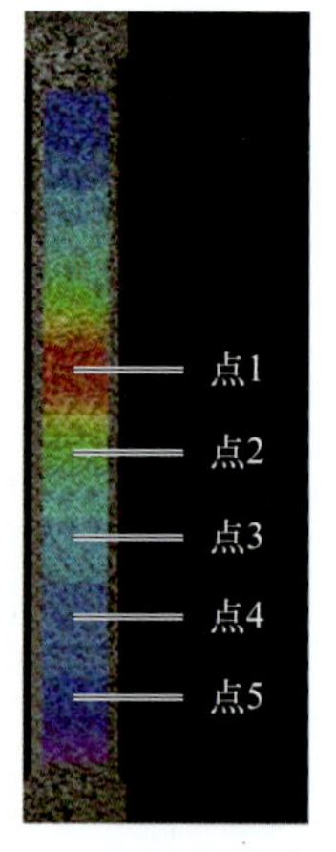

图 4-54　873K 退火试样
表面选点分布图